- "十二五"职业教育国家规划教材
- 经全国职业教育教材审定委员会审定

汽车使用与维护(第 2 版)

主　编　蒋浩丰
副主编　刘　静
参　编　许红军　李　宁
主　审　文爱民

国防工业出版社

·北京·

内容简介

本书讲述了丰田花冠轿车四万公里保养作业过程和汽车年度检测与审验的基本理论，包括汽车的主要技术数据和图标识别、汽车运行材料的合理使用、汽车保养作业中基本功能检查、底盘维护、轮胎和制动器检查、发动机维护、车辆年检等。书中附有习题。

本书为高职高专类汽车检测与维修专业教材，也可供汽车维修行业从业人员、汽车驾驶人员以及汽车运输和管理部门的技术人员和管理人员参考。

图书在版编目（CIP）数据

汽车使用与维护/ 蒋浩丰主编. —2版. —北京：国防工业出版社，2016.4 重印
"十二五"职业教育国家规划教材
ISBN 978-7-118-09996-6

Ⅰ.①汽… Ⅱ.①蒋… Ⅲ.①汽车－使用方法－高等职业教育－教材 ②汽车－车辆修理－高等职业教育－教材 Ⅳ.①U472

中国版本图书馆 CIP 数据核字(2015)第 019535 号

※

国防工业出版社 出版发行
（北京市海淀区紫竹院南路23号 邮政编码100048）
三河市众誉天成印务有限公司印刷
新华书店经销

*

开本 787×1092 1/16 印张 17½ 字数 359 千字
2016年4月第2版第2次印刷 印数 3001—7000 册 总定价 34.50元 主教材 29.50元
　　　　　　　　　　　　　　　　　　　　　　　　　　　　　　　　工作单 5.00元

（本书如有印装错误，我社负责调换）

国防书店：(010)88540777　　　发行邮购：(010)88540776
发行传真：(010)88540755　　　发行业务：(010)88540717

前 言

2015年我国汽车年产销量双突破2400万辆，连续七年蝉联全球第一。为了适应我国汽车维修行业技能型紧缺人才培养的需要，满足高等职业院校以就业为导向的办学目标和要求，我院汽车工程系在近几年积极探索，勇于实践，大力改革教学模式，加大与企业合作办学的力度，推进工学结合的办学模式，取得了良好效果。为了提高学生的综合素质，切实增强学生的动手能力，我们引入了以工作任务为驱动的项目化教学模式。为适应新的教学模式，就必须打破传统教材的内容体系，为此我们特意编写了本系列教材。

本教材以"任务驱动"为编写思路，采用与企业工作一线相接近的具体工作任务引出相应的专业知识，学习目标非常明确，突破了传统的"理论"与"实践"的界限，体现了现代职业教育"教、学、做一体化"的特色，调动了学生的学习主动性。

本书以丰田花冠轿车四万公里保养作为学习内容，根据维修企业工作的实际情况，设置了8个学习项目，其中包含了17个训练任务，每个训练任务有独立成册的学习工作单，以便更好地引导学生完成训练项目。本书首先介绍了汽车的主要技术数据，然后对汽车的运行材料、基本功能检查、底盘维护、轮胎和制动器检查、发动机维护与车辆年检进行了详细介绍。每个学习项目结束后还设置了相应的自我测试题，能及时地让学生测试自己的学习效果。

本书图文并茂，深入浅出。每个学习项目均强调了学生综合素质的培养，既有对学生动手能力的训练，也有对学生自我学习能力、团队合作、5S等方面的训练，可促使每一个学生积极参与、主动学习，达到更好的学习效果。每个训练任务的设置，均充分考虑了现有的教学设施和教学资源，可操作性强，效率高。

本书由南京交通职业技术学院蒋浩丰担任主编，刘静担任副主编，文爱民担任主审。参与编写工作的还有南京交通职业技术学院许红军、南京福联汽车服务有限公司李宁。在编写过程中，得到了南京外事旅游公司汽车修理厂魏世康的特别支持，在此表示感谢。此外，还得到南京交通职业技术学院汽车工程系各位教师的大力支持和帮助，特别是实训中心各位教师更是提供了很多有用的一手资料，同时，还得到了南京市相关汽车4S店维修技术人员的特别帮助。在此一并表示感谢。

由于编者水平有限，书中难免有疏漏、错误之处，敬请读者和专家批评指正。

编 者

目　　录

项目一　汽车主要技术数据和图标识别　　1
　　一、项目描述 1
　　二、项目实施 2
　　　　任务一　车辆常用尺寸和 VIN 码识别 2
　　　　任务二　仪表盘图标认识 3
　　三、相关知识 4
　　四、自我测试题 18

项目二　汽车运行材料的合理使用　　20
　　一、项目描述 20
　　二、项目实施 21
　　　　任务一　发动机舱油液检查 21
　　　　任务二　轮胎认识与检查 22
　　三、相关知识 23
　　四、自我测试题 60

项目三　汽车保养作业中基本功能检查　　63
　　一、项目描述 63
　　二、项目实施 64
　　　　任务一　车内部检查 64
　　　　任务二　车外部检查 69
　　三、相关知识 73
　　四、自我测试题 81

项目四　底盘维护　　84
　　一、项目描述 84
　　二、项目实施 85
　　　　任务一　工具的选择与使用 85
　　　　任务二　底盘检查 86
　　三、相关知识 94
　　四、自我测试题 114

项目五　轮胎、制动器的检查与制动液的更换和排气　　116
　　一、项目描述 116
　　二、项目实施 117
　　　　任务一　轮胎、制动器检查 117

任务二　制动液更换与排气..................................125
　三、相关知识..127
　四、自我测试题..132

项目六　发动机维护　　　　　　　　　　　　　　　134
　一、项目描述..134
　二、项目实施..135
　　任务一　发动机启动前的检查..............................135
　　任务二　发动机暖机期间的检查..........................143
　　任务三　发动机暖机后和运行期间的检查............144
　　任务四　发动机停机后的检查..............................146
　三、相关知识..148
　四、自我测试题..170

项目七　汽车复位、清洁与合理使用　　　　　　　　172
　一、项目描述..172
　二、项目实施..173
　　任务一　底盘复查..173
　　任务二　车辆复位与清洁..................................173
　三、相关知识..174
　四、自我测试题..205

项目八　汽车年度检测与审验　　　　　　　　　　　207
　一、项目描述..207
　二、项目实施..208
　　任务一　汽车侧滑性能检测..............................208
　　任务二　汽车制动性能检测..............................208
　　任务三　汽车车速表检测..................................210
　　任务四　汽车前照灯检测..................................212
　　任务五　汽车尾气排放检测..............................213
　　任务六　汽车噪声检测......................................215
　　任务七　汽车动力性能检测..............................218
　　任务八　汽车燃料经济性检测..........................220
　三、相关知识..222
　四、自我测试题..258

附录一　丰田卡罗拉轿车四万公里保养双人作业流程　　260

附录二　2016年江苏省中等职业学校汽车运用与维修比赛定期维护
　　　　　项目作业表（别克威朗）　　　　　　　　　265

参考文献　　　　　　　　　　　　　　　　　　　　274

项目一　汽车主要技术数据和图标识别

一、项目描述

通过对丰田花冠轿车的外观认别、VIN 码的认识以及对仪表盘上各种图标的认识学习，学生须达到以下要求：

1. 知识要求

（1）了解汽车的基本数据、使用数据、结构数据和容量数据；

（2）熟悉汽车仪表盘上的各种图形标识与英文缩略语含义；

（3）掌握汽车的 VIN 码的意义与功用。

2. 技能要求

（1）能正确说出丰田车的主要技术数据；

（2）能够解释丰田车的 VIN 码的意义；

（3）能够识别仪表图形标识和常用英文缩略语。

3. 素质要求

（1）重视劳动保护与安全操作；

（2）注意环境保护；

（3）培养团队协作精神。

二、项目实施

任务一　车辆常用尺寸和 VIN 码识别

1. 训练内容

（1）丰田及其他著名品牌车标及相关英文缩略语的认识；
（2）丰田车常用尺寸和 VIN 码的认识；
（3）完成并填写学习工作单的相关项目；
（4）学习汽车主要技术数据和 VIN 码的相关知识。

2. 训练目标

（1）掌握车辆常用尺寸和 VIN 码的含义；
（2）掌握 VIN 码在车辆上的位置；
（3）熟悉汽车英文缩略语的含义。

3. 训练设备

丰田花冠轿车两辆。

4. 训练步骤

（1）学习汽车主要技术数据和 VIN 码的相关知识；
（2）解释汽车相关英文缩略语的含义；
（3）对照丰田花冠轿车解释图 1-1 中各尺寸的含义；
（4）在前风挡玻璃上以及打开发动机舱盖，找到 VIN 码；
（5）解释 VIN 码的含义。

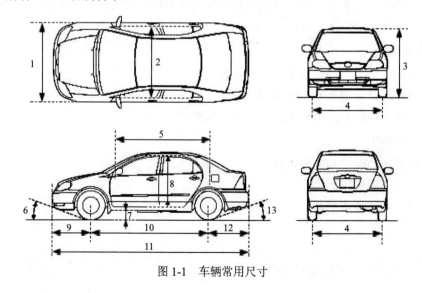

图 1-1　车辆常用尺寸

任务二　仪表盘图标认识

1. 训练内容

（1）解释图1-2中各仪表的含义；
（2）解释图1-3中警告灯标识的含义；
（3）完成并填写学习工作单的相关项目。

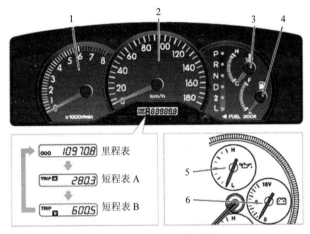

图1-2　仪表盘上图形标识

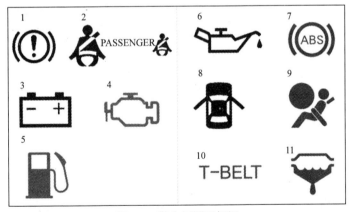

图1-3　警告灯图形标识

2. 训练目标

（1）掌握各种仪表的含义；
（2）掌握仪表盘上各种警告灯的含义。

3. 训练设备

丰田花冠轿车两辆。

4. 训练步骤

（1）坐进驾驶员位置，打开点火开关；

（2）识别相应的仪表与警告灯图标。

三、相关知识

（一）汽车的基本数据

汽车的基本数据是表明车辆总体尺寸、形状、重量、空间特征及相关的技术参数。它主要包括：汽车的质量、外型几何尺寸、轮距与轴距、最小离地间隙、纵向通过半径、横向通过半径、最小转向半径、风阻系数等数据。

1. 质量

汽车质量是汽车自身重量和承载能力的度量。它是设计车辆结构、车速和稳定性、安装各种附件和装置、计算运输工作量以及设计道路等级施工标准的依据之一。汽车质量还是我国汽车车型产品分类中载重车辆的重要分类参数。在汽车产品说明书中所标明的汽车质量主要包括：

（1）整车整备质量。装备有车身、全车电气设备和车辆正常行驶所需要的辅助设备，加足冷却液、燃料、润滑材料，带齐备用车轮及随车工具、标准备件及灭火器等完整车辆的质量。

（2）最大总质量。最大总质量是整车整备质量与最大装载质量的总和。它是限制装载重量和道路通行能力的主要依据。

（3）最大载质量。额定装载的最大限制重量。它等于最大总质量减去整车整备质量。

（4）最大轴载质量。汽车车桥所允许的最大载荷重量。对于常见的双桥结构的汽车，可分为前桥最大轴载质量和后桥最大轴载质量。

2. 几何参数

几何尺寸是指车辆所占有的空间几何形状和位置大小的尺寸。一般包括车辆的长度、宽度和高度方向的尺寸（图1-4）。

（1）车辆长——垂直于车辆纵向对称平面分别抵靠在汽车前后最外端突出部位的两垂直面之间的距离 L（mm）。

（2）车辆宽——平行于车辆纵向对称平面，并分别抵靠在车辆两侧固定突出部位（除后视镜、侧面标志灯、示宽灯、转向指示灯、挠性挡泥板、折叠式踏板、防滑链及轮胎与地面接触变形增大的部位）的两平面间的距离 B（mm）。

（3）车辆高——车辆在额定载荷及标定轮胎气压的条件下，车辆的支撑平面与车辆最高突出部位相抵靠的水平面之间的距离 H（mm）。

（4）前悬——通过两前轮中心的垂面与抵靠在车辆最前端并垂直于车辆纵向对称平面的垂面之间的距离 K_1（mm）。

（5）后悬——通过车辆最后车轮轴线的垂面与分别抵靠在车辆最后端并垂直于车辆纵向对称平面的垂面之间的距离 K_2（mm）。

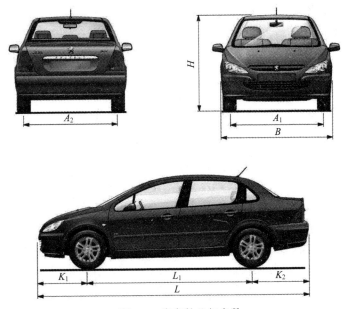

图 1-4 汽车的几何参数

3. 轮距与轴距

（1）轮距——当同一车轴的两端为单车轮时，两前轮在车辆支撑平面上留下的轨迹中心线之间的距离为 A_1（mm），两后轮的距离为 A_2（mm）。当轴的两侧为双车轮时，轮距为车轮两中心平面之间的距离。

（2）轴距——汽车同侧车轮前轴中心至后轴中心的距离 L_1（mm）。如果是三轴汽车，则为同侧车轮前轴中心至后两轴中点间的距离。

4. 车辆通过性参数（图 1-5）

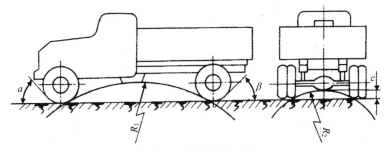

图 1-5 汽车通过性参数

（1）接近角——汽车前端下部最低点向前轮外缘引的切线与地面的夹角 α（°）。

（2）离去角——汽车后端下部最低点向后轮外缘引的切线与地面的夹角 β（°）。

（3）最小离地间隙——在额定载荷和标定轮胎气压下，车辆支撑平面与车辆底盘突出部分最低点的距离 c（mm）。

（4）纵向通过半径——是指在汽车侧视图上做出与前轮、后轮轮胎及两轴间最低点相切圆的半径 R_1（m）。纵向通过半径表示汽车能够无碰撞地越过小丘、拱桥等障碍物的轮廓尺寸，纵向通过半径越小，通过性越好。

（5）横向通过半径——是指在汽车后视图上作出与左、右两车轮轮胎内侧及底盘最低处相切圆的半径 R_2（m）。

（6）最小转向半径——转向盘转到极限位置时，外侧车轮轨迹上的切点到转向中心的距离。最小转向半径是汽车机动性的重要指标，表明汽车在最小面积内的回转能力和通过狭窄地带或绕过障碍物的能力。

5. 风阻系数

风阻系数是指空气与汽车以一定的相对速度流过车身表面轮廓时所受到的阻力大小的度量，一般用 CD 表示。风阻系数越小，汽车行驶中的空气阻力就越小，轿车 CD 值的范围一般在 0.2～0.5 左右。CD 值的大小和汽车外形关系极大，这要求汽车外形流线型要好。风阻系数是设计汽车，特别是轿车外形轮廓及其他相关结构的重要依据。从空气动力学观点来看，最理想的车身外型应是：对车身侧面来说，应尽量降低车身总高；减小离地间隙；使前脸扁平，发动机罩和顶盖也应尽量扁平；加尾翼以确保方向稳定性。对车身正面来讲，应呈宽而低的扁平形；采用无棱角的扁平和圆形过渡；当驾驶室要求有必要的棱角时，在腰线部位可装倾斜的侧翼，使其圆滑过渡。

（二）汽车的使用数据

汽车的使用数据是指车辆在运行的过程中应达到的技术要求或参数，主要包括动力性方面、经济性方面、制动性方面和污染控制方面的使用数据。以东风标致 3008（2015 年型）系列轿车为例，列举常见的汽车使用数据（表 1-1）。

表 1-1 东风标致 3008 2015 年型系列轿车使用数据

	项　目	单位	车型型号		
			DC7204LLCM	DC7204LLCA	DC7164TLBB
动力性	最高车速	km/h	200	198	205
	四档最低稳定车速	km/h	22	—	—
	0km/h～100km/h 原地起步连续换档加速性能（按半载加载）	s	12	13	10.6
	0km/h～100km/h 原地起步连续换档加速性能（按一个驾驶员加载）		11	12	10.2
	30km/h～60km/h 超车加速性能（3 档或 D 档）（按半载加载）		6.2	3.9	3.1
	30km/h～60km/h 超车加速性能（3 档或 D 档）（按一个驾驶员加载）		6.0	3.7	2.9

（续）

项　　目			单位	车型型号		
				DC7204LLCM	DC7204LLCA	DC7164TLBB
动力性	80km/h～120km/h 超车加速性能（4 档或 D 档）（按半载加载）		s	12.1	8.9	7.2
	80km/h～120km/h 超车加速性能（4 档或 D 档）（按一个驾驶员加载）		s	11.7	8.2	7.0
	最大爬坡度（满载）		%	30	30	30
经济性	等速燃油消耗量（按半载加载）	60km/h	L/100km	4.9	4.7	4.6
		90km/h		6.4	5.8	5.5
		120km/h		8.6	7.9	7.4
	等速燃油消耗量（按一个驾驶员加载）	60km/h	L/100km	4.8	4.6	4.5
		90km/h		6.3	5.7	5.4
		120km/h		8.5	7.8	7.3
	工况法燃油消耗量	城市工况	L/100km	12.1	12.8	8.8
		市郊工况		6.3	6.5	5.7
		综合工况		8.4	8.8	6.8
制动性	制动距离（空/满载）	100km/h	m	≤60（发动机脱开的 O 型试验）		
		50km/h	m	≤17/≤18		
	驻坡度（满载）		%	≥20		
通过性	最小转弯半径		m	10.5	10.5	10.5
	最小离地间隙		mm	134	134	134
	离地间隙（空载）		mm	178	178	178
	接近角（空载）		°	16	16	16
	离去角（空载）		°	26	26	26
排放限值	排气污染物排放	CO	g/km	<1	<1	<1
		HC	g/km	<0.1	<0.1	<0.1
		NO_X	g/km	<0.06	<0.06	<0.06
		NMHC	g/km	<0.068	<0.068	<0.068
		PM	g/km	—	—	<0.0045

(续)

项目		单位	车型型号		
			DC7204LLCM	DC7204LLCA	DC7164TLBB
排放限值	低怠速污染物排放 CO	%	≤0.1	≤0.1	≤0.1
	低怠速污染物排放 HC	ppm	≤50	≤50	≤50
	高怠速污染物排放 CO	%	≤0.06	≤0.06	≤0.06
	高怠速污染物排放 HC	ppm	≤40	≤40	≤40
	燃油蒸发污染物排放	g/试验	<2	<2	<2
噪声	加速行驶车外噪声	dB（A）	71	71	71.2
	定置噪声（排气噪声）	dB（A）	84	84	81
	驾驶员耳旁噪声	dB（A）	79	79	71.8

（三）汽车的结构数据

汽车结构数据是指组成汽车各个系统、总成以及关键部件的类型、形式、结构特点的技术参数，是体现汽车整体性能、档次、配置和特色的基础数据。现以东风标致3008（2015年型）系列轿车为例，列举常见的汽车结构数据（表1-2）。

表1-2 东风标致3008 2015年型系列轿车结构数据

项目			结构和参数	
发动机	基本参数	发动机项目代码	EW10A	EP6FDTM
		发动机型号	PSA RFN 10LH3X	10UF01 5G02
		发动机型式	四冲程、水冷、直列四缸、双顶置凸轮轴通过间歇自动补偿的液压挺杆驱动16个气阀、使用Magneti Marelli 6KPF多点顺序喷射燃油供给系统和电子节气门的汽油发动机，连续可变正时气门，适配OBD	四冲程、水冷、直列四缸、涡轮增压、进气中冷、双顶置凸轮轴通过间歇自动补偿的液压挺杆驱动16个气阀、使用BOSCH缸内直喷燃油供给系统和电子节气门的汽油发动机，连续可变正时气门，适配OBD
		在车上的安装	前置、横向布置	前置、横向布置
		缸数	直列4缸	直列4缸
		排量（L）	1.997	1.598
		缸径×冲程（mm×mm）	85×88	77×85.8
		压缩比	11∶1	9.2∶1

（续）

项目			结构和参数	
发动机	性能参数	额定功率/转速 (kw / r/min)	108 / 6000	123 / 6000
		最大净功率/转速 （kw/r/min）	103 / 6000	123 / 6000
		最大扭矩/转速 （N·m/ r/min）	200/4000	245 /(1400～4000)
		最低燃油消耗率/转速（g/ KW·h/ r/min）	260/3000	260/2500
		机油消耗量与燃油消耗量之比（%）	≤0.2	≤0.2
		怠速（r/min）	720±50	热态：750；冷态：900
		高怠速（r/min）	2500±100	2500±100
	电子电器配置	ECU 型号	6KPF	MED 17.4.4
		OBD 型号	6KPF	MED 17.4.4
		蓄电池型号	L2 400	L3 760
	环保关键配置	催化转化器型号	TR PSA K670(前) TR PSA K673(后)	TR PSA K677
		氧传感器型号	LSF4.2（前） LSF4.2（后）	LSF4.2（前） LSF4.2（后）
		消声器型号	PSA 3079（前） PSA 3080（后）	PSA 3093（前） PSA 3188（后）
变速器	车型型号		DC7204LLCM	DC7204LLCA	DC7164TLBB

变速器	型式		BE4 五档机械式手动变速箱，拉索操纵，变速操纵杆固定在座舱地板上	AT6 六速电控自动变速箱，具有手动换档功能	AT6 六速电控自动变速箱，具有手动换档功能
	速比	1	3.455	4.044	4.044
		2	1.867	2.371	2.371
		3	1.290	1.556	1.556
		4	0.951	1.159	1.159
		5	0.745	0.852	0.852
		6	—	0.672	0.672
		R	3.333	3.193	3.193

(续)

项目		结构和参数		
变速器	主减速器型式	单级斜齿圆柱齿轮	两级圆柱齿轮	两级圆柱齿轮
	主减速比 i_0	4.765	4.103	3.683
离合器（针对手动变速器）	结构特征	单片干式膜片式离合器，带预减振，液力操纵，间隙自动调整		
	技术参数	EW10A 发动机适配直径为 228.6mm 的从动盘		
变矩器（针对自动变速器）	技术参数	EW10A 发动机配备的变矩器的流动直径为 229mm，最大变扭比为 K=2.0；EP6FDTM 发动机配备的变矩器的流动直径为 230mm，最大变扭比为 K=2.6		
传动轴	型式	两根长度不相同的轮轴，变速箱侧内滑滚轮三销式，轮侧球笼式		
前悬架	型式	麦弗逊式独立悬架，螺旋弹簧，液压筒式减震器，带三角型下横臂及横向稳定杆		
后悬架	型式	可变性横梁式，垂直布置减震器，后悬挂弹簧布置在后摆臂与地板横梁之间		
转向系	转向柱	伸缩吸能式，高度、角度可调，上、下可溃缩		
	方向盘外径	380mm		
	方向盘总圈数	2.808 圈		
	转向器型式	齿轮齿条式		
	助力型式	电控液压助力转向		
	转向速比	方向盘转动度数／转向机齿条移动距离：16°/1mm		
	前轮最大内/外转角	37.2°／31.6°		
制动系	行车制动系型式	真空助力 X 型双回路，ESP 液压制动系统		
	驻车制动系统	电子开关控制，拉索操纵，作用与两后轮制动器		
	应急制动系型式	与行车制动系结合		
	ABS	ABS8.1（集成在 ESP8.1 中），博士汽车部件（苏州）有限公司生产		
	制动助力型式	真空助力		
	助力比	8.1		
	真空助力器直径	10.75 寸		
	制动总泵缸径	23.8mm		
	前制动盘	通风盘，直径为 302mm，厚度为 26mm，间歇自动调整，分泵直径为 57mm		
	后制动盘	实心盘，直径为 268mm，厚度为 12mm，间歇自动调整，分泵直径为 38mm		
车轮	车型型号	DC7204LLCM、DC7204LLCA、DC7164TLBB		
	主胎	车轮数量	4	

(续)

项 目			结构和参数
车轮	主胎	轮辋规格	7.5J×17 铝轮辋
		轮胎规格	225/50 R17
		额定气压（KPa） 空载	前轮：220±5；后轮：210±5
		额定气压（KPa） 满载	前轮：230±5；后轮：260±5
	备胎	轮辋规格	7J×16 钢轮辋
		轮胎规格	215/60 R16（米其林）
		轮胎气压（KPa）	260±5
车轮	动平衡要求	轮辋的静平衡和动平衡 轮辋尺寸	17 英寸
		静不平衡量	600g·cm
		内侧动不平衡量	15g/边
		外侧动不平衡量	25g/边
		车轮总成动平衡	≤10g/边
		平衡块要求	卡式不超过 50g，粘贴式不超过 80g
	防滑链规格（mm）		9mm
车身	车身结构		大量采用了高强度钢（HYS），超高强度钢（VHYS），极高强度钢（UHYS）；前保险杠横梁和前纵梁之间安装有 BOGE 冲击吸收器，在低速碰撞时，可以限制冲击力在 85KN。从而避免使前纵梁变形；前车身下部有加强梁；后车身下部有加强杆、钢制后保险杠横梁；车身 B 柱采用了由不同厚度的 HYS 钢的夹层结构，同时在下部使用三角型的结构；车门内有铝制加强杆，同时车门的框架上还安装有额外的加强杆；前翼子板是钢板材质。
能源和信息管理	电气架构		AEE2004 电气架构
	辅助驾驶系统	驾驶辅助系统	定速巡航 RVV 和限速器 LVV，多路况适应系统 ASR+，直接式胎压监测系统（这三个配置根据车型）
		驻车辅助系统	后驻车辅助，前驻车辅助（根据车型配置），倒车影像（根据车型配置）
	音响和通讯		RD43：收放机+CD+MP3+AUX +USB（根据车型） RD45：收放机+CD+MP3+AUX +USB+蓝牙（根据车型） MRN：收放机+CD+MP3+AUX +USB+蓝牙+导航（根据车型） 6 个扬声器

（四）汽车的容量数据

汽车的容量数据是指汽车各种燃、润料和工作液在标定状况下所占有的空间，它是保障车辆正常运行的重要技术参数,现以东风标致 3008(2015 年型)系列轿车为例,列举常见的汽车容量数据(表 1-3)。

表 1-3 东风标致 3008 2015 年型系列轿车容量数据

部位	液体名称	牌号	每车容量		EP6FDTM
			EW10A		
			BE	AT6	AT6
燃油箱	汽油	92 号及以上	60L		
发动机润滑系统	机油	0W/30 A5B5 5W/30 A5B5 5W/30 C2&A5B5	—		3900g
		10W/40 SJ(SJ)	4700g		—
变速箱及主减速器	变速箱油	EZL 848 75W-80	2.0 L	—	—
		AW-1	—	6 L	6 L
散热器	冷却液	DF-3	5720ml	6170ml	6850ml
空调	制冷剂	R134a	550g		
助力转向器	液力传动油	LDS-H50126	700ml		
制动贮液罐	合成制动液	DOT4 4606	1220ml	1180ml	1180ml
风窗洗涤器	风窗玻璃清洗液	812004	3.5±0.5L		

(五)汽车的识别代码的意义和功用

目前世界各国汽车公司所生产的绝大部分汽车都使用了汽车识别代码(Vehicle Identification Number,VIN 码)。汽车识别代码的作用及重要性已被越来越多的人所认识和重视。无论是汽车整车及配件营销人员、汽车维修工、车辆保险人员、二手车的评估人员,还是车辆交通管理人员以及与汽车相关的其他人员,要了解、认识和掌握汽车规格参数和性能特征等信息,汽车识别代码都是必不可少的信息工具。

VIN 码是汽车制造厂为了识别一辆汽车而规定的一组字码,它由一组英文字母和阿拉伯数字组成,共 17 位,故又称为 17 位码。如美国福特汽车公司某辆轿车的 17 位码为 1LNLM81w6PJl06235。

17 位 VIN 码的每一位代码代表着汽车某一方面的信息参数。我们从该码中可以识别出车辆的生产国家、制造公司或生产厂家、车辆的类型、品牌名称、车型系列、车身形式、发动机型号、车型年款(属于哪年生产的年款车型)、安全防护装置型号、检验数字、装配工厂名称和出厂顺序号码等信息。

VIN 码具有全球通用性、最大限度的信息承载性和可检索性,已成为全世界识别车辆唯一准确的"身份证"。17 位编码经过特定的排列组合可以保证每个制造厂在 30 年之内生产的每辆汽车识别代号具有唯一性,不会发生重号或错认。由于现代汽车车辆的使用周期在逐年缩短,一般 6 年~10 年就会被淘汰,所以 VIN 码已足够应用。

当每辆车打上 VIN 码后,其代号将伴随车辆的注册、保险、年检、保养、修理直至回收报废。在办理车辆牌照、处理交通事故、查获被盗车辆、侦破刑事案件、保险索赔、车辆维修与检测、汽车营销、进出口贸易等方面，17 位 VIN 码都具有十分重要的作用。

（1）车辆管理部门通过对 VIN 码的统一管理，能够实现车辆管理的规范化，保证车辆登记状况的准确性，使车辆年检和报废管理体系更加完善。如果推行条码化 VIN 管理，可以大大提高车辆登记和年检的效率和准确性。工作人员只要利用条码读取设备就能够快速获得车辆信息，减少了人工输入。到目前为止，国内厂家已有上海大众和长安汽车采用了"条码化"的 VIN。因此，交管部门可以在年检标签中打印车辆的 VIN，这将为日后车辆管理工作提供极大方便。

（2）各大保险公司通过车辆的 VIN，结合车辆管理部门提供的车辆登记和使用记录，就可以分析车辆的盗抢、交通事故情况等，估计车辆承保的风险程度，从而能够针对不同的车辆制定相应的保险制度。这对于当前保险公司推行的浮动车险费率制度至关重要。

（3）整车制造厂通过 VIN，结合车辆制造档案就可以明确各批次车辆及零部件的去向和车辆的生产、销售及使用状况，对于调整生产、改进售后服务和实行汽车召回具有重大的指导意义。

（4）维修企业通过车辆 VIN，可以准确确定车辆的车型年款以及相应的配置状况，从而选择合适的仪器设备和相关的车型维修资料，正确地进行故障诊断和车辆维修。另外，配件订购也离不开车辆 VIN，因为不同批次的同一车型选用的配件也不尽相同，通过 VIN 就能明确车辆配置及其生产年限、批次，从而找到正确的零件。

（5）在二手车市场，通过车辆 VIN 码可以了解车辆的生产年份、产地、车型、车身型式、发动机配置等，将这些数据与实际车辆比对，再听听卖家的介绍，就心中有数了。

（6）了解 VIN 的相关知识，广大车主也能对爱车了如指掌，在维修、配件采购及其他相关环节做到心中有数。对于广大准车主，特别是准备购买进口汽车的人，通过解读车辆 VIN，能了解到车辆的产地、配置、年份、装配厂等信息。就拿奔驰汽车来说，它的产地分布在世界各地，而且不同地域的车辆等级和品质差异是客观存在的，顾客可不想拿买德国本土出产奔驰的价钱买一辆印度或越南组装的产品。此外利用 VIN 码还可以鉴别出拼装车和走私车，因为拼装的进口汽车一般是不按 VIN 码规定进行组装的。

总而言之，利用 VIN 码进行车辆各相关环节的管理，充分体现了车辆管理制度的严谨性、科学性，实现了车辆管理手段的国际化、现代化，在日常车辆管理工作中必将取得事半功倍的效果。

有的国家规定没有 17 位识别代码的汽车不准进口和销售。所以，现代汽车若没有 VIN 码是卖不出去的。我国于 1999 年 1 月 18 日由机械工业部发布了《车辆识别代码（VIN）管理规则》，并规定："1999 年 1 月 1 日后，适用范围内的所有新生产的车辆必须使用汽车识别代码。"

（六）汽车识别代码的组成及规定

世界各国政府以及各汽车公司对本国或本公司生产的汽车的 17 位 VIN 码都有具体的

规定。各国的技术法规一般只规定车辆识别代码的基本要求，如对字母和数字的排列位置、安装位置、书写形式和尺寸都有相应的规定等，并应保证30年内不会重号。

除对个别符号的含义有统一要求外，其他不做硬性规定，而是由生产厂家自行规定其代码的含义。

各国有关车辆识别代码的技术法规各有所异，但也有共同之处，如汽车识别代码的第(9)位必须是工厂检查数字代码。对于VIN码在汽车上的安装位置，各国汽车生产厂家的各类车型也不尽相同。如美国规定应安装在汽车仪表板左侧，在车外透过挡风玻璃可以清楚地看到而便于检查，而欧洲共同体则规定VIN码应安装在汽车右侧的底盘车架上或标写在厂家铭牌上。我国《车辆识别代码（VIN）管理规则》规定：汽车识别代码应尽量位于车辆的前半部分、易于看到且能防止磨损或替换的部位。对于小于或等于9人座的乘用车和最大总质量小于或等于3.5t的载货汽车，车辆识别代码应位于仪表板上靠近风窗立柱的位置，在白天日光照射下，观察者不需移动任一部件从车外即可分辨出车辆识别代码（图1-6）。

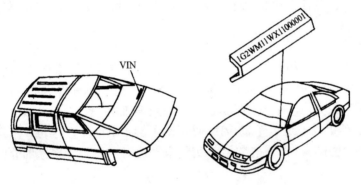

图1-6 常见VIN码的安装位置

我国规定汽车识别代码由三个部分组成，对于年产量大于500辆的汽车制造厂，汽车识别代码的第一部分为世界制造厂识别代码（WMI）；第二部分为车辆说明部分（VDS）；第三部分为车辆指示部分（VIS）（图1-7）。

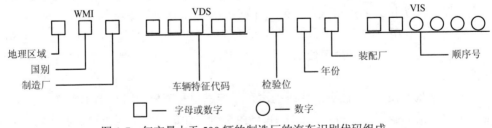

图1-7 年产量大于500辆的制造厂的汽车识别代码组成

对于年产量小于500辆的制造厂，汽车识别代码的第一部分为世界制造厂识别代码（WMI）；第二部分为车辆说明部分（VDS）；第三部分的第3、4、5位字码同第一部分的三位字码一起构成世界制造厂识别代号（WMI），其余五位字码为车辆指示部分（VIS）（图1-8）。

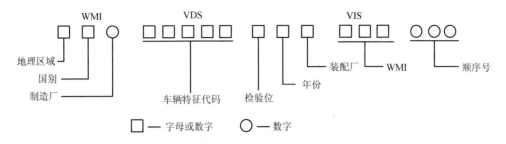

图 1-8 年产量小于 500 辆的制造厂的汽车识别代码组成

1. 第一部分：世界制造厂识别代码（WMI）

WMI 是由三位字母或数字组成，它们必须经过申请、批准和备案后方能使用。

第（1）位字码标明一个地理区域的字母或数字；

第（2）位字码表示这个地理区域的一个国家的字母或数字；

第（3）位字码是标明某个特定的制造厂的字母或数字。

第（1）、（2）、（3）位字码的组合将保证一个国家的某个汽车制造厂识别标志的唯一性。对于年产量小于 500 辆的制造厂，世界制造厂的汽车识别代码的第（3）位字码为数字 9。此时，车辆指示部分的第 3～5 位字码，即 17 位码的（12）、（13）、（14）位字码将与第一部分的三位字码共同作为世界制造厂识别代码。

美国的 WMI 前两位区段为 1A～10，4A～40，5A～50；中国的 WMI 前两位区段为 LA～L0，它规定了所有在中国境内生产的汽车产品的 WMI 编号必须在该区段内。

以下就是国内常见汽车制造厂家的 WMI 编号：

LSV 上海大众	LFV 一汽大众	LDC 神龙汽车	LEN 北京吉普
LHG 广州本田	LHB 北汽福田	LKD 哈飞汽车	LS5 长安汽车
LSG 上海通用	LNB 北京现代	LNP 南京菲亚特	LFP 一汽轿车

2. 第二部分：车辆说明部分由六位字码组成

由制造厂用不同的数字或字母标明车辆型式或品牌、车辆类型、种类、系列、车身类型、发动机或底盘类型、驾驶室类型以及汽车车辆的其他特征参数。如果制造厂不用其中的一位或几位字码，应在该位置填入制造厂选定的字母或数字占位。

该部分的最后一位（即 17 位代码的第（9）位）为制造厂检验位。检验位由 0～9 中的任一数字或字母 X 标明。与身份证号码中的校验位一样，该校验位的目的是提供校验 VIN 编码正确性的方式，通过它就可以核定整个 VIN 码正确与否。它在车辆的识别过程中起着极其重要的作用。

3. 第三部分：车辆指示部分由八位字码组成

第 1 位字码（即 17 位代码的第（10）位）表示汽车生产年份，年份代码按表 1-4 规定对照使用。

表 1-4 我国 VIN 码中的年份代码

代码	年份	代码	年份	代码	年份	代码	年份
1	2001	9	2009	H	2017	S	2025
2	2002	A	2010	J	2018	T	2026
3	2003	B	2011	K	2019	V	2027
4	2004	C	2012	L	2020	W	2028
5	2005	D	2013	M	2021	X	2029
6	2006	E	2014	N	2022	Y	2030
7	2007	F	2015	P	2023	1	2031
8	2008	G	2016	R	2024	2	2032

第 2 位字码（即 17 位代码的第（11）位）用来指示汽车装配厂，若无装配厂，制造厂可规定其他的内容。

对于年产量大于等于 500 辆的制造厂，此部分的第 3～8 位字码（即 17 位代码的第（12）～（17）位）表示生产顺序号；对于年产量小于 500 辆的制造厂，该部分的第 3～5 位字码与第一部分的三位字码共同表示一个车辆制造厂，最后三位字码表示生产顺序号。

（七）VIN 码中各代码的含义举例

1. 上海大众集团 VIN 码含义

L	S	V	H	H	1	3	3	0	2	2	2	0	4	3	2	1
(1)	(2)	(3)	(4)	(5)	(6)	(7)	(8)	(9)	(10)	(11)	(12)	(13)	(14)	(15)	(16)	(17)

第（1）～（3）位——世界制造厂识别代码。

LSV—上海大众汽车有限公司

第（4）位——车身型式代码。

A—四门折背式车身；B—四门直背式车身；F—四门短背式车身；H—四门加长型折背式车身；K—2 门短背式车身

第（5）位——发动机/变速器代码。

车型系列：上海桑塔纳轿车、上海桑塔纳旅行轿车、上海桑塔纳 2000 轿车。

A—JV（026A）/AHM；B—JV（026A）+LPG/AHM；

C—JV（026A）/2P；D—JV（026A）+LPG /2P；

E—JV（026A）+CNG /2P；F—AFE（026N）/2P；

G—AYF（050B）/QJ；H—AJR（06BC）[AYJ（06BC）] /2P；

J—AYJ（06BC）/FNV；K—AFE（026N） +LPG /2P。

车型系列：上海帕萨特轿车 PASSAT。

A—ANQ（06BH）/DWB（FSN）；B—ANQ（06BH）/DMU（EPT）；

C—AWL（06BA）/EZS；D—AWL（06BA）/EMG；

E—BBG（087.2）/EZY；L—BGC（06BM）/EZS；

M—BGC（06BM）/EMG。

车型系列：上海波罗轿车POLO。

A—BBC（036P）/GET（FCU）；B—BBC（036P）/GCU（ESK）；

C—BCD（06A6）/GEV（FXP）。

车型系列：上海高尔轿车GOL。

A—BHJ（050.C）/GPJ。

第（6）位——乘员保护系统代码。

0—安全带；

1—安全气囊（驾驶员）；

2—安全气囊（驾驶员和副驾驶员、前座侧面）；

3—安全气囊（驾驶员和副驾驶员、前后座侧面）；

4—安全气囊（驾驶员和副驾驶员）；

5—安全气囊（驾驶员和副驾驶员、前后座侧面、头部）；

6—安全气囊（驾驶员和副驾驶员、前座侧面、头部）。

第（7）位～（8）位——车辆等级代码。

33—上海桑塔纳轿车、上海桑塔纳旅行轿车、上海桑塔纳2000轿车；

9F—上海帕萨特轿车；9J—上海波罗轿车；5X—上海高尔轿车。

第（9）位——工厂检验代码。

第（10）位——生产年份代码。

2—生产年份为2002年。

第（11）位——生产装配工厂。

2—上海大众汽车有限公司。

第（12）～（17）位——工厂生产顺序号代码。

注：上海大众集团的VIN码含义是按车辆生产年份分别定义的，以上仅适用于2001—2010年产的车辆。

2. 美国福特汽车公司（FORD MOTOR COMPANY）轿车VIN码含义

1	L	N	L	M	8	1	W	6	P	J	1	0	6	2	3	5
(1)	(2)	(3)	(4)	(5)	(6)	(7)	(8)	(9)	(10)	(11)	(12)	(13)	(14)	(15)	(16)	(17)

第（1）位——生产国别代号。

1—美国；2—加拿大；3—墨西哥；6—澳大利亚；J—日本；K—韩国。

第（2）位：生产或归口部门代码。

F—FORD福特车部；L—LINCOLN林肯车部；M—MERCURY水星车部。

第（3）位——车型类别代码。

A—福特轿车；B—大陆轿车；D—开发车型；E—水星轿车；

J—不完整汽车；M—多用途车；N—轿车；4—货车。

第（4）位——乘员安全保护装置代码。

B—主动安全带；C—主动安全带及驾驶员安全气囊；D—前排主动安全带；

P—前排被动式安全带；L—主动安全带及驾驶员/前排乘员安全气囊。

第（5）位——车型系列代码。

M—林肯/水星；P—福特；T—海外生产车型。

第（6）、（7）位——车身类型代码。

01—CAPRI 双门活动顶篷；03—CAPRI 双门活动顶篷 XR2 型；

04—ESCORT 护卫者双门溜背式；81—LINCOLN TOWN CAR 林肯城市四门轿车。

第（8）位——发动机型号代码。

A—2.0L 四缸/2.3L 四缸；B—2.5LV6/3.3L 六缸；C—2.2L 四缸/3.8LV6 增压；

D—2.3L 四缸/2.5L 四缸；E—5.0LV8 强输出发动机；W—4.6LV8。

第（9）位——VIN 检验数代码。

第（10）位——车型年款代码。

A—1980；B—1981；C—1982；D—1983；P—1993；R—1994。

第（11）位——总装工厂代码。

C—Chicago 芝加哥；K—Kansas 堪萨斯；J—LosAngeles 洛杉矶。

第（12）～（17）位——出厂顺序代码。

注：VIN 码中无法体现出车辆的颜色。

四、自我测试题

（一）判断题

1．整车整备质量包含备用车轮及随车工具、货物及灭火器等完整车辆的重量。（   ）

2．风阻系数是指空气与汽车以一定相对速度流过车身表面轮廓时所受到的阻力大小。
（   ）

3．VIN 码是指汽车识别代码，一共 17 位，其中第 10 位指车辆生产年份。（   ）

4．LSG 是指中国上海通用汽车制造厂。（   ）

5．汽车识别代码应尽量位于车辆的前半部分、易于看到且能防止磨损或替换的部位。
（   ）

（二）单项选择题

1．当制动液液位过低时下列哪一个警告灯会亮？（   ）

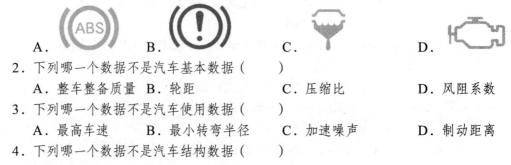

2．下列哪一个数据不是汽车基本数据（   ）

　　A．整车整备质量　　B．轮距　　　　　　C．压缩比　　　　　D．风阻系数

3．下列哪一个数据不是汽车使用数据（   ）

　　A．最高车速　　　　B．最小转弯半径　　C．加速噪声　　　　D．制动距离

4．下列哪一个数据不是汽车结构数据（   ）

A．排量　　　　B．最大功率　　　　C．压缩比　　　　D．轴距

5．下列说法错误的是（　　）

A．车辆的接近角过大会发生触头失效。

B．车辆的离去角过小会发生托尾失效。

C．车辆的最小离地间隙过小会发生顶起失效。

D．上述三种失效统称为间隙失效。

6．关于VIN码说法错误的是（　　）

A．可以保证每个制造厂在30年之内生产的每辆汽车识别代号具有唯一性。

B．车辆打上VIN码后将伴随车辆的注册、保险、年检、保养、修理直至回收报废。

C．在二手车市场上，车辆VIN码的作用并不大。

D．利用VIN码可以鉴别出拼装车和走私车。

7．在车辆VIN码中不能识别的信息是（　　）

A．车型代码　　　　　　　　　B．总装厂代码

C．车辆颜色　　　　　　　　　D．发动机类型代码

（三）简答题

1．汽车常用的技术数据有哪几大类？

2．VIN码的意义和作用是什么？

3．汽车有哪八大性能，其评价指标又是什么？

项目二 汽车运行材料的合理使用

一、项目描述

通过对发动机舱内各种油液的认识与检测以及对轮胎的认识与检查，学生须达到以下要求。

1. 知识要求

（1）掌握汽油与柴油的特性；

（2）掌握车用润滑油的性能；

（3）熟悉车用齿轮油的性质；

（4）熟悉车用润滑脂的性能；

（5）熟悉车用冷却液的性质；

（6）熟悉制动液的性质；

（7）熟悉 ATF 液的性质；

（8）熟悉转向助力液与减振器液的性质；

（9）掌握轮胎的特性。

2. 技能要求

（1）能够识别发动机舱中的各种油液；

（2）能够正确检测发动机润滑油、冷却液和制动液等油液的含量；

（3）能够正确识别轮胎和检测轮胎的磨损情况。

3. 素质要求

（1）掌握规范操作的理念；

（2）重视劳动保护与安全操作；

（3）注意环境保护；

（4）培养团队协作精神。

二、项目实施

任务一 发动机舱油液检查

1. 训练内容

（1）发动机舱内的油液识别（图2-1）；
（2）检测发动机润滑油、冷却液、制动液和清洗液的含量；
（3）完成并填写学习工作单的相关项目；
（4）学习汽车运行材料的相关知识。

2. 训练目标

（1）熟悉发动机舱内的各种元件和油液位置；
（2）掌握发动机润滑油、冷却液、制动液和清洗液的检测方法。

3. 训练设备

丰田花冠轿车、常用工具、翼子板布、前格栅布。

4. 训练步骤

（1）打开发动机舱盖，必须牢固支承；
（2）安装翼子板布，前格栅布；
（3）检查机油油位时，抽出机油标尺后用干净的布擦净后再次插回油底壳，然后再抽出读数，注意油尺不要上扬；
（4）发动机冷却液液位、制动液液位通过目测储液罐，不可用手摇晃，喷洗液液位检查时，标尺拉出到能看见标记状态即可。

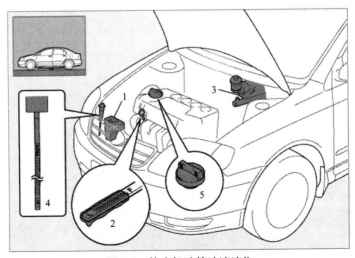

图2-1 检查机油等油液液位

任务二 轮胎认识与检查

1. 训练内容

（1）轮胎结构、符号与轮辋的认识（图 2-2～图 2-6）；

（2）备胎的检测；

（3）完成并填写学习工作单的相关项目；

（4）学习轮胎的相关知识。

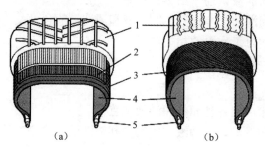

图 2-2 轮胎的结构

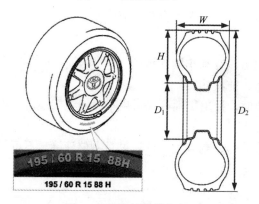

图 2-3 轮胎符号的含义

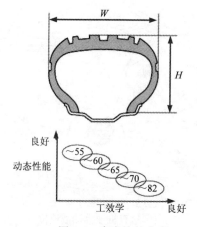

图 2-4 高宽比的含义

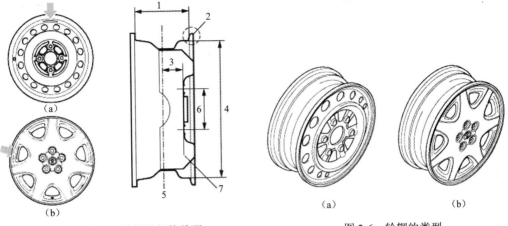

图 2-5 轮辋的规格编码　　　　图 2-6 轮辋的类型

2. 训练目标

（1）掌握轮胎的结构组成和轮胎符号的含义；
（2）掌握正确检测轮胎的方法。

3. 训练设备

丰田花冠轿车、常用工具、轮胎深度规、气压表、轮胎架、肥皂水。

4. 训练步骤

（1）打开汽车后备箱盖，取出备胎，放置于轮胎架上；
（2）检查胎面胎壁有无裂纹、割伤或其他损坏；
（3）用轮胎深度规测量胎面沟槽深度；
（4）用气压表测量备胎压力；
（5）检查是否漏气和检查钢圈是否损坏或腐蚀。

三、相关知识

（一）燃料的成分

汽车所用的燃料几乎都是由石油经现代提炼技术加工而成，其主要成分是碳氢化合物 C_mH_n，通常称为烃。通过对石油逐步加温，在不同的温度范围可得到不同的馏分，其主要成分依次为轻馏分（汽油）、中馏分（轻柴油）、重馏分（润滑油的原料）和沥青等石油产品。

随着燃料中 C 含量的减少，H 含量的增加，燃料的质量变轻，并呈气态。当 C 含量增加，H 含量减少时，则成为重质燃料，当 n 近似为零时，便成为煤炭。燃料中 H 的质量分数大，燃烧污染低；H 的质量分数小、燃烧污染高。不同的燃料分子组合，确定了燃料的不同特性。汽车所用燃料中，主要含有烷烃、烯烃和炔烃等成分。

1. 烷烃

烷烃是饱和的链式结构，分子式用 C_nH_{2n+2} 表示。正烷烃是直链式结构，异烷烃是分支结构。由于异烷烃分子结构紧凑,其着火性比正烷烃差、抗爆性比正烷烃好。异辛烷的抗爆性最好,定为100%。

2. 烯烃

烯烃是由两个或多个C原子构成,C原子间至少有一个双链连接,属于不饱和结构。烯烃也有异构体,正烯烃与正烷烃相比,具有更高的抗爆性。常温下稳定性差,易生成胶质,高温下形成过氧化物的倾向较小。

3. 环烷烃

环烷烃为环形单键相连的碳氢化合物,介于正烷烃和异烷烃之间,形成过氧化物的倾向较小。

4. 芳香烃

以双键相连的环状结构称为芳香烃。其结构紧凑,性能最稳定,不易着火,抗爆性强。

（二）燃料的使用性能

1. 汽油的使用性能

汽油的使用性能包括挥发性、抗爆性、腐蚀性、清洁性和氧化安定性。

1) 挥发性

挥发性是指液体由液体转化为气态的性质。汽油是由多种碳氢化合物组合而成,因而其沸点不像单一化合物那样是确定值,而是一个范围。常用馏程来评价汽油的挥发性,即10%、50%、90%蒸发温度。

（1）10%蒸发温度。对100mL汽油在规定条件下蒸馏时,得到10%汽油馏分的温度叫做10%蒸发温度,它表示汽油中含轻质馏分的多少。10%蒸发温度低,启动性好,但太低了容易引起气阻,在油箱中蒸发损失增加。10%蒸发温度太高,则冷启动困难。

（2）50%蒸发温度。标志燃油的平均挥发性,50%蒸发温度低,对汽油机的加速性、工作稳定性及启动后迅速升温（暖机）有利；50%蒸发温度高时,当汽油机由低速骤然变为高速时,节气门突然开大,由于汽油蒸发量少,会使可燃混合气变稀,汽油机不能发出需要的功率、运转不平稳,加速时间长,加速时车辆出现抖动现象。

（3）90%蒸发温度。标志燃油中所含重质成分的多少,90%蒸发温度高,燃油中重质成分多,在燃烧室内易形成杂质,并稀释润滑油。

若汽油的挥发性不好,将有部分汽油以液体进入气缸,液体汽油在气缸内不能正常燃烧,并会造成点火不良、破坏润滑、增加有害排放物、发动机功率下降、油耗增加。

反之,挥发性好,则汽油机的低温启动性能好、预热时间短、加速灵敏、运行稳定。但也有缺点,夏季燃油系统易产生气阻、存放时的挥发损失大。

2) 抗爆性

抗爆性表示汽油在气缸中燃烧时防止爆燃的能力,汽油机爆燃是一种不正常燃烧现象。汽油机正常燃烧时,火焰以火花塞为中心,向燃烧室周围均匀传播,因此温度上升均匀,汽油机工作柔和,动力性能得到充分发挥。而爆燃是在正常的火焰前锋到达之前,火焰前锋的压缩和热辐射作用,导致混合气自燃着火,因而形成多个火焰中心,使得火焰的传播速度及局部区域的瞬间压力急剧升高,高压燃气撞击气缸壁产生尖锐的敲击声、并引起发动机振动。爆燃导致发动机功率下降,油耗增加,严重时会使活塞、活塞环、气门等机件烧毁，轴承和其他零件受到损坏。

评定汽油抗爆性的指标是辛烷值，汽油的牌号是按辛烷值划分的。所谓辛烷值，是按不同的体积分数，将正庚烷（辛烷值为0）和异辛烷（辛院值为100）混合，组成标准燃料，其中异辛烷的含量便是"标准"燃料的辛烷值。然后，在专用可变压缩比单缸试验机上，与待测燃料进行对比试验。当两者具有相同的抗爆性时，"标准"燃料的辛烷值就是待测燃料的辛烷值。辛烷值的测定方法分研究法（RON）和马达法（MON）两种。使用不同的测定方法和规范，同一燃料的辛烷值不同。

汽油的抗爆性在很大程度上取决于碳氢燃料的结构。闭链结构比开链结构燃料的抗爆性强，不饱和结构比饱和结构燃料的抗爆性强，分支结构比直链结构燃料的抗爆性强。

3）腐蚀性

汽油对储油容器和机件应无腐蚀。但汽油中所含的有害元素如硫、活性或非活性硫化物、水溶性酸或碱等超过一定限制时，就会对金属产生直接或间接腐蚀作用。

汽油中的硫在燃烧后生成二氧化硫，遇到冷凝水或水汽时会形成亚硫酸和硫酸，对工作温度较高的气缸、排气管具有强烈的腐蚀作用，同时，硫的含里过高还会降低汽油的辛烷值。因此要严格控制汽油中硫的含量。

评定汽油腐蚀性的指标是硫含量、酸度、铜片腐蚀试验、水溶性酸或碱。

4）清洁性

汽油的清洁性用汽油中含有机械杂质和水分的多少表示。

汽油在生产、运输、灌注、储存和使用过程中，受到机械杂质（锈、灰尘、各种氧化物等）和水分的污染。机械杂质会使化油器量孔、喷嘴、汽油喷射系统的喷油器和汽油滤清器堵塞。机械杂质进入燃烧室，又会使燃烧室积炭增多，引起气缸壁、活塞和活塞环的加速磨损。水分在低温下易结冰，会堵塞油路，并能加速汽油的氧化，加速腐蚀作用，所以车用汽油应严格控制机械杂质和水分的混入。

评定汽油清洁性的指标是机械杂质和水分。

5）氧化安定性

汽油的氧化安定性是指热稳定性，即防止生成高温沉积物的能力。

从喷油器、进气门到燃烧室，汽油所处的温度越来越高，汽油烃类的氧化深度也随温度升高而增加，生成燃烧室沉积物和进气门沉积物等，使电喷发动机喷油器结胶堵塞，使进气门黏着关闭不严等，因此使电喷系统不能正常工作，排气污染物浓度增加。

影响汽油氧化安定性的因素主要是汽油的烃组成和性质，沉积物一般随烯烃含量、芳烃含量、胶质和90%蒸发温度的升高而增加。

汽油氧化安定性的评定指标一般是实际胶质和诱导期。

2. 车用汽油牌号、规格及选用

车用汽油牌号中的数字表示辛烷值含量的高低。牌号的数字越大，其辛烷值越高。汽油的质量水平主要体现在辛烷值、铅含量、硫含量、苯含量、蒸气压及烯烃、芳烃含量等各种指标上，其中铅、硫及烯烃含量是最重要的指标。

中国国家标准化委员会2013年年底发布第五阶段车用汽油国家标准。该标准自发布之日起开始实施，过渡期截止到2017年年底。从2018年1月1日起全国范围内将供应第五阶段车用汽油。

按照第五阶段汽油标准，我国车用汽油主要指标与欧洲现行标准水平相当，达到国际最高水平。从 1999 年我国制定《车用无铅汽油》（GB17930—1999）标准至 2013 年年底制定的《车用汽油》（GB17930—2013）标准，14 年间，我国车用汽油标准制定和使用经历了五个阶段：

第一阶段：2003 年 1 月 1 日起，汽油质量执行《车用无铅汽油》（GB17930—1999）国家标准（国一标准），汽油中硫含量降低至 800ppm 以下。ppm 是英文 parts per million 的缩写，是浓度计量单位即表示百万分之，或称百万分率，简单地说：1ppm=1mg/kg=1mg/L 常用来表示气体浓度，或者溶液浓度。

第二阶段：2005 年 7 月 1 日起，执行修订版《车用无铅汽油》（GB17930—1999）国家标准（国二标准），汽油中硫含量降低至 500ppm 以下。

第三阶段：2010 年 1 月 1 日起，执行《车用汽油》（GB17930—2006）国家标准（国三标准），汽油中硫含量降低至 150ppm 以下。

第四阶段：2011 年 5 月 12 日起，执行《车用汽油》（GB17930—2011）国家标准（国四标准），汽油中硫含量降低至 50ppm 以下。第四阶段车用汽油标准过渡期截止到 2013 年年底。

第五阶段：2013 年 12 月 18 日起，执行《车用汽油》（GB17930—2013）国家标准（国五标准），第五阶段车用汽油标准过渡期截止到 2017 年年底，从 2018 年 1 月 1 日起全国范围内将供应第五阶段车用汽油。

第五阶段车用汽油国家标准主要有六方面变化：

（1）为进一步提高汽车尾气净化系统能力，减少汽车污染物排放，将硫含量指标限值由第四阶段的 50ppm 降为 10ppm。

（2）考虑到锰对人体健康不利的潜在风险和对车辆排放控制系统的不利影响，将锰含量指标限值由第四阶段的 8mg/L 降低为 2mg/L，禁止人为加入含锰添加剂（之前添加是为了提高辛烷值含量）。

（3）考虑到第五阶段车用汽油由于降硫、禁锰引起的辛烷值减少，以及我国高辛烷值资源不足的情况不，将第五阶段车用汽油牌号由 90 号、93 号、97 号分别调整为 89 号、92 号、95 号，同时在标准附录中增加 98 号车用汽油的指标要求。

（4）为防止冬季因蒸气压过低而影响汽车发动机冷起动性能，导致燃烧不充分、排放增加，冬季蒸气压下限由第四阶段的 42kPa 提高到 45kPa。为进一步降低汽油中挥发性有机物质的排放，减少大气污染，夏季蒸气压上限由第四阶段的 68kPa 降低到 65kPa，并规定广东省、广西自治区和海南省全年执行夏季蒸气压。

（5）为进一步降低汽油蒸发排放造成的光化学污染，减少汽车发动机进气系统沉积物，烯烃含量由第四阶段的 28% 降低到 24%。

（6）为进一步保证车辆燃油经济性相对稳定，首次规定了密度指示，其值为 20℃时 720～775kg/m^3。

目前，北京市、上海市和江苏省等地已先期实施了相当于第五阶段车用汽油标准的标准。

例如，南京市环保局通告：从 2012 年 4 月 1 日起，全市所有加油站正式销售"国四汽油"。国四汽油的含硫量,由国三的 150ppm 下降到 50ppm,相当于一吨燃油中只含硫 50 克。汽车燃油中含硫量越高就越容易在排放过程中生成硫酸盐,从而导致颗粒物排放上升。实施国四油品后,燃油中硫的含量下降了 90%,锰的含量也下降了 50%,硫、锰含量的大幅降低,有助于对汽车三元催化器等器件的保护,提高了三元催化器的效率,一年可减少约 10 万吨污染物,其中最直接影响的是氮氧化物的排放量,可以降低 30%左右,而空气中氮氧化物是合成 PM2.5 的重要成分。

按照国务院规定的油品质量升级时间表,第四阶段车用汽油标准过渡期至 2013 年底,2014 年元旦后国内加油站汽油全部升级为国四汽油。而国五汽油标准要到 2017 年实施,国五汽油中含硫量将下降到 10ppm。继北京市、上海市陆续推广京五油、沪五油后,江苏省是全国第一家在全省大部分范围内推广达到国五汽油标准的省份。

汽油选用时,需注意以下事项:

(1)根据汽车使用说明书的要求,按汽车的压缩比选用汽油牌号,以汽油机在正常条件下运行不发生爆燃为原则。压缩比高的发动机应选择高标号的汽油;压缩比低的发动机应选择低标号的汽油。按压缩比选择汽油牌号见表 2-1。

表 2-1 依据压缩比选择车用汽油标号

压缩比	车用无铅汽油标号			
	90 号	93 号	95 号	97 号以上
7.5～8.0	√	√		
8.0～8.5		√	√	
8.5～9.0			√	
9.0～9.5				√
9.5～10.0				√
注:√表示理想的车用无铅汽油				

(2)在汽油的供应上,若一时不能满足需要,可以用牌号相近的汽油暂时代用,但必须对汽油机进行适当的调整。用辛烷值较低的汽油代替辛烷值较高的汽油时,应适当推迟点火提前角。相反,用辛烷值较高的汽油代替辛烷值较低的汽油时,则应适当提前点火。

(3)高原山区条件下使用时,由于大气压力小,空气稀薄,汽油机工作时爆震倾向减小,可以适当降低汽油的辛烷值,一般海拔每上升 100m,汽油辛烷值可降低约 0.1 个单位。

(4)经常在大负荷、低转速下工作的汽油机,应选择较高辛烷值汽油。

(5)油箱要经常装满油,尽量减少油箱中的空气含量,以减少胶质的生成。同时应保持油箱盖通气阀作用良好,按要求定期清洁油箱与更换汽油滤清器。

(6)长期存放后已变质的汽油不能使用,否则,将导致电喷发动机的喷嘴结胶堵塞。

3. 柴油的使用性能

柴油的馏分较重,柴油机混合气在气缸内形成,压燃着火,燃烧过程包括着火延迟期(滞燃期)、速燃期、缓燃期、后燃期四个阶段,不正常燃烧主要是粗暴。这些特点使柴油的使用性能与汽油有许多不同,柴油的使用性能有低温流动性、燃烧性、雾化和蒸发性、安定性、腐蚀性、无害性和清洁性，最突出的是低温流动性和燃烧性。

1) 低温流动性

低温流动性是指柴油在低温条件下具有一定流动状态的性能。通常在柴油中含有一部分石蜡，当温度降低时，石蜡结晶析出，使流体流动阻力增加，甚至失去流动性。

评定柴油低温流动性的指标是凝点、浊点和冷滤点等。我国只采用凝点和冷滤点。

凝点是指油品在规定的试验条件下冷却，将试管倾斜45°，保持1min，液面不能移动时的最高温度。我国轻柴油的牌号是按凝点划分的。

2) 燃烧性

柴油的燃烧性主要是抗粗暴的能力。若着火延迟期过长，则在气缸内积聚并完成燃烧准备的柴油就多，以致造成大量的柴油同时燃烧，使气缸压力急剧升高，发动机运转不平稳，发出异响，这种不正常燃烧现象，叫做粗暴。柴油机工作粗暴的后果与汽油发动机爆燃一样。

要求柴油具有良好的燃烧性，是指柴油的自燃能力。燃烧性好的柴油，其自燃点低，在滞燃期内，燃烧室的局部易形成高密度的过氧化物而形成火焰中心。着火延迟期短，气缸压力升高平缓，工作柔和。

评定柴油机燃烧性的指标是十六烷值。十六烷值高的柴油，其自燃性好，柴油机工作柔和；反之，十六烷值低的柴油，易使柴油机工作粗暴。十六烷值对柴油机的起动性也有一定影响。

3) 雾化和蒸发性

柴油的雾化性和蒸发性，决定了混合气形成的质量和速度。因此，要求柴油有较好的雾化和蒸发性。如果柴油的雾化和蒸发性差，可能产生的后果是：未蒸发的柴油在高温、高压条件下分解析出炭粒，使排气产生黑烟，并增加了油耗和排放污染物；未分解和燃烧的柴油经气缸壁渗入油底壳，稀释发动机油，影响正常润滑，加剧发动机零件磨损；柴油馏分重，黏度必然大，使喷雾质量低，混合气不均匀，产生后燃现象，使发动机过热，功率下降；发动机难以启动。

但是，柴油的雾化性和蒸发性过强，不仅储存和运输中蒸发损失大，而且安全性差。

评定柴油雾化和蒸发性的主要指标是运动黏度、馏程、闪点和密度。

（1）运动黏度。表示液体在重力作用下流动时，内摩擦力的量度。其值为相同温度下液体的动力黏度与其密度之比，单位为 m^2/s。

（2）馏程。柴油馏程采用50%蒸发温度、90%蒸发温度和95%蒸发温度。

50%蒸发温度越低，说明柴油轻质馏分多，蒸发速度越快，柴油机就越易启动。

90%蒸发温度和95%蒸发温度越低，说明柴油中重质馏分少，混合气燃烧完全，能提高柴油机动力性，减少机械磨损，还能避免过热，降低油耗。

（3）闪点。表示柴油的蒸发性，同时也能说明柴油使用的安全性。

可燃液体能挥发变成蒸气，跑入空气中。温度升高，挥发加快。当挥发的蒸气和空气的混合物与火源接触能够闪出火花时，把这种短暂的燃烧过程叫做闪燃，把发生闪燃的最低温度叫做闪点。

闪点低，说明柴油中轻质馏分多，蒸发性好。但过低则蒸发过快，会造成气缸压力突然上升，引起柴油机工作粗暴，使用不安全等。

4) 安定性

柴油的安定性是指柴油在运输、贮存和使用过程中保持颜色、组成和使用性能不变的能力。要求柴油有良好的安定性。

柴油的安定性不好，就会氧化结胶，在燃烧室内形成积炭、胶状沉积物，附在活塞顶和气门上，甚至造成气门关闭不严；堵塞燃油滤清器，在喷油器针阀上生成漆状沉积物，造成针阀黏滞，形成积炭，使喷雾恶化，甚至中断供油，干扰正常燃烧，从而使排放污染增加。

影响柴油安定性的主要因素是柴油中所含的不安定组分，主要是二烯烃、烯烃等不饱和烃。柴油的馏分过重，环烷芳烃和胶质含量增加，安定性也变差。

柴油安定性的评定指标是碘值、色度、氧化安定性、实际胶质、10%蒸余物残炭和喷油器清洁度。

5）无害性

柴油中的芳烃含量、硫含量，对柴油发动机的排放污染影响很大。特别是多环芳烃含量对柴油发动机颗粒物的排放影响最大。试验表明柴油发动机的颗粒物排放随芳烃增加而急剧上升。因为芳烃是以苯环为基础的牢固结合体，它不仅含碳量高，而且化学结构牢固不易燃烧，故容易形成炭烟微粒。

4. 车用柴油牌号、规格及选用

2013年6月8日，国家质检总局、国家标准委批准发布了《车用柴油（Ⅴ）》国家标准，自发布之日起实施，过渡期至2017年12月31日，2018年1月1日起强制实施。该标准规定了第五阶段车用柴油的硫含量不大于10ppm。

柴油中的硫含量对环境具有重要影响。柴油机的排放与柴油中十六烷值密度、芳烃含量、馏程和硫含量等有密切关系，其中硫含量直接影响柴油机的烟度与颗粒物排放浓度，多年来，国内车用柴油质量升级的主要工作之一就是降低车用柴油中的硫含量。降低柴油车排放需要采用先进的发动机技术和尾气后处理装置（如柴油机颗粒过滤器（DPF）），而这些措施的实施对燃料中的硫含量非常敏感，需要大幅度降低车用柴油中的硫含量，才能保证这些先进措施的有效实施。

为控制柴油车尾气排放，我国于2000年10月27日发布了GB252—2000《轻柴油》国家标准（国一标准），规定的硫含量不大于2000ppm；2003年5月23日发布的《车用柴油》国家标准（国二标准），规定的硫含量不大于500ppm；2009年6月12日发布的GB19147—2009《车用柴油》国家标准（国三标准），硫含量不大于350ppm，自2010年1月1日起实施；2013年2月7日实施GB19147—2013《车用柴油（Ⅳ）》国家标准，硫含量不大于50ppm；2013年6月8日实施GB19147—2013《车用柴油（Ⅴ）》国家标准，硫含量不大于10ppm。这13年间我国的车用柴油国家标准硫含量的指标由2000ppm降至10ppm，达到了目前欧盟标准的水平。

2000年，中国石化集团发布了《城市车用柴油技术要求》Q/SHR 006—2000（表2-2），并规定从2000年4月1日起执行，该标准要求硫含量控制为不大于0.05%，氧化安定性总不溶物不大于2.5mg/100mL，十六烷值不低于48。该标准按凝点分为10号、5号、0号、-5号、-10号、-20号6个牌号城市车用柴油。

柴油机的排放与柴油中十六烷值密度、芳烃含量、馏程和硫含量等有密切关系，其中硫含量直接影响柴油机的烟度与颗粒物排放浓度，也影响柴油机颗粒过滤器（DPF）的过滤效果。国三柴油含硫量标准为 350ppm，国四标准的要求为 50ppm。目前国内市场销售的柴油与要求有很大的差距。国家标准委发布第五阶段车用柴油（国五柴油）国家标准，规定每千克柴油硫含量不超过 10mg，将于 2018 年 1 月 1 日起强制实施。

表 2-2　城市车用柴油技术要求（Q/SHR 006—2000）

项目	质量指标						试验方法
	10号	5号	0号	-5号	-10号	-20号	
色度/号不大于	3.5						GB/T 6540
氧化安定性/(mg/100mL)≤	2.5						SH/T 0175
硫含量（质量百分数）/%≤	0.05						GB/T 380
酸度/mgKOH·100mL≤	7						GB/T 258
10%蒸余物残碳（质量百分数）/%≤	0.3						GB/T 268
灰分量百分数/%≤	0.01						GB/T 506
铜片腐蚀（50℃，3h）/级≤	1						GB/T 5096
水分（体积分数）/%≤	痕迹						GB/T 260
机械杂质	无						GB/T 511
运动黏度（20℃）/(mm²/g)	3.0~8.0			2.5~8.0			GB/T 265
凝点/℃≥	10	5	0	-5	-10	-20	GB/T 510
冷滤点/℃≥	12	8	4	-1	-5	-14	SH/T 0248
闪点（闭口）/℃	55						GB/T 261
十六烷值≤	48						GB/T 386
馏程： 50%回收温度/℃≤ 90%回收温度/℃≤ 95%回收温度/℃≤	300 355 365						GB/T 6536
密度（20℃）/kg·m⁻³	实测						GB/T 1884 GB/T 1885

轻柴油的选择就是按照风险率为 10%的最低气温进行牌号的选择。

各地区风险率为 10%的最低气温见表 2-3。某月风险率为 10%的最低气温值，表示该月中最低气温低于该值的概率为 0.1，或者说该月中最低气温高于该值的概率为 0.9。掌握本地区风险率为 10%的最低气温不仅是选择轻柴油牌号的依据，也是选择发动机油、车辆齿轮油和制动液的依据。

表 2-3　部分地区风险率为 10%的最低气温

	1月	2月	3月	4月	5月	6月	7月	8月	9月	10月	11月	12月
河北	-14	-13	-5	1	8	14	19	17	9	1	-6	-22
山西	-17	16	-8	-1	5	11	15	13	6	-2	-9	-16
内蒙古	-43	-42	-35	-21	-7	-1	1	1	-8	-19	-32	-41
黑龙江	-44	-42	-35	-20	-6	1	7	1	-6	-20	-35	-43

(续)

	1月	2月	3月	4月	5月	6月	7月	8月	9月	10月	11月	12月
吉林	-29	-27	-17	-6	1	8	14	12	2	-6	-17	-26
辽宁	-23	-21	-12	-1	6	12	18	15	6	2	-12	-20
山东	-12	-12	-5	2	8	14	19	18	11	4	-4	-10
江苏	-10	-9	-3	3	11	15	20	20	12	5	-2	-8
安徽	-7	-7	-1	5	12	18	20	20	14	7	0	-6
浙江	-4	-3	1	6	13	17	22	21	15	9	2	-3
江西	-2	-2	3	9	15	20	23	23	18	12	4	0
福建	-1	-2	3	8	14	18	21	20	15	8	1	-3
台湾	3	0	2	8	10	16	19	19	13	10	5	2
广东	1	2	7	12	18	21	23	23	20	13	7	2
广西	3	3	8	12	18	21	23	23	19	15	19	4
湖南	-2	-2	3	9	14	18	22	21	16	10	4	-1
湖北	-6	-4	0	6	12	17	21	20	14	8	1	-4
河南	-10	-9	-2	4	10	15	20	18	11	4	-3	-8
四川	-21	-17	-11	-7	-2	1	2	1	0	-7	-14	-9
贵州	-6	-6	-1	3	7	9	12	11	8	4	-1	-4
云南	-9	-8	-6	-3	1	5	7	7	5	1	-5	-8
西藏	-29	-25	-21	-15	-9	-3	-1	0	-6	-14	-22	-29
新疆	-40	-38	-28	-12	-5	-2	0	-2	-6	-14	-25	-34
青海	-33	-30	-25	-18	-10	-6	-3	-4	0	-16	-28	-33
甘肃	-23	-23	-16	-9	-1	3	5	5	0	-8	-16	-22
陕西	-17	-15	-6	-1	5	10	15	12	6	-1	-9	-15
宁夏	-21	-20	-10	-4	2	6	9	8	-3	-4	-12	-19

轻柴油牌号的选择一般应使最低使用温度等于或略高于轻柴油的冷滤点。

10 号轻柴油：适用于有预热设备的柴油机；

5 号轻柴油：适用于风险率为 10% 的最低气温在 8℃ 以上的地区使用；

0 号轻柴油：适用于风险率为 10% 的最低气温在 4℃ 以上的地区使用；

-10 号轻柴油：适用于风险率为 10% 的最低气温在 -5℃ 以上的地区使用；

-20 号轻柴油：适用于风险率为 10% 的最低气温在 -14℃ 以上的地区使用；

-35 号轻柴油：适用于风险率为 10% 的最低气温在 -29℃ 以上的地区使用；

-50 号轻柴油：适用于风险率为 10% 的最低气温在 -44℃ 以上的地区使用。

轻柴油使用前要进行沉淀和滤清。

（三）发动机润滑油

发动机润滑油简称"机油"，是保证发动机正常运行的重要材料，具有润滑、冷却、密封、清洗、防腐、降噪、减磨等功能。

1. 发动机润滑油的使用性能

发动机润滑油的工作条件很恶劣，因此对其使用性能也有很高的要求，具体的说有以下一些要求。

1）润滑性

在各种条件下，发动机油降低摩擦、减缓磨损和防止金属烧结的能力，叫做发动机油的润滑性。发动机油应具有良好的润滑性。

机油是通过吸附在零件的表面形成一定强度的油膜来减少摩擦面相对运动的阻力和防止摩擦面金属靠近，黏度大的机油其油膜强度较好，润滑油的黏度性能和化学性质对发动机零件在不同润滑状态的润滑作用有重要影响。

黏度是评定润滑性的重要指标。

2）低温操作性

发动机润滑油能够保证发动机在低温条件下容易启动和可靠供油的性能，叫做发动机油的低温操作性。发动机油应具有良好的低温操作性。

机油黏度随气温降低而增加，使得发动机低温启动时转动曲轴的阻力矩增加，曲轴转速下降，从而造成发动机启动困难。

发动机润滑油低温操作性的评定指标主要有低温动力黏度、边界泵送温度和倾点等。

3）黏温性

温度对油品黏度的影响很大。温度升高，黏度降低；温度降低，黏度升高。润滑油这种由于温度升降而改变黏度的性质称为黏温性。发动机油应具有良好的黏温性即黏度随温度的变化程度要小。

黏温性的评定指标是黏度指数。

4）清净分散性

发动机润滑油能抑制积炭、漆膜和油泥生成或将这些沉积物清除的性能，叫做发动机油的清净分散性。发动机润滑油应具有良好的清净分散性。

清净分散性良好的机油能使各种沉积物悬浮在油中，通过机油滤清器将其滤出，从而减少发动机气缸壁、活塞及活塞环等部件上的沉积物，防止出现由于机件过热烧坏活塞环，引起气缸密封不严，发动机功率下降、油耗增加等异常情况。

5）抗氧性

发动机油与氧相互反应生成氧化产物的过程，叫做发动机油氧化。发动机油抵抗氧化的能力叫做发动机油抗氧性。发动机油应具有良好的抗氧性。

机油在使用和储备过程中，一旦与空气接触，在条件适当情况下，会发生化学反应，产生诸如酸类、胶质等氧化物。氧化物聚集在机油中会使其颜色变暗、黏度增加、酸性增大。机油抗氧性不好，在使用中容易变质、生成沉积物，对零件造成腐蚀和破坏。

6）抗腐蚀性

发动机油抵抗腐蚀性物质对金属腐蚀的能力，叫做发动机油的抗腐性。

发动机油抗腐性的评定指标是中和值，同时通过相应的发动机试验来评定。

7）抗泡性

发动机油消除泡沫的性质，叫做发动机油的抗泡沫性。

当发动机油受到激烈搅动，将空气混入油中时，就会产生泡沫。泡沫如果不及时消除，会产生气阻、供油不足等故障。因此，要求发动机油有良好的抗泡沫性，在出现泡沫后能及时消除，以保证正常工作。

评定发动机油抗泡沫性的指标是《润滑油泡沫性测定方法》（GB/T12579—2002）。

2. 发动机润滑油的主要性能指标

1）低温动力黏度

低温动力黏度也称为表观黏度。机油的黏度在低温条件下与剪切速率有关，低温条件下机油的低温动力黏度随剪切速率升高而减小。低温动力黏度是划分冬季发动机润滑油黏度级号的依据之一。

2）边界泵送温度

能将机油连续地、充分地供给发动机机油泵入口的最低温度，叫做边界泵送温度。它是衡量在起动阶段发动机油是否易于流到机油泵入口并提供足够压力的性能。边界泵送温度也是划分冬用发动机润滑油黏度级号的依据之一。

3）倾点

机油在规定条件下冷却时，能够流动的最低温度，叫做机油的倾点。发动机润滑油规格均采用倾点作为评定机油低温操作性的指标之一。

4）黏度指数

将试验油的黏温性与标准油的黏温性进行比较所得出的相对数值，叫做黏度指数。黏度指数越高，黏温特性越好。

5）中和值和酸值

中和1g试油中含有的酸性或碱性组分所需的碱量，叫做中和值。

6）残炭

油品在试验条件下，受热蒸发和燃烧后残余的炭渣，叫做残炭。根据残炭量的大小，可以大致判断机油在发动机中结炭的倾向。

7）泡沫性

泡沫性指油品生成泡沫的倾向和生成泡沫的稳定性能。泡沫性的表示与其测定方法有关，泡沫性测定方法是：在1000mL量筒中注入试验油190mL，以（94±5）mL/min的流量用特制的气体扩散头将空气通入试油中，经过5min后，记下量筒中泡沫的体积，即为泡沫倾向；量筒静止5min后，再记下泡沫体积，即为泡沫稳定性。泡沫性用分数形式表示，分子是泡沫倾向，分母是泡沫稳定性。

3. 发动机润滑油的分类、规格和牌号

发动机油的分类，包括使用性能分类和黏度分类两个方面。

发动机油的使用性能分类，是根据发动机油在发动机台架试验中所得到的润滑性、清净分散性、抗氧抗腐性等确定其等级。目前发动机油使用性能分类方法很多，有美国石油学会（API）分类法，国际润滑油标准化和认可委员会（ILSAC）分类法及欧共体市场车

辆制造委员会（CCMC）、欧洲汽车制造商协会（ACEA）、日本汽车标准组织（JASO）的发动机油使用性能分类法。

世界上黏度分类则广泛采用美国汽车工程师学会（SAE）的发动机油黏度分类法。

我国发动机润滑油采用 API 使用性能分类法和 SAE 黏度分类法。2012 年 11 月 5 日，我国发布了《内燃机油分类》（GB/T28722—2012）国家标准，该标准是参考美国石油协会 API 1509:2007《发动机油认证体系》及其技术公告 1（英文版）和美国汽车工程师协会（SAE） J300:1991《发动机油性能及发动机使用分类》（英文版）。该标准 2013 年 3 月 1 日实施，代替《内燃机油分类》（GB/T7631.3—1995）。

1）API 使用性能分类

《内燃机油分类》（GB/T28772—2012）规定了车用内燃机油的代号说明和详细分类，内燃机油的详细分类是根据产品的特性、使用场合和使用对象划分的。第一个品种由两个大写字母及数字组成代号表示，当第一个字母为"S"时代表汽油机油，"GF"代表以汽油为燃料的具有燃料经济性要求的乘用车发动机油，第一个字母与第二个字母或第一个字母与第二个字母及其后的数字相结合代表质量等级。当第一个字母为"C"时代表柴油机油。其中 SA、SB、SC、SD 等四个汽油机油、CA、CB、CD-Ⅱ、CE 等四个柴油机油从 2013 年 3 月 1 日起废除，不再生产和使用。内燃机油分类见表 2-4。

表 2-4 我国发动机润滑油 API 性能分级法

应用范围	品种代号	特性和使用场合
汽油机油	SE	用于轿车和某些货车的汽油机以及要求使用 API SE 级油的汽油机
	SF	用于轿车和某些货车的汽油机以及要求使用 API SF、SE 级油的汽油机。抗氧化性和抗耐磨性优于 SE，同时还具有控制汽油机的沉积、锈蚀和腐蚀的性能，并可代替 SE
	SG	用于轿车和货车的汽油机以及要求使用 API SG 级油的汽油机。SG 质量还包含 CC 级的性能。此油品改进了 SF 级油品控制发动机沉淀物、磨损和油的氧化性能，同时还具有抗锈蚀和腐蚀的性能，并可代替 SF、SF/CD、SE 或 SE/CC
	SH、GF-1	用于轿车和货车的汽油机以及要求使用 API SH 级油的汽油机。此油品在控制发动机沉淀物、油的氧化、磨损、锈蚀和腐蚀等方面性能优于 SG，并可代替 SG GF-1 与 SH 相比，增加了对燃料经济性的要求
	SJ、GF-2	用于轿车、运动型多用途汽车、货车的汽油机以及要求使用 API SJ 级油的汽油机。此油品在挥发性、过滤性、高温泡沫性和高温沉淀物控制等方面优于 SH，并可在 SH 以前的"S"系列等级中使用 GF-2 与 SJ 相比，增加了对燃料经济性的要求，GF-2 可代替 GF-1
	SL、GF-3	用于轿车、运动型多用途汽车、货车的汽油机以及要求使用 API SL 级油的汽油机。此油品在挥发性、过滤性、高温泡沫性和高温沉淀物控制等方面优于 SJ，可代替 SJ，并可在 SJ 以前的"S"系列等级中使用 GF-3 与 SJ 相比，增加了对燃料经济性的要求，GF-3 可代替 GF-2

（续）

应用范围	品种代号	特性和使用场合
汽油机油	SM、GF-4	用于轿车、运动型多用途汽车、货车的汽油机以及要求使用 API SM 级油的汽油机。此油品在高温氧化和清静性能、高温磨损性能以及高温沉淀物控制等方面优于 SL，可代替 SL，并可在 SL 以前的"S"系列等级中使用 GF-4 与 SM 相比，增加了对燃料经济性的要求，GF-4 可代替 GF-3
汽油机油	SN、GF-5	用于轿车、运动型多用途汽车、货车的汽油机以及要求使用 API SN 级油的汽油机。此油品在高温氧化和清静性能、低温油泥以及高温沉淀物控制等方面优于 SM，可代替 SM，并可在 SM 以前的"S"系列等级中使用 对于资源节约型的 SN 油品，除了具备上述性能外，强调燃料经济性，对排放系统和涡轮增压器的保护以及含乙醇最高达 85%的燃料的兼容性能 GF-5 与 SN 相比，性能基本一致，GF-5 可代替 GF-4
柴油机油	CC	用于中负荷及重负荷下的自然吸气，涡轮增压和机械增压式柴油机以及一些重负荷汽油机。对于柴油机具有控制高温沉淀物和轴瓦腐蚀的性能，对于汽油机具有控锈蚀和高温沉积物的性能
柴油机油	CD	用于需要高效控制磨损及沉淀物或使用包括高硫燃料自然吸气、涡轮增压和机械增压式柴油机以及一些重负荷汽油机以及要求使用 APICD 级油的柴油机。具有控制高温沉淀物和轴瓦腐蚀的性能，并可代替 CC
柴油机油	CF	用于非道路间接喷射式柴油发动机和其他柴油发动机，也可用于需有效控制活塞沉积物、磨损和含铜轴瓦腐蚀的自然吸气、涡轮增压和机械增压式柴油机。能够使用硫的质量分数大于 0.5%的高硫柴油燃料，并可代替 CD
柴油机油	CF-2	用于高效控制气缸、环表面胶合和沉积物的二冲程柴油发动机
柴油机油	CF-4	用于高速、四冲程柴油发动机以及要求使用 API CF-4 级油的柴油机。特别适用于高速公路行驶的重负荷柴油货车。此种油品在机油消耗和活塞沉积物控制等方面的性能优于 CF，并可代替 CF、CD 和 CC
柴油机油	CG-4	用于可在高速公路和非道路使用的高速四冲程柴油发动机，能够使用硫的使用分数小于 0.05%～0.5%的柴油燃料。此种油品可有效控制高温活塞沉积物、磨损、腐蚀、泡沫、烟炱的积累，并可代替 CF-4、CF、CD 和 CC
柴油机油	CH-4	用于高速四冲程柴油发动机。能够使用硫的质量分数不大于 0.5%的高硫柴油燃料。即使在不利的应用场合，此种油品可凭借其在磨损控制，高温稳定性和烟炱控制方面的特性有效地保持发动机的耐久性；对于非金属的腐蚀、氧化和不溶的增稠、泡沫性以及由于剪切所造成的黏度损失可提供最佳的保护，其性能优于 CG-4 并可代替 CG-4、CF-4、CF、CD 和 CC

(续)

应用范围	品种代号	特性和使用场合
柴油机油	CI-4	用于高速四冲程柴油发动机。能够使用硫的质量分数不大于 0.5%的高硫柴油燃料。此种油品在装有废气再循环装置的系统里使用可保持发动机的耐久性。对于腐蚀性和烟炱有关的磨损倾向、活塞沉淀物以及由于烟炱积累引起的黏温性变差、氧化增稠、机油消耗、泡沫性、密封材料的适应性降低和由于剪切造成的黏度损失提供最佳的保护。其性能优于 CH-4，并可代替 CH-4、CG-4、CF-4、CF、CD 和 CC
柴油机油	CJ-4	用于高速四冲程柴油发动机。能够使用硫的质量分数不大于 0.5%的高硫柴油燃料。对于使用废气后处理系统的发动机如使用硫的质量分数大于 0.0015%的燃料，可能会影响废气后处理系统的耐久性和/或机油的换油期。此种油品在装有微粒过滤器和其他后处理系统里使用可特别有效地保持排放控制系统的耐久性。对于催化剂中毒的控制，微粒过滤器的堵塞，发动机磨损、活塞沉积物、高低温稳定性、烟炱处理特性、氧化增稠、泡沫性和由于剪切造成的粘度损失可提供最佳的保护。其性能优于 CI-4 并可代替 CI-4、CH-4、CG-4、CF-4、CF、CD 和 CC
农用柴油机油	--	用于以单缸发动机为动力的三轮汽车（原三轮农用运输车），手扶变形运输机，小型拖拉机，还可用于其他以单缸发动机为动力的小型农机具，如抽水机，发电机等，具有一定抗氧、抗磨性能和清静分散性能

2）SAE 黏度分类

按 SAE 黏度分类，冬季用发动机润滑油包括 0W、5W、10W、15W、20W 和 25W 六个黏度等级；春、秋及夏季用发动机润滑油包括 20、30、40、50 和 60 五个黏度等级。一个完整的发动机润滑油牌号应当标明机油的质量等级和黏度等级，例如，SF10W/30、CD15W/40 等。

该分类标准采用含字母 W（冬季用油，W-winter）和不含字母 W 两组黏度等级系列，前者黏度等级号以最大低温黏度、最高边界泵送温度以及 100℃时的最小运动黏度划分，后者仅以 100℃时运动黏度划分，具体见表 2-5。

黏度牌号有单级油和多级油之分。发动机润滑油的低温性能指标和 100℃运动黏度仅满足冬用润滑油或夏用润滑油黏度分级之一者，称为单级油；如果它的低温性能指标和 100℃运动黏度能同时满足冬、夏两种黏度分级要求，则称为多级油。

在单级冬季油中，符号 W 前的数字越小，说明其低温黏度越小，低温流动性越好，适用的最低气温越低。在单级夏季用油中，数字越大，其黏度越大，适用的最高气温越高。对多级油来讲，其代表冬季用部分的数字越小，代表夏季部分的数字越大，说明其黏温特性越好、适用的气温范围越大，如 5W/50。

表 2-5 发动机油 SAE 黏度分级法

SAE 黏度等级	最大低温黏度		最高边界泵送温度/℃	最大稳定倾点/℃	100℃运动黏度/(mm²/s)	
	MPa·s	℃			最　小	最　大
0W	3250	−30	−35		3.8	
5W	3500	−25	−30	−35	3.8	
10W	3500	−20	−25	−30	4.1	
15W	3500	−15	−20		5.6	
20W	4500	−10	−15		5.6	
25W	6000	−5	−10		9.3	
20					5.6	≤9.3
30					9.3	≤12.5
40					12.5	≤16.3
50					16.3	≤21.9
60					21.9	≤26.1

4. 发动机润滑油使用注意事项

发动机润滑油的选择应兼顾使用性能级别选择和黏度级别选择两个方面。

1) 汽油机润滑油的选择

汽油机润滑油主要依据发动机的结构特点、使用条件、气候条件等选择润滑油的质量等级和黏度级别。

根据发动机的结构性能和使用条件选择相应的润滑油质量等级，再根据使用地区的气温选择润滑油黏度级别。有汽车使用说明书的用户，依据说明书要求选取；无使用说明书时，汽油车可以按照发动机设计年代、发动机的压缩比、曲轴箱是否安装正压通风装置（PCV）、是否安装废气循环装置（ECR）和催化转化器等因素选取润滑油。

一般情况下，发动机装有 PCV 阀，可选用 SD 以上的汽油机润滑油；安装了 EGR 可选用 SE 级润滑油；发动机装有催化转化器，可选用 SF 级润滑油。例如，新奥迪 A6L 轿车发动机润滑油必须使用 API 标号为 SM 级润滑油，如图 2-7 所示，不可使用低级别的机油，也不可混合使用不同牌号的机油。

图 2-7 新奥迪 A6L 所用 SM 5W/40 发动机润滑油

选择汽油机润滑油的黏度主要根据发动机工作的环境温度。一般根据汽车使用地区的年最高、最低气温选择润滑油的黏度等级。如我国北方温度不低于-15℃的地区，冬季用SAE20；夏季用SAE30或全年通用SAE20W/30；低于-15℃的地区，全年通用SAEl5W/30或SAE10W/30；严寒地区用SAE5W/20；南方最低气温高于-5℃的地区全年通用SAE30，广东、广西、海南、可用SAE40。表2-6列出了发动机润滑油黏度等级与使用环境温度范围的参考值。

表2-6 发动机润滑油黏度等级与使用环境温度范围

黏度等级	使用温度/℃	黏度等级	使用温度/℃
5W	-30~-10	5W/30	-30~30
10W	-25~-5	10W/30	-25~30
20W	-10~30	10W/40	-25~40
30W	0~30	15W/40	-20~40
40W	10~50	20W/40	-15~40

2）柴油机润滑油的选择

同样依据汽车使用说明书，在没有使用说明书时，也可根据柴油机的强化系数确定柴油机润滑油的质量等级，然后根据汽车使用地区的气候确定润滑油的黏度级别。

柴油机强化系数代表其热负荷和机械负荷，强化系数越大，表明发动机的热负荷和机械负荷越高，而且对油品的质量要求也越高。柴油机的强化系数用 K 表示：

$$K=P_{me}C_{m}Z$$

式中 P_{me}——气缸平均有效压力（MPa）；

C_m——活塞平均速度（m/s）；

Z——冲程系数（四冲程取0.5）。

其中，

$$P_{me}=\frac{30P_{e}Z}{V \cdot n}$$

式中 P_e——发动机有效功率（kW）；

V——发动机排量（L）；

n——发动机转速（r/min）。

$$C_{m}=\frac{S \cdot n}{30}$$

式中 S——活塞行程（m）。

强化系数为30~50的柴油机，选CC级柴油润滑油；强化系数大于50时选择CD级、CF、CF4、CG-4、CH-4、CI-4、CJ-4柴油润滑油。

选好润滑油的质量等级后，还应根据汽车实际工作条件的苛刻程度，适当升降润滑油的质量等级。工作条件缓和时可降低一级质量；反之，可升高一级质量，在无级别可提高时，应缩短换油周期。

柴油机润滑油黏度选择原则与汽油机润滑油相同，考虑到柴油机工作压力比汽油机大、但转速又较汽油机低的特点，在选择黏度时应略比汽油机高一些。

3）发动机润滑油的使用

选择了合适的润滑油质量等级和黏度级别后，还要注意正确的使用方法，如果使用不恰当，同样会造成发动机磨损加剧，甚至出现拉缸、烧轴瓦的故障，因此，机油使用应注意以下几点：

（1）在选用润滑油时最好选择汽车生产厂家指定的品牌，比如新奥迪 A6L 轿车所用润滑油级别是 SM 5W／40，宝马轿车所用润滑油级别是 SM 5W／50 均是目前国产最高品质的润滑油，当然价格也较高，如奥迪专用润滑油 4 升一桶，价格四百多元，而宝马轿车的机油更贵，每升四百多元。

（2）级别低的润滑油不能用于高性能发动机，以防润滑不足，造成磨损加剧；级别高的润滑油可以用于稍低性能的发动机，但不可降档太多。

（3）在保证润滑条件下，优选黏度低的润滑油，可以减少机件的磨擦损失，提高功率，降低燃料消耗，如果发现所用润滑油黏度太高，切不可进行自行稀释，正确的方法是放掉发动机内所有润滑油（包括滤清器内的润滑油），换用黏度适当的润滑油。

（4）保持正常油位，常检查，勤加油。正常油位应位于油尺的满刻度标志和 1/2 刻度标志之间，不可过多或过少。

（5）不同牌号的润滑油不可混用，同一牌号不同生产厂家的润滑油也尽量不混用。

（6）注意识别伪劣润滑油，不要迷信国外品牌润滑油，选取润滑油时，切勿一味相信广告和维修人员推荐。应检查是否经权威检测单位检测，问清检测结果。买油时到信誉好的大中型汽配商店选购。

（7）定期更换润滑油并及时更换润滑油滤芯，换油时一定要在热车时进行。油温高不仅容易从放油孔流出而且油中的杂质可随旧油一起排出，加入新油后应着车数分钟、停机 3min 后，再检查油面。在无分析手段，不能实行按质换油时，可实行定期换油。

（四）车辆齿轮油

车辆齿轮油是指汽车驱动桥、变速器、转向器等齿轮传动机构用的润滑油。齿轮油的作用为：降低齿轮及其他运动部件的磨损，延长使用寿命；降低摩擦，减小功率损失；分散热量，起冷却作用；防止腐蚀和生锈；降低工作噪声，减小振动及齿轮间的冲击；冲洗污物，特别是冲去齿面间污物，减轻磨损。

齿轮油的使用性能应满足如下要求：

（1）良好的润滑性及极压抗磨性。润滑性指齿轮油能有效地使润滑油膜吸附于运动着的润滑表面；抗磨性则指齿轮油保持运动部件润滑表面油膜的能力。有些齿轮传动经常在苛刻的极压润滑条件下工作，所承受的压力高达 2.5GPa～4.0GPa，滑动速度和局部温度也很高，润滑油膜容易破裂，造成齿轮严重磨损，因此要求在齿轮油中加入极压添加剂，以有效防止在高负荷条件下的齿面擦伤及咬合。

（2）适宜的黏度和良好的黏温特性。黏度也是齿轮油的重要使用性能之一，对油膜形成的影响很大。一般而言，高黏度齿轮油可有效防止齿轮及轴承损伤，减小机械运转噪声并减少漏油；低黏度齿轮油在提高机械效率、加强冷却和清洗作用等方面有明显优点。各种润滑油的黏度均随温度升高而下降，下降幅度越小，则润滑油的黏温特性越好。汽车齿轮油的工作温度变化范围很大，因此应具有良好的黏温特性。

（3）良好的低温流动性。齿轮油在低温下应能保持必要的流动性，若齿轮油在低温下有蜡析出，黏度急剧上升，就不能确保有效的润滑。为使齿轮油能适应冬季低温条件下的使用要求，齿轮油中应加入倾点降低剂，以改善其低温流动性。

（4）良好的热氧化安定性和防锈防腐蚀性。热氧化安定性指润滑油在空气、水分、金属的催化作用和热的作用下抵抗氧化变质的能力；防锈性指保护齿轮不受锈蚀，保证齿轮的使用性能和延长齿轮使用寿命的能力；防腐性指在金属表面形成保护膜，以防止腐蚀性物质侵蚀金属的能力。

（5）良好的抗泡性。齿轮油应具有良好的抗泡性，以保证在齿轮剧烈搅拌过程中产生的泡沫少并易于消失。

1. 齿轮油的分类

1）国产齿轮油的分类

根据 GB/T 7631.7—1995《润滑剂和有关产品的分类 第 7 部分：C 组（齿轮）》的规定，车辆齿轮油属 L 类（润滑剂及有关产品）中的 C 组，其命名方法如图 2-7 所示。

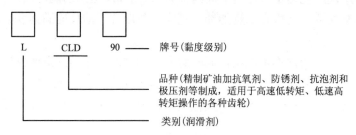

图 2-8 我国汽车齿轮油命名方法

我国 2012 年发布了《车辆齿轮油分类》（GB/T 28767—2012）和《汽车齿轮润滑剂黏度分类》（GB/T 17477—2012），把车辆齿轮油相应分为普通车辆齿轮油、中负荷车辆齿轮油、重负荷车辆齿轮油三类，它们与 API 使用分类的对应关系见表 2-7。

表 2-7 我国车辆齿轮油分类与 API 对应关系

名　称	API	特性和使用说明	使用部位
普通车辆齿轮油	GL-3	适用于中等速度和负荷比较苛刻的手动变速器和螺旋锥齿轮的驱动桥	手动变速器、螺旋锥齿轮的驱动桥
中负荷车辆齿轮油	GL-4	适用于在低速高扭矩、高速低扭矩下操作的各种齿轮,特别是客车和其他各种车辆用的准双曲面齿轮	手动变速器、螺旋锥齿轮和使用条件不太苛刻的准双曲面齿轮的驱动桥
重负荷车辆齿轮油	GL-5	适用于在高速冲击负荷、高速低扭矩和低速高扭矩下操作的各种齿轮,特别是客车和其他各种车辆用的准双曲面齿轮	操作条件缓和或苛刻的准双曲面齿轮及其他各自齿轮的驱动桥，也可用于手动变速器

参照 SAE 黏度分类，我国车辆齿轮油按黏度为 150Pa·s 时的最高温度和 100℃时的运动黏度划分为 7 个黏度牌号（见表 2-8），其中包括 4 个低温黏度牌号（冬季用油）和 3 个高温黏度牌号（春、夏、秋季用油）。凡满足冬季用油要求又符合春、夏、秋季用油要求的润滑油，称为多级油，常用的有 80W/90、85W/90 等。

表 2-8　SAE 车辆齿轮油黏度分类

SAE 黏度级号	黏度达到 150Pa·s 时的最高温度/℃	100℃时的运动黏度/（mm²/s）	
		最　低	最　高
70W	−55	4.1	—
75W	−40	4.1	—
80W	−26	7.0	—
85W	−12	11.0	—
90	—	13.5	24.0
140	—	24.0	41.0
250	—	41.0	—

2）国外车辆齿轮油的分类

国外广泛采用 API（美国石油学会）使用性能分类法和 SAE 黏度分类法。按齿轮油承载能力和使用场合不同，API 齿轮油使用分类共有 6 个级别，见表 2-9。SAE 黏度分类见表 2-8。黏度值随牌号递增而增大。

表 2-9　车辆齿轮油 API 使用性能分类

分类	使　用　说　明	用　途
GL-1	低齿面压力、低滑动速度下的汽车螺旋锥齿轮的驱动桥以及各种手动变速器规定用 GL-1 级齿轮油。直馏矿油能满足这类情况的要求，可加入抗氧剂、防锈剂和消泡剂改善其性能，但不加摩擦改进剂和极压剂	汽车手动变速器（包括牵引车和卡车）
GL-2	汽车蜗轮式驱动桥，由于其负荷、温度和滑动速度的状况，用 GL-1 齿轮油不能满足要求，规定用 GL-2 级齿轮油。通常都加有脂肪添加剂	蜗轮蜗杆传动装置
GL-3	适用于滑动速度和负荷比较苛刻的汽车手动变速器和螺旋锥齿轮的驱动桥，规定用 GL-3 级油。这种使用条件要求润滑油的负荷能力比 GL-1 和 GL-2 级油高，但比 GL-4 级油要低	苛刻条件下手动变速器和螺旋锥齿轮的驱动桥
GL-4	在低速高扭矩、高速低扭矩下操作的各种齿轮，特别是客车和其他各种车辆用的准双曲面齿轮，规定用 GL-4 级齿轮油，要求其抗擦伤性能等于或优于 CRC 参考油 RGO-105，并要通过试验程序，其性能达到 1972 年 4 月启用的 ASTM STP-512 规定的要求	手动变速器、螺旋锥齿轮和使用条件不太苛刻的双曲面齿轮
GL-5	在高速冲击负荷、高速低扭矩、低速高扭矩下操作的各种齿轮，特别是客车和其他车用的准双曲面齿轮，规定用 GL-5 级齿轮油，要求其抗擦伤性能等于或优于 CRC 参考油 RGO-110，并要通过试验程序，其性能达到 1972 年 4 月启用的 ASTM STP-512 规定的要求	适用于苛刻使用条件下的双曲线齿轮及其他各种齿轮，也可用于手动变速箱
GL-6		这个分类已被废除

2. 齿轮油的选择

齿轮油的选择包含使用性能级别的选择和黏度等级的选择两个步骤。

在选用齿轮油的使用级别时，要严格按照汽车使用说明书中规定的齿轮油使用级别选用，或根据传动机构工作条件的苛刻程度选择齿轮油。工作条件主要考虑传动齿轮的接触压力和滑动速度。近年来进口和中外合资车厂生产的轿车及部分载货汽车、工程车辆的主传动器准双曲面齿轮，轮齿间接触压力达 3000MPa 以上，滑动速度超过 10m/s，油温高达 120℃～130℃，工作条件苛刻，必须使用 CLE（GL-5）级齿轮油；主传动器采用准双曲面齿轮，但齿面接触压力在 3000 MPa 以下，滑动速度在 1.5m/s～8 m/s 之间，工作条件不太苛刻，可选用 CLD（GL-4）级齿轮油。有些载货汽车虽然后桥主传动装置采用普通螺旋锥齿轮，但负荷较重，工作条件苛刻，也要求使用 CLD（GL-4）级齿轮油。变速器及转向器一般负荷较轻，为使用方便，一般采用与主传动器相同的齿轮油。

齿轮油的黏度等级主要根据使用地区的环境温度选择，车辆齿轮油最高工作温度下的运动黏度不应低于 $10mm^2/s$～$15mm^2/s$。根据汽车使用环境温度选择齿轮油黏度时，可参照表 2-10。

表 2-10 汽车齿轮油黏度等级的选择

黏度等级	使用气温范围/℃	黏度等级	使用气温范围/℃
75W/90	-40℃以上地区全年通用	90	-10℃以上地区全年通用
80W/90	-30℃以上地区全年通用	140	重负荷、炎热夏季
85W/90	-20℃以上地区全年通用		

应当注意的是，不能将使用级别较低的齿轮油用在要求较高的车辆上，否则会使磨损加剧。例如，将普通齿轮油加在双曲面齿轮驱动桥中，将使齿轮很快地磨损和损坏；性能级别较高的齿轮油可以用在要求较低的车辆上，但过多使用经济上不合算；各级别的齿轮油不能相互混用；润滑油黏度应适宜，不要误认为高黏度齿轮油的润滑性能好，应尽可能使用适当的多级润滑油。

（五）汽车润滑脂

润滑脂俗称黄油，是一种稠化了的润滑油。它是将一种（或多种）稠化剂掺入液体润滑剂中制成的一种稳定的固体或半固体润滑产品。在不宜用液体润滑剂的部位使用润滑脂，可起到润滑抗磨、密封防护等作用。例如，汽车的轮毂轴承、各拉杆球头、传动轴万向节等处，均使用润滑脂。

1. 润滑脂的分类及选用

润滑脂的种类有：钙基润滑脂、钠基润滑脂、钙钠基润滑脂、复合钙基润滑脂、通用锂基润滑脂、汽车通用锂基润滑脂、极压锂基润滑脂和石墨钙基润滑脂等。各种润滑脂的特性及适用范围，见表 2-11。

表 2-11 各种润滑脂的特性及适用范围

品　　种	特　　性	适用范围
钙基润滑脂	抗水性好，耐热性差，使用寿命短	最高使用温度范围为 –10℃～60℃，适用于汽车轮毂轴承、底盘拉杆球节、水泵轴承等部位
钠基润滑脂	耐热性好，抗水性差，有较好的极压减磨性能	使用温度可达 120℃，只适用于低速高负荷轴承，不能用在潮湿环境或水接触部位
钙钠基润滑脂	耐热性、抗水性介于钙基和钠基润滑脂之间	使用温度不高于 100℃，不宜在低温下使用，适用于不太潮湿条件下的滚动轴承，如底盘、轮毂等处的轴承
复合钙基润滑脂	较好的机械稳定性和胶体稳定性，耐热性好	适用于较高温度及潮湿条件下润滑大负荷工作的部件，如汽车轮毂轴承等处的润滑，使用温度可达 150℃左右
通用锂基润滑脂	良好的抗水性、机械稳定性、防锈性和氧化安定性	适用于–20℃～120℃温度范围内各种机械设备的滚动和滑动轴承及其他摩擦部位的润滑，是一种长寿命通用润滑脂
汽车通用润滑脂	良好的抗水性、机械稳定性、胶体稳定性、防锈性和氧化安定性	适用于–30℃～120℃温度范围内汽车轮毂轴承、水泵、发电机等各摩擦部位润滑，国产和进口车辆普遍推荐使用
极压锂基润滑脂	有极高的极压抗磨性	适用于–20℃～120℃下高负荷机械设备的齿轮和轴承的润滑，部分国产和进口车型推荐使用
石墨钙基润滑脂	良好的抗水性和抗碾压性能	适用于重负荷、低转速和粗糙的机械润滑，可用于汽车钢板弹簧、半挂车铰接盘、起重机齿轮转盘等承压部位

2．润滑脂的使用特点

（1）与相似黏度的润滑油相比，润滑脂有较高的承受负荷能力和较好的阻尼性；

（2）由于稠化剂的吸附作用，润滑脂的蒸发损失小，高温、高速下的润滑性好；

（3）润滑脂易附着在金属表面，保护表面不锈蚀，并可防止滴油、溅油污染产品；

（4）由于稠化剂的毛细作用，润滑脂可在较宽温度范围和较长时间内逐步放出液体润滑油，起到润滑作用；

（5）轴承润滑中，润滑脂还可起到密封作用。

使用润滑脂的缺点是冷却散热作用差、启动摩擦力矩大以及更换润滑脂比较复杂。

3．润滑脂的主要性能

1）稠度

稠度是指润滑脂在受力作用时抵抗变形的能力。稠度过大会增加机械运动阻力，稠度过小会因转速过高而被甩掉，因此，润滑脂应具有适当的稠度。

润滑脂稠度的大小取决于稠化剂的含量，稠化剂的含量越多，润滑脂的稠度越大。稠度的评价指标是锥入度。锥入度表示在规定的负荷、时间和温度的条件下，锥体刺入试料的深度，其单位以 0.1mm 表示。锥入度值愈大，稠度愈小；反之，稠度愈大。

按《润滑脂锥入度测定法》(GB7631—2008)的规定，我国润滑脂稠度等级和相应锥入度范围的对应关系见表 2-12。

表 2-12 润滑脂的稠度等级和相应锥入度范围

稠度等级	000	00	0	1	2	3	4	5	6
锥入度 (25℃, 0.1mm)	445~ 475	400~ 430	355~ 385	310~ 340	265~ 295	220~ 250	175~ 205	130~ 160	85~ 115

2) 胶体安定性

胶体安定性指润滑脂抵抗温度和压力的影响而保持胶体结构的能力，即基础油和稠化剂结合的稳定性。

胶体安定性的评定指标是滴点，滴点是指在规定的条件下加热、润滑脂达到一定流动性时的温度。

3) 抗水性

抗水性指润滑脂遇水后抵抗结构和稠度等改变的性能，润滑脂的抗水性主要取决于稠化剂的抗水性。

4) 氧化安定性

氧化安定性是指润滑脂在储存和使用中抵抗氧化的能力。氧化安定性差，易生成有机酸，对金属构成腐蚀，同时会破坏润滑脂的结构和使用性能，因此润滑脂要求具有良好的氧化安定性。

4. 润滑脂选用注意事项

选用润滑脂时，其性能指标除了应具备适当的稠度、良好的高低温性能以及抗磨性、抗水性、防锈性、防腐性和安定性等基本条件外，还应注意以下几点。

1) 尽量使用汽车通用锂基润滑脂

汽车通用锂基润滑脂，外观发亮，呈奶油状，滴点高，使用温度范围广，并具有良好的低温性、抗剪磨性、抗水性、抗腐蚀性和热氧化稳定性等，是目前汽车最常用的一种多效能的润滑脂。

2) 清理润滑部位，保证油脂清洁

加注润滑脂时应特别注意，通过油嘴注入的应擦净油嘴，从油脂枪中先挤出少许滑脂并抹掉；更换油脂的在涂脂前必须用有机溶剂洗净零部件表面并吹干，然后重新加注润滑脂。在更换润滑脂时，要注意不同种类的润滑脂不能混用，即使是同类的润滑脂也不可新旧混合使用。因为旧润滑脂含有大量的有机酸和机械杂质，将会加速新润滑脂的氧化，所以在换润滑脂时，一定要把旧润滑脂清洗干净，才能加入新润滑脂。

3) 用量适当，不宜过多

轮毂轴承的润滑是汽车上最为重要的润滑作业。更换轮毂轴承润滑脂时，应只在轴承的滚珠或滚柱之间塞满润滑脂，而轮毂内腔采用"空毂润滑"，即在轮毂内腔表面仅涂上薄薄一层润滑脂起到防锈作用即可。这样利于散热，并可降低润滑脂的工作温度，防止润滑脂稀化流淌。不要采用"满毂润滑",即把润滑脂添满整个轮毂内腔,这样既不科学,又很浪费,甚至在汽车频繁制动和制动时间过长的情况下,可能会因轮毂过热而使润滑脂流淌到制动摩擦片表面而引起打滑,使制动失灵,造成车毁人亡。

(六)汽车用其他工作液体

1. 汽车制动液

制动液(也叫刹车油)是汽车液压制动系中传递压力的工作介质,其性能对汽车的行驶安全性有很大的影响。

1)汽车制动液的技术要求

汽车制动液工作时应保持不可压缩性和良好的流动状态。具体的技术要求是:

(1)高沸点。现代高速汽车制动强度大,制动过程产生的摩擦热会使制动系温度升高,有时达150℃以上,如制动液沸点太低,高温时蒸发成气体,会使制动系管路产生气阻,导致制动失效。

(2)吸湿性小。

(3)适宜的黏度。黏度合适可保持制动液具有良好的流动性和一定的润滑能力,使系统能顺畅工作。同时,要求制动液在很宽的温度范围内(-40℃~150℃)保持适当的黏度,使制动液能四季通用。

(4)安定性好。制动液在高温条件下长期使用不应产生热分解和缩合使黏度增加,也不允许生成胶质和油泥沉积物。

(5)皮碗膨胀率小。制动液对橡胶零件有溶胀作用,将使皮碗的体积增加,导致制动失效。

(6)腐蚀性小,要求制动液不腐蚀金属。

2)国产制动液的品种和牌号

制动液按原料不同分为醇型、合成型和矿物型三种。

(1)醇型制动液。它是用精制的蓖麻油与醇类按一定的比例调合,经沉淀和过滤而制得的制动液,外观为浅绿或浅黄透明体。该类制动液与合成型制动液相比,适用的温度条件低,且易分层,性能不稳定,故逐步被合成型制动液所取代。

(2)合成型制动液。它是以合成油为基础油,加入润滑剂和抗氧、防腐、防锈等添加剂制成的制动液,具有性能稳定的特点,适合高速、重负荷的汽车使用。

根据美国联邦机动车辆安全标准(FMVSS),合成型制动液分为DOT-3、DOT-4、DOT-5三个规格,这是世界公认的通用标准。美国汽车工程师协会也制定了合成型制动液标准。

2012年5月,我国实施与国际通用标准接轨的国家标准《机动车辆制动液》(GB12981—2012),将制动液分为HZY3、HZY4、HZY5、HZY6。分别对应国际标准ISO4925:2005中Class3、Class4、Class5.1、Class6,其中,HZY3、HZY4、HZY5对应美国交通部制动液类型的DOT-3、DOT-4、DOT-5.1。HZY3、HZY4、HZY5吸湿后的沸点达到140℃、155℃、165℃以上,各方面指标已接近和达到了DOT-3、DOT-4、DOT-5.1的技术要求。

(3)矿物型制动液。它以精制的轻柴油馏分为原料,经深度精制后加入黏度指数改进剂、抗氧剂、防锈剂等调合制成,具有良好的润滑性,对金属无腐蚀作用,但对天然橡胶有较强的溶胀作用，使用时必须换用耐矿物油的丁腈橡胶。符合该标准的车用制动液主要有 7 号矿油制动液。

3）制动液的选择

一般推广使用合成型制动液，它适合用于高速、重负荷和制动频繁的轿车和货车。醇型制动液可用在车速较低、负荷不大的轻型货车。矿油制动液可在各种汽车上使用，但制动系统必须换用耐油橡胶。

4）制动液的使用

各种制动液不能混用，否则会因制动液分层导致制动失效。更换制动液时必须将制动系统清洗干净，防止混入水分或其他杂质。制动液在行车 4 万千米或两年应更换，但在车辆检查换主泵和皮碗时，最好也更换制动液。制动液长期储存或更换时应注意防火。当制动液由于吸湿导致沸点下降而影响行车安全时，应及时更换制动液。

2．液力传动油

液力传动油也称自动变速器油（Automatic Transmission Fluid），简称 ATF 油，是指专门用于自动变速器（AT）和无级变速器（CVT）等的集润滑、液力传递、液压控制功能于一身的特殊油液。ATF 油对自动变速器的工作、使用性能以及使用寿命都有着非常重要的影响。汽车自动变速器维护保养的主要内容就是对 ATF 油的检查和更换。

1）液力传动油的分类

（1）国外液力传动油的分类多采用美国 ASTM 和 API 共同提出的 PTF（Power Transmission Fluid）分类法，将 PTF 分为 PTF-1、PTF-2 和 PTF-3 等 3 类，其规格及适用范围见表 2-13。

表 2-13　液力传动油分类

分　类	符合的规格	适用范围
PTF-1	通用汽车公司 GM DEXRON Ⅱ，福特汽车公司 FORD M2C33-F，克莱斯勒 CHRYSLER MS-4228	轿车和轻型货车液力传动油
PTF-2	通用汽车公司 GM Track、Coach，阿里林 AllisonC-2 C-3	重型货车和越野汽车液力传动油
PTF-3	约翰迪尔 John Deer J-20A，福特 FORD，玛赛—费格森 Mqssey-Ferguson M-1135	农业和建筑机械液力传动油

（2）国产液力传动油的分类按 100℃运动黏度将液力传动油分为 6 号和 8 号两种，其与国外液力传动油的基本对应关系见表 2-14。

表 2-14　液力传动油的分类标准

国外分类	国内分类	应用范围
PTF-1	8	轿车和轻型货车液力传动油
PTF-2	6	越野汽车、载货汽车、工程机械
PTF-3		农业和建筑野外机械

2）液力传动油的选择与使用

液力传动油要按车辆使用说明书的规定选择使用。轿车和轻型货车应选用 8 号油，进口轿车要求用 GMA 型、A-A 型或 Dexron 型自动变速器油的均可用 8 号油代替。重型货车、工程机械的液力传动系统则应选用 6 号油。

液力传动油的使用注意事项：

（1）注意保持 ATF 油的正常工作温度。油温过高，易变稀、变质，使油压降低，使自动变速器打滑；油温过低，油压变高，时滞过长，使自动变速器换挡不及时。

（2）应经常检查 ATF 油的液面高度。ATF 油的液面高度检查，分为冷态检查（不行车、不走挡）和热态检查（行车后或停车走挡）两种。检查时要求车辆停在平地上，发动机达到正常工作温度后进行。此时油平面应分别在自动变速器油标尺的冷态上、下两刻线或热态上、下两刻线之间，油液不足时要及时添加。若油面过低，则油压不足而打滑；若油面过高，产生气泡，则同样打滑。

（3）按车辆使用说明书的规定更换 ATF 油。通常每行驶 10000km 应检查油面一次，每行驶 40000km 应更换油液。应尽量避免人工换油，多采用机器换油。

（4）注意观察 ATF 油的品质情况。在检查油面和换油时，在手指上蘸少许油液，检查油质、颜色、气味和杂质等情况，确认 ATF 油是否因打滑或过热等原因变质。现在常用的 GM 系列 Dexron Ⅱ ATF 油一般染成红色，油质清澈纯净，如颜色变黑、有烧焦味且含有杂质等时，则予以更换。

注：美国自动变速器协会曾对 13000 辆装有自动变速器的车辆作过调查：90%以上的变速器故障是由于不及时更换 ATF 液引起的。

3. 发动机冷却液

发动机在工作时，气缸内部要产生高温高压气体，为保证发动机正常工作，就应对其进行冷却；同时，为防止发动机在严寒季节发生缸体、散热器和冷却系管道的冻裂，还应对发动机冷却系防冻；另外，还要求冷却系用冷却介质防腐蚀、防水垢等。所以，现代水冷发动机都应使用冷却液。

1）冷却液的使用性能

为保证汽车发动机正常工作和延长发动机使用寿命，要求汽车发动机冷却液应具备以下性能：

（1）低温黏度小，流动性好。汽车发动机冷却液的低温黏度越小，说明冷却液流动性越好，其散热效果好。

（2）冰点低。冰点是指液体冷却时所形成的结晶在升温时，其结晶消失一瞬间的温度，以℃表示。若汽车在低温条件下停放时间较长，而发动机冷却液的冰点达不到应有温度时，则发动机冷却系统就会被冻裂。因此，要求发动机冷却液的冰点要低。

（3）沸点高。沸点就是发动机冷却系统的压力与外界大气压力相平衡的条件下，冷却液开始沸腾的温度，以℃表示。发动机冷却液在较高温度下不沸腾，可保证汽车在满载、高负荷等苛刻工作条件下工作时正常运行。同时，沸点高则蒸发损失也少。特别是对现代电控燃油喷射系统及电子控制点火的发动机来说，因为其燃烧温度高，所以对沸点的要求更高。

（4）防腐性好。发动机冷却液在工作中，要接触多种金属材料，如果它对金属有腐蚀性,就会影响发动机正常工作,甚至造成事故。为使发动机冷却液有良好的防腐性,要保持冷却液呈碱性状态,冷却液pH值在7.5~11.0之间为好,超出该范围将对金属材料产生不利影响。

(5)不产生水垢,不起泡沫。水垢对发动机冷却系的散热效果影响很大,试验表明,水垢的导热性比铸铁差得多,比铝就差得更多。所以,冷却液在工作中,应不产生水垢。

发动机冷却液如果产生气泡,不仅会降低传热性,加剧气蚀,同时还会造成冷却液溢流而损失。另外,还要求汽车冷却液传热效果好,不损坏橡胶制品;热化学安定性好;蒸发损失少;热容量大;价廉、无毒。

2)冷却液的类型

冷却液的种类主要有酒精—水型、甘油—水型及乙二醇—水型等。冷却液的冷却效果主要与酒精、甘油及乙二醇的性质并与配制比例有关。冷却液的冰点与其成分比例关系见表2-15。

表2-15　冷却液的冰点与其成分比例关系

冰点/℃	酒精—水	甘油—水	乙二醇—水
	酒精含量/%	甘油含量/%	乙二醇含量/%
−5	11.27	21	—
−10	19.54	32	28.4
−15	25.46	43	32.8
−20	30.65	51	38.5
−25	35.09	58	45.3
−30	40.56	64	47.8
−35	48.15	69	50.9
−40	55.11	73	54.7
−5	62.39	76	57.0
−50	70.06	—	59.0

酒精—水型冷却液的优点是流动性好,价格便宜,配制简单,缺点是酒精的沸点低(78.4℃),蒸发损失大,易燃,蒸发后冰点升高了该冷却液目前已被淘汰。甘油—水型冷却液的沸点高,蒸发损失小,甘油的冰点为-17℃,而与水混合后冰点更低,最低可达-46.5℃,因为甘油使冰点下降的效率低,不够经济,且甘油吸水性很强使保存密封要求很严等,也被淘汰。

乙二醇—水型冷却液因为具有冰点低、沸点高,在腐蚀抑制剂存在下能长期防腐防垢,其性能远优于水、乙醇和甘油型冷却液而被广泛使用。乙二醇是一种无色黏稠液体,能与水以一定比例混合。沸点197.4℃,相对密度为1.113,冰点为-11.5℃,但与水混合后,其冰点可显著降低,最低可达-68℃。缺点是乙二醇有毒,配制时需注意。乙二醇在使用中易氧化成酸性物质,对冷却系有腐蚀作用。因此在配制时必须加入一定量的防腐蚀添加剂。

我国汽车发动机冷却液现行标准是SH 0521—1999《汽车及轻负荷发动机用乙二醇型冷却液》(代替SH 0521—1992)。本标准规定了汽车和轻负荷发动机用乙二醇冷却液及其浓缩液的技术要求。乙二醇—水型冷却液按冰点分为-25号、-30号、-35号、-40号、-45

号和-50 号六种牌号，具有防腐、防冻、防沸及防垢等性能，属长效冷却液，四季通用。

目前还有一种环保型冷却液丙二醇冷却液，其在热传导、冰点防护及橡胶相溶性方面的性能毫不逊色，而在抗腐蚀、毒性及生物降解方面则有着乙二醇型冷却液无法比拟的优势。最为引人注目的是无水型丙二醇冷却液，其冰点低达-68℃，而沸点高达 187℃，具有名副其实的抗沸、抗冻性能，具备重负荷冷却液的性能特征。

中国于 2010 年发布了《乙二醇型和丙二醇型发动机冷却液》（NB/SH/T0521—2010）标准。该标准所属产品适用于轻负荷或重负荷内燃机冷却系统，包括乙二醇型轻负荷和重负荷、丙二醇型轻负荷和重负荷发动机冷却液四种类型。轻负荷发动机一般用于轿车、轻型货车、有篷货车、体育运动用车和农用拖拉机，草坪维护机械；重负荷发动机一般用于道路货车、公交车、土石运输车、牵引车和船舶等。

每种类型又分为浓缩液和-25 号、-30 号、-35 号、-40 号、-45 号和-50 号六个不同牌号的冷却液。产品标志为：

| 牌号 | 乙二醇型/丙二醇型 | 轻负荷/重负荷 | 发动机冷却液 |

乙二醇型和丙二醇型发动机冷却液与冰点的对应关系见表 2-16。

表 2-16 乙二醇型和丙二醇型发动机冷却液与冰点的对应关系

规格	浓缩液	-25 号	-30 号	-35 号	-40 号	-45 号	-50 号
冰点（℃）不高于	-37	-25	-30	-35	-40	-45	-50

2013 年 9 月 18 日，我国发布了《机动车发动机冷却液》（GB29743—2013）标准，已于 2014 年 5 月 1 日实施。

3）冷却液的选用

在选用冷却液时，选用冰点要比车辆运行地区的最低气温低 10℃左右。

关于乙二醇冷却液的最低和最高使用浓度，一般规定最低使用浓度为 33.3%（V/V），此时冰点不高于-18℃，低于此浓度时则冷却液的防腐蚀不够，最高使用浓度为 69%（V/V），此时冰点为-68℃，高于此浓度时则冰点反而会上升。全年使用冷却液的车辆其最低使用浓度以 50%（V/V）左右为宜。

除选好冷却液外，使用时应特别注意以下几点：

（1）加注冷却液前应对发动机冷却系进行清洗，最简单的方法是打开散热器放水阀，用自来水从加水口冲洗。

（2）冲洗后，加注冷却液，并检查冷却液的密度（在散热器加水口就可以）。

（3）乙二醇—水型冷却液在使用中蒸发的一般是水，应及时添加适量的水。但时间长了以后（如每年入冬前）应检查冷却液的密度，如密度变小，就说明乙二醇含量不足，冰点高，应及时加充冷却液（或浓缩型冷却液）。

（4）在使用乙二醇型冷却液时，应注意乙二醇有毒，切勿用口吸。

（5）冷却液在使用一定时间后，应更换。因为使用过程中要消耗冷却液中的添加剂。一般规定 2 年～3 年，或按照冷却液使用说明执行。

（6）不同牌号冷却液不可混用。

4. 动力转向传动液和减振器液压油

1) 常用的动力转向传动液及使用注意事项

(1) 常用品牌及规格。现代汽车的动力转向系统使用的基本上是液压系统，不同车型的动力转向系统的精密程度和使用要求有所差异，因此 OEM（Original Equipment Manufacturer，原始设备生产商）对液压油的选择和换油周期的规定也有所不同。如国内过去一些中低档车的动力转向系统一般用 22 号汽轮机油或 46 号液压油，低温寒带地区则选用 YH-10 号航空液压油、6 号或 8 号液力传动油。现在新型或高档车型多选用 ATF 液力传动油或合成液力传动油，这些油品的实际使用性能和寿命都比过去的油品有了很大的提高。动力转向液的选择和更换，用户一般还是应根据汽车厂商的车辆保养手册中的规定进行。

北京奔驰戴克 Jeep4700 定时定程养护计划规定：每 72000km 或 36 个月做一次动力转向系统清洗保养；每 48000km 或 24 个月更换动力转向液。

南京中升丰田汽车销售服务有限公司针对卡罗拉、花冠系列轿车的动力转向系统规定：每 10000km 检查转向液面，液体有无发白、起泡现象。

奥迪轿车售后服务规定：每行驶 40000km～60000km 需要清洗保养一次动力转向系统。若遇转向困难，系统渗漏，则在更换动力转向机有关配件后，还须清洗保养一次动力转向系统。

(2) 使用注意事项。

① 油液品质应符合规定。液压动力转向系统所使用的油液牌号，应符合原厂规定。油液应具备良好的黏温特性、耐磨性、抗氧化性和润滑性等性能，并无杂质和沉淀物等。无原厂规定牌号的油液时，可用 13 号机械油或 8 号液力传动油代替，但两种油液不可混用。

② 定期检查转向油罐的液面高度。结合维护周期检查转向油罐液面高度是否在规定刻线之间，不足时应添加，添加的油液要经过滤清，品种要与原油液相同。

③ 应适时换油。因液压动力转向系统的油液是在高温高压下工作的，易变质，所以，要定期更换，一般一年更换一次，或按原厂规定进行更换。换油时，将前轴顶起，发动机以怠速运转，拆下转向器下部的放油螺塞，左、右打转向盘至极限位置数次，待原来旧油液排完时立即停熄发动机并旋上放油螺塞，然后按规定加满新油即可。

④ 应及时排除系统内的空气。在转向系统加油时或转向系统混入空气时，需要将空气排出。排气的方法是先将油液加注到油罐规定的液面高度，然后启动发动机，在怠速状态下左、右打转向盘到极限位置（在极限位置停留不得超过 5s，以防油泵发热而被烧坏），反复几次，并不断往油罐补充油液。同时，松开系统中的放气螺钉，直到油液充满整个系统，放气口没有气泡冒出，油罐内油面不再下降为止，然后拧紧放气螺钉即可。

⑤ 切勿将动力转向油当成制动液来使用。因动力转向液压油和制动液的流动性、沸点及与橡胶等密封件的配伍性等不同，所以，在维修车辆时要特别注意切勿将动力转向油当成制动液来使用，否则会导致制动失灵。另外，转向时不可将方向"打死"，否则易烧坏转向助力泵等。

2) 常用的减振器液压油及使用注意事项

(1) 常用品牌及规格。汽车减振器油一般是用深度精制的矿物油作为基础油料，再加入油性剂等功能添加剂调制而成的。如上海产的 190 型汽车减振器油，以深度精制的不同黏度的低凝点矿物油和合成油为基础油，加入各类质量稳定的能提高油品性能的添加剂配制而成，具有优良的抗剪切稳定性、低温性能、抗磨性和低蒸发性等性能，而且与橡胶等密封件有较好的配伍性，适用于各类中高级轿车、面包车、大型货车的减振器。该产品按黏度指数分为三个等级，用户可根据使用说明来选用。表 2-17 为 190 型汽车典型技术数据，选用时，可作为参考依据。

表 2-17 190 型汽车减振器油典型数据

项 目	典型数据	试验方法
外观	黄色透明液体	目测
运动黏度（40℃）/（mm^2/s）	10.68	GB/T 265
黏度指数	132	GB/T 1995
闪点（开口）/℃	163	GB/T 3536
凝点/℃	-48	GB/T 510
腐蚀试验（100℃，3h，T2）级	1b	GB/T 5096

（2）使用注意事项。

① 应保持减振器密封良好，无渗漏现象。在 40000km～50000km 定期维护时，应拆检减振器并更换减振器液压油，且油量要合适。

② 应妥善保管。不要放置于严寒或温度超过 60℃的地方；要防止水分、机械杂质混入；切勿与其他油品混合使用。

5．汽车空调制冷剂

汽车制冷剂是空调装置的工作介质，通过压缩和膨胀蒸发吸收热量，从而产生制冷效应。

1）对汽车空调制冷剂的技术要求

（1）对人体无毒无害，泄露时，能发出使人觉察的气味；

（2）不易燃，不爆炸；

（3）蒸发潜热大，且易于液化；

（4）化学性质稳定，无腐蚀性，对金属零件、橡胶密封元件无侵蚀作用；

（5）与润滑油无亲和作用，可与冷冻机油以任意比例相溶；

（6）有利于环境保护。

2）制冷剂的品种

目前我国车用制冷剂尚无专门的分类，从环保无公害的角度看，汽车空调制冷剂主要分为两类，一类是对大气臭氧层有破坏作用的 R-12（CFC-12），另一类是环保无公害的汽车制冷剂，主要有 R-134a（HFC-134a）。其中的 R 是制冷剂（Refrigerant）的第一个字母。

R-12 和 R-134a 都是氟利昂（CFCs）制冷剂。各自的特性为：

（1）R12 制冷剂是早期广泛使用的制冷剂，具有制冷能力强、化学性质稳定、与冷冻机油相容性好及安全性好等优点，但是，研究表明 R-12 的组成元素内含氯与大气中的臭氧（O_3）反应，导致大气中臭氧层被破坏，太阳紫外线辐射得不到节制，强度过高，对人类和生物带来危害，严重危害地球生态环境。

（2）R-134a 是 R-12 的替代产品，其分子组成中不含元素氯，是一种不破坏臭氧层的绿色环保的制冷剂。

在使用 R-12 时应注意：制冷剂容器避免日光直射，火炉烘烤，以防意外；避免与人的皮肤直接接触，以防冻伤，尤其避免误入眼睛，以防造成失明；尽管 R-12 是无毒或低毒，但与火焰接触时，会产生毒气；操作现场应通风良好。

在使用 R-134a 时，除了要注意上述问题外，还应注意：干燥剂应用 XH-7，并增加用量；冷冻机油应用适于 R-134a 的专用油；制冷系统密封材料应用专用材料。

在进行维修或加注制冷剂时，要特别注意绝对避免 R-12 与 R-134a 混用。在使用新型制冷剂的汽车发动机和压缩机上必须以醒目的标记加以提示。新型空调系统的使用与维修也必须按照专门的操作规程操作。

我国有关部门对汽车空调制冷剂替代工作已有明确规定。到 2010 年以新的制冷剂 R-134a 全面淘汰 R-12 制冷剂，新的汽车空调装置制冷剂的加注接口采用不同规格的螺纹。新制冷剂空调装置及其配件应采用绿色标志。

（七）汽车轮胎

轮胎是汽车行驶系的主要组成部分之一，轮胎的合理使用，关系到汽车安全、能源节约和汽车运输成本的降低。轮胎的技术状况可使汽车油耗在 10%～15%范围内变化，轮胎费用约占汽车运输成本的 10%以上。

1. 轮胎的分类及规格

1) 轮胎的分类

按轮胎的用途可分为轿车轮胎、货车轮胎、大客车轮胎和越野汽车轮胎，按轮胎的胎体结构可分为实心轮胎、充气轮胎和特种轮胎。

现代汽车广泛采用充气轮胎，按不同的分类方法，又有很多类型。

（1）按照其结构不同，又可分为有内胎轮胎和无内胎轮胎（tubeless）。

（2）按充气压力的大小可分为高压胎（气压为 0.5MPa～0.7MPa），低压胎（气压为 0.2MPa～0.5MPa）和超低压胎（气压为 0.2MPa 以下）。

目前，轿车、载货汽车多采用低压胎，因为低压胎弹性好，断面宽，与道路接触面大，壁薄而散热性良好。这些特点可提高汽车行驶平顺性和操纵稳定性。此外，还可以延长轮胎和道路的使用寿命。超低压胎适用于在坏路条件下行驶的越野汽车，能提高汽车的通过性。

（3）按照胎面花纹可分为普通花纹轮胎、混合花纹轮胎和越野花纹轮胎。

（4）按照胎体中帘线排列方向，可分为普通斜交轮胎和子午线轮胎。

子午线轮胎结构如图 2-9 所示，由帘布层、带束层、胎冠、胎肩和胎圈组成，并以带束层箍紧胎体。胎体帘布层帘线相对胎面中心线呈垂直方向排列，即 90°角（或接近 90°角）。它的结构特点是：胎冠角为 0°，这种帘线排列方向与受力方向一致，使帘线强度能得到充分利用,帘布层数比普通斜交轮胎减少 40%~50%;设有带束层,带束层的帘线与胎面中心线交角很小,一般在 20°以内,对帘布起箍紧约束作用,并使胎面强度显著提高。

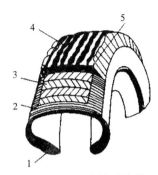

图 2-9 子午线轮胎结构

1—胎圈;2—帘布层;3—带束层;4—胎冠;5—胎肩。

子午线轮胎和普通斜交轮胎骨架的区别如图 2-10 所示。

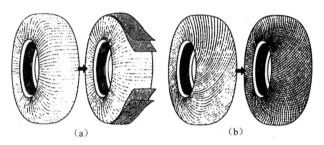

图 2-10 子午线轮胎和普通斜交轮胎骨架的区别

(a)子午线轮胎;(b)普通斜交轮胎。

子午线轮胎与普通斜交轮胎相比,子午线轮胎的优点是:

(1)使用寿命长。子午线轮胎耐磨性好,比普通斜交轮胎使用寿命可延长 30%~50%。

(2)滚动阻力小,节约燃料。由于胎冠具有强度较高的带束层,胎面的刚性大,轮胎滚动时弹性变形小,波动阻力比普通斜交轮胎可减小 25%~30%,油耗可降低 8%左右。

(3)承载能力大。由于子午线轮胎的帘线强度能得到充分利用,故承载能力大,比普通斜交轮胎提高约为 14%。

(4)缓冲能力强,附着性能好。由于胎侧部分比较柔软,胎体弹性好,能吸收冲击能量,故缓冲能力强。附着性好,是由于轮胎接地面积大、胎面滑移小的缘故。

子午线轮胎的缺点是:胎侧易裂口、制造技术要求高、成本高、翻新困难。

由于子午线轮胎的综合性能明显优越于普通斜交轮胎,因此,其应用越来越广阔。

2)轮胎的规格及其表示方法

轮胎的主要尺寸(图 2-11)是轮胎断面宽度 B、轮辋名义直径 d、轮胎断面高度 H、胎外直径 D、负荷下静半径、滚动半径和高宽比等。

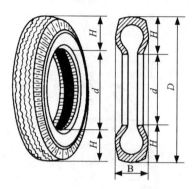

图 2-11 轮胎的主要尺寸

(1) 轮胎面宽度 B：指轮胎按规定气压充气后，轮胎外侧面间的距离。

(2) 轮辋名义直径 d：指轮辋规格中直径大小的代号，与轮胎规格中相对应的直径一致。

(3) 轮胎断面高度 H：指轮胎按规定气压充气后，轮胎外直径与轮辋名义直径之差的一半。

(4) 轮胎外直径 D：指轮胎按规定气压充气后，在无负荷状态下胎面最外表的直径。

(5) 负荷下静半径：指轮胎在静止状态下只承受法向负荷作用时，由轮轴中心到支承平面的垂直距离。

(6) 轮胎滚动半径：指车轮旋转运动与平移运动的折算半径。滚动半径 r 按下式计算：

$$r = \frac{S}{2\pi n_w}$$

式中 S——车轮移动的距离（mm）；

n_w——车轮转过的圈数。

(7) 轮胎的高宽比：指轮胎的断面高度 H 与轮胎断面宽度 B 的百分比，表示为 H/B（%）。轮胎系列就是用轮胎的高宽比的名义值大小（不带%）表示的，例如，"80"系列、"75"系列和"70"系列等。

以载货汽车普通断面子午线轮胎符号 9.00 R20 为例，解释如下：9.00 表示轮胎名义断面宽度（9 英寸，1 英寸=2.54cm），R 表示子午线轮胎代号（Radial 缩写），20 表示轮辋名义直径（20 英寸）。

以丰田花冠普利斯通轮胎为例解释轿车轮胎规格最新含义：195/60 R15 88H。其中 195 表示轮胎名义断面宽度（195mm），60 表示轮胎系列（高宽比），R 表示子午线轮胎代号，15 表示轮辋名义直径（15 英寸），88 表示负荷指数（最大负荷为 530kgf），H 表示速度级别（最高行驶速度为 210km/h）。

轮胎负荷指数是指在规定条件（轮胎最高速度、最大充气压等）下轮胎负荷能力的数字符号。轮胎负荷指数用 LI 表示，轮胎负荷能力用 TLCC 表示。轮胎负荷指数目前有 0，

1，2，…，279 共 280 个，表 2-18 摘录了一部分轮胎负荷指数（LI）与轮胎负荷能力（TLCC）的对应关系。

表 2-18 轮胎负荷指数（LI）与轮胎负荷能力（TLCC）的对应关系

轮胎负荷指数	轮胎负荷能力/N	轮胎负荷指数 LI	轮胎负荷能力/N
79	4370	84	5000
80	4500	85	5150
81	4620	86	5300
82	4750	87	5450
83	4870	88	5600

轮胎的速度级别是指将轮胎最高速度（km/h）分为若干级，用字母表示。我国轿车轮胎的速度级别符号及对应的最高行驶速度如表 2-19 所列。

表 2-19 速度符号标志

速度标志	速度/(km/h)	速度标志	速度/(km/h)	速度标志	速度/(km/h)	速度标志	速度/(km/h)
A1	5	B	50	L	120	U	200
A2	10	C	60	M	130	H	210
A3	15	D	65	N	140	V	240
A4	20	E	70	P	150	Z	240 以上
A5	25	F	80	Q	160	W	270 以上
A6	30	G	90	R	170	Y	300 以下
A7	35	J	100	S	180		
A8	40	K	110	T	190		

2．轮胎的使用与维护

1）影响轮胎的使用寿命的因素

轮胎气压、负荷、汽车行驶速度、气温、道路条件、汽车技术状况、驾驶方法、维修质量和管理水平等因素对轮胎使用寿命影响很大。

（1）轮胎气压的影响。"气压是轮胎的生命"，轮胎气压不同，所承受的负荷就不同。轮胎气压偏离标准是轮胎早期损坏的主要原因，尤以气压不足对轮胎的危害最大。

轮胎气压越低，胎侧变形越大，使胎体帘线产生较大的交变应力。由于帘线能承受较大的伸张变形，而承受压缩变形的能力较差，故周期性的压缩变形会加速帘线的疲劳破坏。轮胎以低压状态滚动时，除增大胎体的应力外，还因摩擦加剧而使轮胎温度升高，降低了橡胶和帘线的抗拉强度。

试验表明，轮胎气压降低 20%，轮胎使用寿命降低 15% 以上。

当轮胎气压过高时，造成轮胎接地面积小，增大了单位面积上的负荷，同时轮胎弹性小，因胎体帘线过于伸张，应力增大。由此造成胎冠磨损增加。如汽车在不良路面上行驶时，由于车轮承受的动负荷大，则易使胎面剥离或爆胎。气压过高对轮胎的磨损强度虽比气压不足时要小，但爆破的可能性却增大了。

常用气压单位换算公式如下：

1kg 压力=1bar=1 个大气压=1 kg/cm^2=0.1MPa=10^{-4}GPa=10^{5}Pa=14.5psi

1psi =6.895kPa，psi 即 pounds per square inch 磅/英寸^2。如丰田威驰轿车前轮胎标准气压是 2.3ba，后轮胎是 2.1bar。

（2）轮胎负荷的影响。轮胎所承受的最大负荷，设计时已经限定。超载时，外胎损坏特点与气压低时类似，胎侧弯曲变形大。但轮胎超载时受力和变形状态比气压低时更恶化，轮胎的损坏就更加严重。

（3）汽车行驶速度和气温的影响。汽车行驶速度过高，轮胎使用寿命缩短。原因是：高速行驶时轮胎面与路面摩擦频繁，滑移量大，使胎体温度升高，结果导致轮胎气压增高；汽车高速行驶时，动负荷大，会造成轮胎的损伤。

气温对轮胎的使用寿命的影响也很大，尤其在气温和车速均高时，轮胎使用寿命会明显缩短，其根本原因都是造成了轮胎气压急剧升高。

（4）道路条件的影响。影响轮胎使用寿命的道路因素主要是路面材料和平坦度。它们关系到摩擦力和动负荷的大小，由此影响轮胎的使用寿命。

（5）汽车技术状况的影响。汽车底盘（尤其是行驶系）的技术状况不良，会造成轮胎的异常磨损。如轮辋变形、轮毂轴承松旷、车轮不平衡会造成轮胎磨损成多边形或波浪形，轮辋偏心、轮毂与转向节轴偏心或转向节轴完全会造成轮胎一侧局部磨损等。

（6）驾驶方法的影响。轮胎的使用寿命与汽车驾驶方法紧密相关，例如，起步过猛使驱动轮上的负荷骤然增加，轮胎与地面发生强烈的摩擦，并易发生滑转现象，增加轮胎磨损。紧急制动时，轮胎由滚动变为滑移，局部胎面受到剧烈摩擦产生高温，使胎面胶软化而加剧磨损。同时在缓冲层和帘布层中产生较大的剪切应力，会使胎面花纹发生崩裂，胎面胶脱或胎体脱层。转弯过急，使车轮侧向滑移，增加脸面磨损，并使胎侧过度变形，在胎圈部位产生很大应力，可使胎圈破裂，胎体脱层，甚至爆破。行驶中轮胎碰撞障碍物，使轮胎受到强烈冲击，引起过度变形，损坏帘布层。

（7）轮胎维护质量的影响。不认真执行轮胎强制维护的原则，就不能保持轮胎的良好技术状况，也会影响轮胎的使用寿命。

（8）轮胎管理技术的影响。不执行轮胎装运技术要求，轮胎保管条件不良或方法不当，也将引起轮胎早期损坏。

轮胎与矿物油、酸类物质和化学药品接触，会使橡胶、帘布层遭受腐蚀。保管期间受阳光照射，室温过度或空气过分干燥，会加速轮胎老化；空气中水分过多，轮胎受潮，会使帘布层霉烂变质。内胎折叠存放，会产生裂痕，外胎堆叠，将引起变形。

2）汽车轮胎的正确使用

轮胎的合理使用是延长其使用寿命的根本途径，使用中应注意以下问题。

（1）保持轮胎气压正常。

（2）防止轮胎超载。

（3）合理搭配轮胎。合理搭配轮胎的目的是使整个汽车上的几条轮胎尽量磨损一致，使其同等寿命。搭配轮胎的原则如下：装用新轮胎时，同一车轴上装配同一规格、结构、层级和花纹的轮胎；货车双胎并装的后轮，还需加上同一品牌。装用成色不同的轮胎时，前轮尽量使用最好的轮胎，备用轮胎使用较好的轮胎，直径较大的轮胎应该装在双胎并装的后轮外挡，翻新轮胎不得用于转向轮。

（4）精心驾驶车辆。驾驶操作要领是：起步平稳，避免轮胎滑转；均匀加速，中速行驶，避免急加速和急减速；选择路面，避免在不良路面上行驶；转弯减速，避免高速转弯引起的轮胎横向滑移；以滑代制，避免紧急制动造成地轮胎拖磨。

（5）保持良好的底盘技术状况。轮胎的异常磨损与底盘技术状况有关，如前轮定位中的前轮外倾与前轮前束配合不当、轮毂轴承松旷、转向传动机构间隙过大、车轮不平衡、轮辋变形、悬架与车架变形或制动技术状况不良等。

前轮外倾与前轮前束配合不当将产生侧向力，使轮胎横向滑移而引起磨损。

轮毂轴承松旷、转向传动机构间隙过大、车轮不平衡、轮辋变形等，会使汽车行驶中轮胎发生纵向地跳动或横向地摆动，使车轮非正常磨损加剧。

悬架与车架变形，将使车轮定位发生变化，使车轮着地位置发生变化或产生侧向力，引起轮胎的磨损。

当车轮制动器调整不当，各轮制动力不均匀或制动力不易解除，造成胎面磨损加剧。

（6）做好日常维护。

日常维护包括出车前、行车中和收车后的检视。主要是检视轮胎气压是否符合规定；检查轮胎螺母有无松动；清理轮胎夹石和有无不正常的磨损和损伤，并及时消除造成不正常磨损和损伤的因素。检查轮胎的重要性如图 2-12 所示。

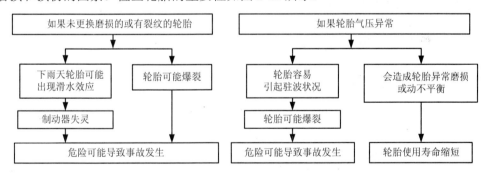

图 2-12　检查轮胎的重要性

3）汽车轮胎的维护

要认真执行 GB/T 9768—2000《轮胎使用与保养规程》、JT/T 303—1996《汽车轮胎使用与维修要求》等规定，切实作好汽车的维护工作。

（1）一级维护。检查轮胎螺母是否紧闭，气门嘴是否漏气，气门帽是否齐全，如发现损坏立即修理补齐；挖出夹石和花纹中的石子、杂物；检查轮胎气压，按标准补足，如果轮胎气压不正常，则会导致形成如图 2-13 所示的轮胎异常磨损结果；检查轮胎有无与其他机件刮碰现象，备胎架是否完好、紧固，如不符合要求应予排除，完成上述操作后应填写维护记录。

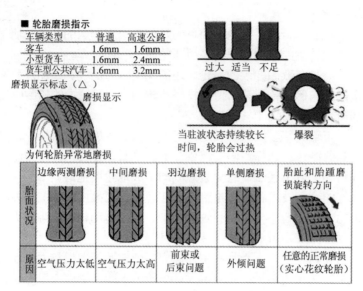

图 2-13 轮胎磨损指示

（2）二级维护。除执行一级维护的各项作业外，还应拆卸轮胎，按轮胎标准测量胎面花纹磨耗、周长及断面宽的变比，作为换位和拆卸的依据；进行轮胎解体检查：检查胎冠、胎肩、胎侧及轮胎内有无内伤、脱层、起鼓和变形等现象，检查内胎、垫带有无咬伤、折皱现象，气门嘴、气门芯是否充好，检查轮辋、挡圈和锁圈有无变形、锈蚀，根据情况进行涂漆处理；检查轮辋螺栓孔有无过度磨损或损裂现象；排除解体检查所发现的故障后，进行装合和充气；高速车应进行轮胎的动平衡试验，并按图 2-14 所示方法进行轮胎换位；若发现轮胎有不正常的磨损或损坏，应查明原因，予以排除，完成后填写相应的维护记录。

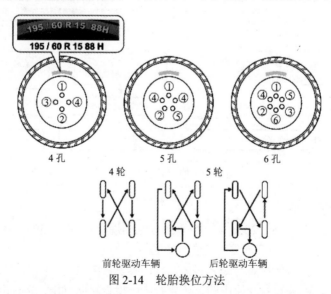

图 2-14 轮胎换位方法

注：在拆卸或紧固轮毂螺母应按如图 2-14 中指定的顺序进行，因为有必要均匀地进行紧固或拆卸。

（八）车用蓄电池

蓄电池是一种将化学能转变为电能的装置，在发动机启动时向起动机供给 200A~600A 起动电流（柴油机达 1000A），同时向点火系供电。在发电机不发电或电压较低时可向用电设备供电；发电机超载时，蓄电池协助发电机供电。当发电机端电压高于蓄电池电压时，将发电机的电能转变为蓄电池的化学能储存起来。蓄电池还可吸收发电机的过电压，保护车用电子元件，同时也是 ECU 内存的不间断电源。

1. 正确使用

启动汽车时每次启动时间不超过 3s，再次启动间隔不少于 15s，避免长时间连续使用启动机。汽车运行过程中应注意充电系统是否工作正常。避免在发动机熄火状态下长时间使用音响等用电设备。**长期不用的汽车，每隔 25 天左右应将汽车发动起来**，控制发动机以中等转速运转 20min 左右对蓄电池充电，避免因停驶时间过长，蓄电池亏电导致汽车无法启动。将**蓄电池从汽车上拆下时，应先拆负极再拆正极，装时与此相反**。不要随便给汽车更换比原蓄电池容量大的蓄电池，因为汽车上的发电机发电量是固定的，发电量不会增大，如果换了容量大的蓄电池，会使新蓄电池充不足电，蓄电池长期亏电会损坏得更快。应注意保持蓄电池清洁和牢靠。

2. 电极螺栓连接的注意事项

如果未正确固定蓄电池，可能导致其损坏，因为使用中的震荡损伤会缩短蓄电池的使用寿命，并存在爆炸危险。如果蓄电池电极接线端未正确插入并拧紧，就可能导致烧坏线路，造成严重的电气设备故障从而无法确保汽车的安全运行。检查蓄电池安装是否牢固，必须用手晃动电极连接端，必要时以规定的拧紧力矩拧紧紧固螺栓。

只允许用手插上蓄电池电极连接端，且不能用力过度；蓄电池电极上不能有油脂；在安装蓄电池电极接线端后，蓄电池电极应与接线端平齐或者从接线端中露出电极。用规定的拧紧力矩拧紧蓄电池接线端后不允许对此螺栓连接再拧紧。

3. 静态电压低的原因

蓄电池静态电压与充电程度和蓄电池状态的关系如表 2-20 所列。造成蓄电池静态电压过低的可能原因有驾驶习惯（如经常短距离驾驶车辆，频繁启动发动机），或长期停放没有断开蓄电池连接造成蓄电池过度放电，或车辆本身存在隐秘的耗电器，造成静态放电电流过大或者是蓄电池本身损坏等。

表 2-20　蓄电池静态电压与充电程度关系

静态电压/V	充电程度	蓄电池状态
11.70	0%	放电，已用尽所有电量
12.20	50%	逐渐形成固体状的硫酸盐晶体，硫酸盐晶体只能通过较多的能量供给才能再次溶解。同时活化的块状物迅速膨胀，产生裂纹，并由此导致正极栅格腐蚀加剧
12.35	65%	对于带指示孔的蓄电池，显示会从绿色变成黑色；对于新车或库存车，应给蓄电池充电
12.70	100%	全电量

4. 电眼颜色含义

目前汽车上普遍装用免维护蓄电池。该类电池与传统蓄电池相比，具有无需添加任何液体，对接线桩头、电线和和车身腐蚀轻，抗过充电能力强，启动电流大，电量储存时间长等优点。免维护蓄电池上一般装有温度补偿型密度计，可以指示蓄电池的存放电状态和电解液液位的高度，密度计的指示孔俗称电眼，如图2-15所示。当电眼呈现绿色时，表明充电已足，蓄电池正常；当电眼呈现绿色很少或为黑色，表明蓄电池必须充电；当电眼呈现淡黄色或无色，表明蓄电池已报废，需要进行更换。

> **注意**：严禁检测或者充电淡黄色显示的蓄电池。严禁进行辅助启动！在进行检测、充电或辅助启动时存在爆炸危险，因此必须更换此类蓄电池。有些蓄电池指示孔的颜色含义是不同的，例如蓝色表示电量充足，黑色表示必须充电，白色表示报废，因此具体颜色看说明。另外当蓄电池使用超过五年或指示孔颜色消失时，需要更换蓄电池。

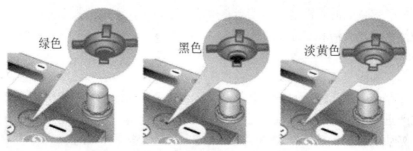

图2-15 蓄电池密度计指示孔颜色

对于普通干荷式蓄电池而言，应保持电解液的液位在规定刻度线范围。日常行车中应经常检查盖上的小孔是否通气，倘若蓄电池盖小孔被堵，产生的氢气和氧气排不出去，电解液膨胀时，会把蓄电池外壳撑破，壳体受损可能会导致电解液流出。流出的蓄电池电解液可能会对车辆造成严重损坏，应迅速用电解液中和剂或肥皂液处理电解液接触到的所有部件。

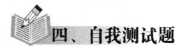

四、自我测试题

（一）判断题

1．汽油的抗爆性在很大程度上取决于碳氢燃料的结构，其中闭链结构比开链结构燃料的抗爆性强，饱和结构比不饱和结构燃料的抗爆性强。（   ）

2．按汽车的压缩比选用汽油牌号，以汽油机在正常条件下运行不发生爆燃为原则。（   ）

3．评定柴油机燃烧性的指标是十六烷值，十六烷值低的柴油，柴油机工作柔和。（   ）

4．机油的黏度指数越高，黏温特性越差。（   ）

5．机油牌号中第一个字母 S 表示汽油机机油，D 表示柴油机机油。（   ）

6．对多级油来讲，其代表冬季用部分的数字越小，代表夏季部分的数字越大，说明其黏温特性越好。（   ）

7．保持正常油位，常检查，勤加油。正常油位应位于油尺的满刻度标志和 1/2 刻度标志之间，不可过多或过少。（   ）

8．使用润滑脂的缺点是冷却作用差、启动摩擦力矩大及不能起到密封作用。（   ）

9．锥入度值愈大，稠度愈大；反之，稠度愈小。（   ）

10．不要采用"满毂润滑"，即把润滑脂添满整个轮毂内腔，这样不科学，又浪费。（   ）

11．制动液沸点如果太低，易使制动系管路产生气阻，导致制动失效。（   ）

12．在选用冷却液时，选用冰点要比车辆运行地区的最低气温低 20℃左右。（   ）

13．在使用乙二醇型冷却液时，应注意乙二醇有毒，切勿用口吸。（   ）

14．动力转向油可以替代制动液来使用。（   ）

15．轿车、载货汽车多采用低压胎，高压胎适用于坏路条件下行驶的越野汽车。（   ）

（二）单项选择题

1．关于汽油下列说法错误的是（   ）
　　A．汽车所用的燃料都是由石油经现代提炼技术加工而成。
　　B．抗爆性表示汽油在气缸中燃烧时防止爆燃的能力。
　　C．汽油中加锰是为了提高抗爆性。
　　D．用辛烷值较低的汽油代替辛烷值较高的汽油时，应适当提前点火。

2．关于柴油下列说法错误的是（   ）
　　A．柴油的燃烧性主要是抗粗暴的能力。
　　B．评定柴油雾化和蒸发性的主要指标是运动黏度、馏程、闪点和密度。
　　C．闪点高，说明柴油中轻质馏分多，蒸发性好。
　　D．柴油的安定性不好就会氧化结胶，在燃烧室内生成积炭、胶状沉积物。

3．关于机油下列说法错误的是（   ）
　　A．能抑制积碳、漆膜和油泥生成或将这些沉积物清除的性能叫做机油的清净分散性。
　　B．我国发动机润滑油采用 API 使用性能分类法和 SAE 黏度分类法。
　　C．机油在规定条件下冷却时，能够流动的最低温度，叫做机油的倾点。
　　D．多级油代表冬季用部分的数字越大，代表夏季部分的数字越小，说明黏温特性越好。

4．常用馏程来评价汽油的挥发性，错误的是（   ）
　　A．10%蒸发温度　　B．50%蒸发温度　　C．75%蒸发温度　　D．90%蒸发温度

5．下列哪一项不是评定柴油雾化和蒸发性的主要指标（   ）
　　A．十六烷值　　　B．馏程　　　　　C．闪点　　　　　D．运动黏度

6．关于车辆齿轮油下列说法错误的是（   ）
　　A．车辆齿轮油是指汽车驱动桥、变速器、转向器等齿轮传动机构用的润滑油。
　　B．有些齿轮传动所承受的压力高达 2.5MPa～4.0MPa，要求齿轮油具有良好的极

压抗磨性。

C．齿轮油在低温下应能保持必要的流动性。

D．汽车齿轮油的工作温度变化范围很大，因此应具有良好的黏温特性。

7．关于润滑脂的使用特点下列说法错误的是（　　）

A．与相似黏度的润滑油相比，润滑脂有较高的承受负荷能力和较好的阻尼性。

B．润滑脂易附着在金属表面，保护表面不锈蚀，并可防止滴油、溅油污染产品。

C．润滑脂冷却散热性能好、启动摩擦力矩小并且更换方便。

D．轴承润滑中，润滑脂还可起到密封作用。

8．关于制动液下列说法错误的是（　　）

A．如果制动液沸点太高，高温时蒸发成蒸气，使制动系管路产生气阻。

B．黏度合适可保持制动液具有良好的流动性和一定的润滑能力。

C．制动液对橡胶零件有溶胀作用，将使皮碗的体积增加，导致制动失效。

D．要求制动液不腐蚀金属。

9．关于发动机冷却液的使用下列说法错误的是（　　）

A．在选用冷却液时，选用冰点要比车辆运行地区的最低气温低10℃左右。

B．加注冷却液前应对发动机冷却系进行清洗。

C．在使用乙二醇型冷却液时，应注意乙二醇有毒，切勿用口吸。

D．不同牌号的冷却液可以相互兼用。

10．关于轮胎符号：195/60 R15 88H，下列说法错误的是（　　）

A．195是指轮胎断面宽度195mm。

B．60是指轮胎的高宽比，R表示子午线轮胎。

C．15表示轮胎的直径是15英寸。

D．88表示轮胎的负荷指数。

（三）简答题

1．发动机润滑油的作用是什么？我国发动机润滑油采用什么分类法？SF10W/30的含义是什么？

2．液力传动油的使用注意事项有哪些？

3．92号汽油的含义是什么？

4．空毂润滑的含义是什么？

5．制动液的技术要求是什么？分哪些类型？

6．冷却液应具有什么样的使用性能？

7．动力转向液的使用注意事项是什么？

8．子午线轮胎与普通斜交轮胎相比，有哪些优缺点？

9．汽车轮胎如何正确使用？

10．车用蓄电池如何正确使用？

项目三 汽车保养作业中基本功能检查

一、项目描述

通过车辆在顶起位置1（顶起位置的含义如图3-24所示）时的油液、灯光、喷洗、制动、转向、喇叭、车身螺栓和螺母、减振器和球节的检查，使学生达到以下要求。

1. 知识要求

（1）了解汽车定期保养的基本知识；
（2）熟悉汽车保养中的基本维修操作；
（3）理解5S的含义。

2. 技能要求

（1）能够正确着装与摆放工具；
（2）能够使用车辆保护套与正确检测机油等油液的含量；
（3）能够使用车内外各种照明灯开关并检查喷洗器的压力与喷洒区；
（4）能够检查制动功能、转向盘和喇叭；
（5）能够检查车身螺母及螺栓的紧固情况；
（6）能够检查减振器的阻尼状态与备胎的使用状况；
（7）能够检查球节；
（8）能够使用举升机。

3. 素质要求

（1）掌握5S理念；
（2）重视劳动保护与安全操作；

(3）注意环境保护；
(4）培养团队协作精神。

 二、项目实施

任务一　车内部检查

1. 训练内容

（1）丰田车在驾驶员位置处的检查工作；
（2）完成并填写学习工作单的相关项目；
（3）学习汽车二级维护的相关知识。

2. 训练目标

（1）掌握车辆在驾驶员位置处的工作内容；
（2）熟悉轿车常用功能的检查方法。

3. 训练设备

丰田花冠轿车及维修手册、常用工具、车辆保护套、车轮挡块和举升器。

4. 训练步骤

1）准备工作

开始工作前准备好翼子板布、前格栅布、方向盘套、座椅套、脚垫和车轮挡块，作业位置顺序按图3-1进行。

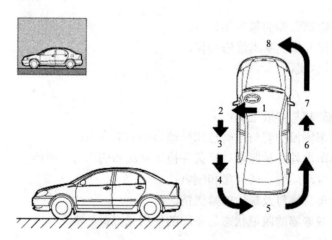

图 3-1　工作顺序图

1—驾驶员座位；2—左侧前门；3—左侧后门；4—燃油箱盖；5—车后部；
6—右侧后门；7—右侧前门；8—车前部。

2）预检工作

如图3-2所示，在驾驶员座椅处放上座椅套、地板垫、方向盘罩，并打开发动机盖，

在车辆前部放上翼子板布和前格栅布，并用车轮挡块挡住车轮。

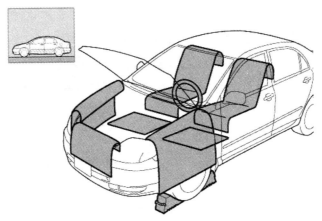

图 3-2　安装车辆保护套

3）发动机室油液检查

如图 3-3 所示，检查机油油位时，抽出机油标尺 2 后用干净的布擦净后再次插回油底壳，然后再抽出读数，注意油尺不要上扬；发动机冷却液液位、制动液液位通过目测储液罐，不可用手摇晃，喷洗液液位检查时，标尺 4 拉出到能看见标记状态即可；拆卸机油加注口盖 5（以便排放发动机机油）。

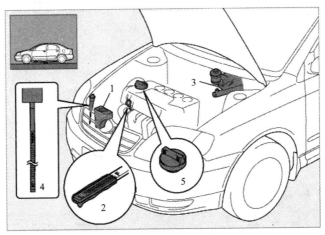

图 3-3　发动机室油液检查

1—冷却液储液罐；2—机油标尺；3—制动液储液罐；4—标尺；5—机油加注口盖。

4）灯光检查

如图 3-4 所示，请两位同学互相配合，一人在车内依次检查灯光（大灯近光和指示灯点亮、大灯远光和指示灯点亮、大灯闪光和指示灯点亮、转向信号灯和指示灯点亮、危险警告灯和指示灯点亮、前雾灯和指示灯点亮、后雾灯和指示灯点亮、制动灯点亮、倒车灯点亮、示宽灯点亮、牌照灯点亮、尾灯点亮、仪表板照明灯点亮、顶灯点亮和组合仪表警告灯点亮），另一人在车前方和后方示意车灯点亮情况。

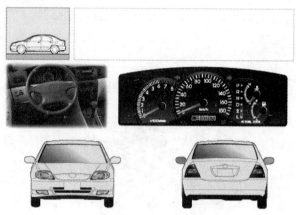

图 3-4　灯光检查

5）检查喷洗器的压力和喷洒区位置以及刮水效果

如图 3-5 所示，启动发动机，检查挡风玻璃喷洗器喷洒压力是否足够，如果车辆配备有挡风玻璃喷洗联动刮水器功能，检查刮水器是否协同工作；检查喷洗喷洒区是否集中在刮水器工作范围内，必要时进行调整。

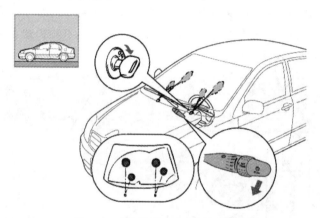

图 3-5　喷洗器压力和喷洒区检查

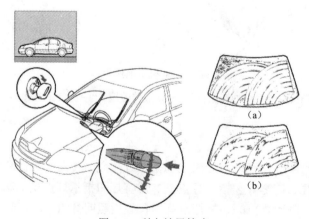

图 3-6　刮水效果检查

检查刮水器各挡位的工作情况是否正常;检查刮水效果好坏,不要出现图 3-6 中（a）或（b）所示的刮水痕迹;关闭刮水器后,其摆臂的停留位置应在前挡玻璃的下沿。

6）检查喇叭

如图 3-7 所示,在方向盘转动一周的同时按喇叭垫,确保其发声来检查喇叭,检查喇叭的音量和音调是否稳定。

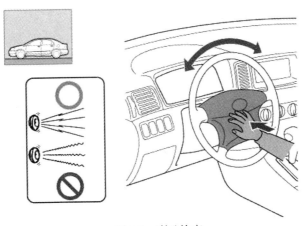

图 3-7 喇叭检查

7）检查驻车制动杆

如图 3-8 所示,拉动驻车制动杆时,驻车制动杆行程在预定的槽数内（拉动时可以听到咔嗒声）。如果不符合标准,调整驻车杆的行程。在点火开关位于 ON 时,检查以确保当驻车制动杆操作时,在拉动驻车杆到达第一个槽口前,指示灯就已经发光。

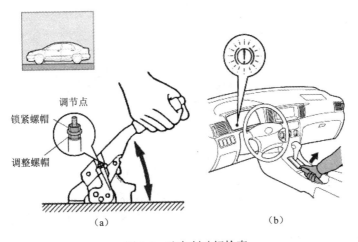

图 3-8 驻车制动杆检查

8）检查制动器踏板高度和制动踏板自由行程

在踩下制动器踏板的过程中应无异常噪声或过度松动的现象;制动器踏板应踩不到底,每次返回的高度无变化,如图 3-9（a）所示;使用一把直尺测量制动踏板高度,如图 3-9（b）所示,如果超出规定范围,调整踏板高度。注意:测量从地面到制动踏板上表面的距离。如果必须要从地毯表面开始测量,则从标准值中扣除地毯的厚度。

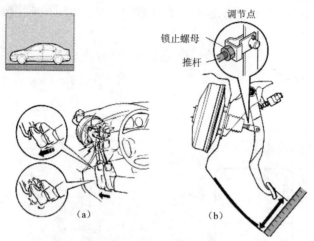

图 3-9 制动器踏板高度测量

当发动机停止后,踩下制动踏板几次,以便解除制动助力器。然后,使用手指轻轻按压制动踏板并且使用一把直尺测量制动踏板自由行程,如图 3-10(a)所示。注意:对于配备了液压制动助力器的车辆,至少要踩下制动踏板 40 次。

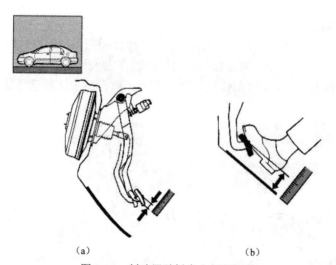

图 3-10 制动器踏板自由行程测量

踏板行程余量的测量方法是:发动机运转和驻车制动器松开时,使用 490N 的力踩下制动踏板,然后使用一把标尺测量踏板高度(即行程余量),以便检查其是否处于规定的范围内,如图 3-10(b)所示。

9)**制动助力器检查**

不启动发动机时,用力踩住制动踏板,然后启动发动机,制动踏板应持续下沉,发动机运行一两分钟后,用力踩住制动踏板,关闭发动机,保持踩住 30s,30s 内制动踏板应无上抬现象,说明真空助力器中真空压力无泄漏;然后松开制动踏板,再踩几次应越踩越高,最后高度无变化,说明制动助力器气密性良好。

10）检查转向盘和测量转向盘自由行程

如图 3-11 所示，在配备动力转向系统的车辆上，起动发动机，使车辆笔直向前。轻轻移动方向盘在车轮就要开始转动时，使用一把直尺测量方向盘的移动量（单方向自由行程），丰田花冠轿车单方向自由行程最大值 30mm，总自由行程最大 60mm，该项检查必须双人配合。然后用两手握住方向盘，轴向地、垂直地或者向两侧移动方向盘，移动方向盘，确保其没有松动或者摆动。

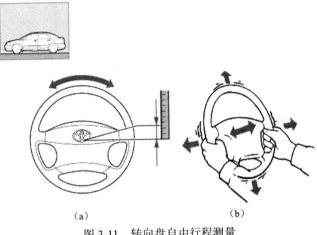

(a)　　　　　　　　(b)

图 3-11　转向盘自由行程测量

任务二　车外部检查

1. 训练内容

（1）丰田车在顶起位置 1（图 3-24）的车外部检查工作；
（2）完成并填写学习工作单的相关项目；
（3）学习汽车二级维护的相关知识。

2. 训练目标

（1）掌握车辆在顶起位置 1 的车外部检查内容；
（2）熟悉丰田花冠轿车车外部检查的方法。

3. 训练设备

丰田花冠轿车及维修手册、常用工具、车辆保护套、车轮挡块和举升器。

4. 训练步骤

1）外部检查准备

如图 3-12 所示，打开行李厢门、发动机舱盖和油箱盖、将顶灯开关转动至"门"、将换挡杆设置为空挡、释放驻车制动杆以便外部检查能够顺利进行。

2）顶灯检查

如图 3-13 所示，检查当打开一扇车门时顶灯变亮，而所有车门关闭时顶灯熄灭则正常。

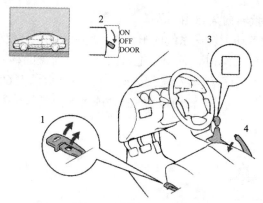

图 3-12 外部检查准备工作

1—行李厢和油盖开关；2—顶灯开关；3—换挡杆；4—驻车制动杆。

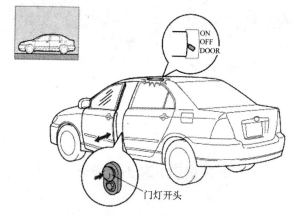

图 3-13 顶灯检查

3）螺栓和螺母的紧固检查

如图 3-14 所示，按左前、左后、行李厢、右后、右前，前部的顺序检查座椅安全带的螺栓和螺母是否松动，检查座椅的螺栓和螺母是否松动，检查车门的螺栓和螺母是否松动，检查行李厢门的螺栓和螺母是否松动以及检查发动机舱盖的螺栓和螺母是否松动。

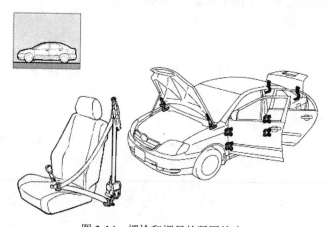

图 3-14 螺栓和螺母的紧固检查

4）油箱盖检查

如图 3-15 所示，通过检查确保油箱盖或者垫片都没有变形或者损坏，同时检查真空阀是否锈蚀或者粘住；通过检查确保油箱盖能够被正确上紧，进一步上紧油箱盖，确保油箱盖发出咔嗒声而且能够自由转动。

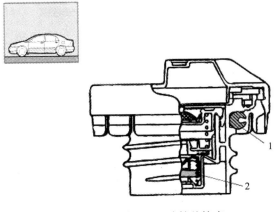

图 3-15 油箱盖检查

1—垫片；2—真空阀。

5）悬架检查

如图 3-16 所示，通过上下摇动车身确定减振器的缓冲力大小，并且检查车身停止摇动需要花多长时间；目测检查车辆是否倾斜，如果有倾斜，则要检查轮胎气压、左右轮胎或车轮尺寸的偏差、不均匀的车辆负荷分配。

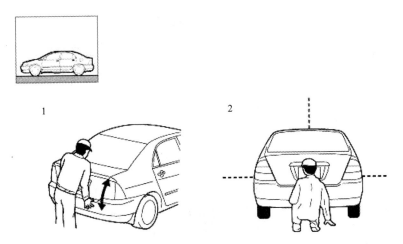

图 3-16 悬架检查

1—减振器减振力；2—车辆倾斜。

6）车灯安装检查

如图 3-17 所示，用手检查车灯安装是否松动；通过检查确保各灯的灯罩和反光镜没有褪色或者因为碰撞而损坏。同时，检查灯内是否有污物或者有水进入。

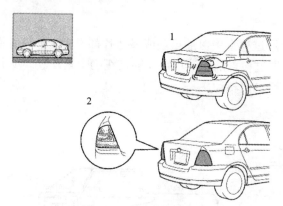

图 3-17 车灯安装检查

1—用手轻推检查车灯安装；2—目测检查车灯的污物/损坏情况。

7）备胎检查

打开汽车行李厢盖，取出备胎，放置于轮胎架上；检查胎面胎壁有无裂纹、割伤或其他损坏（图 3-19）；用深度规测量胎面沟槽深度（图 3-18）；用气压表测量备胎压力（图 3-19）；检查是否漏气和检查轮辋是否损坏或腐蚀（图 3-19）。

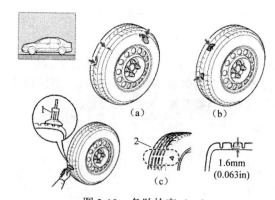

图 3-18 备胎检查（一）

1—轮胎深度规；2—胎面磨损指示标记。

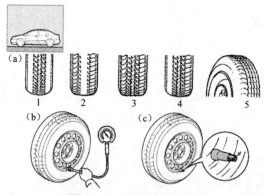

图 3-19 备胎检查（二）

1—双肩磨损；2—中间磨损；3—薄边磨损；4—单肩磨损；5—跟部磨损。

三、相关知识

（一）汽车维护与保养的意义

汽车由大量的零部件构成，这些零部件由于车辆的使用时间和使用条件，受到磨损、老化或腐蚀而降低性能，因此在行驶一定的里程和时间后，需要根据汽车维护技术标准，按规定的工艺流程、作业范围、作业项目和技术要求对它的进行预防性作业，这一过程称为汽车维护或保养。其目的就是保持车辆技术状况良好，确保行车安全，充分发挥汽车的使用效能并降低运行消耗，以取得良好的经济效益、社会效益和环境效益。

通过实施定期保养，可使汽车达到如图 3-20 所示效果，确保顾客的满意和放心，并可实现：

（1）今后可能发生的许多较大的故障都能得以避免；
（2）可使车辆保持在符合法律规定的状态中；
（3）可延长车辆使用寿命；
（4）顾客可享受既经济又安全的驾车体验。

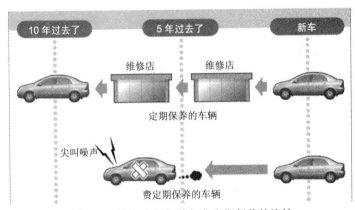

图 3-20　汽车定期保养与非定期保养的比较

（二）我国的汽车维护制度

国家标准 GB/T18344—2001《汽车维护、检测、诊断技术规范》（以下简称《技术规范》），该标准于 2001 年 3 月 26 日获国家质量技术监督局批准，并自 2001 年 12 月 1 日起颁布实施。这是我国迄今为止汽车维护制度的最新标准。

在国家标准 GB/T 18344—2001《技术规范》中明确提出了"**定期检测、强制维护、视情修理**"作为实施汽车维护制度的原则。

1. 定期检测

定期检测是利用现代化的技术手段，应用现代化的汽车检测诊断设备，定期对汽车进行检查测试，以正确判断汽车的技术状况。

"定期检测"的贯彻与实施是由道路运政管理机构和汽车维修企业两个方面共同完成的。一是道路运政管理机构对所有从事运输的汽车按其类型、新旧程度、使用条件和强度等情况制订具体的定期检测制度，使各种车辆在行驶一定里程或时间后，按时进行综合性能检测。二是定期检测要求汽车维修企业结合汽车的维护周期进行，以此来确定附加作业项目，掌握汽车技术状况的变化规律，同时通过对汽车的检测诊断和技术鉴定，确定汽车需要修理的内容。

2. 强制维护

强制维护是在定期维护的基础上进行状态检测的维护制度。之所以将过去的"定期维护"改为现在的"强制维护"，就是为了进一步强调维护的重要性，以防止忽视及时维护，造成汽车技术状况急剧变化的现象出现。强制维护是在计划预防维护的前提下所执行的维护制度，是**指汽车维护工作必须遵照交通运输管理部门或汽车使用说明书规定的行驶里程或时间间隔，按期进行，不得任意拖延，以体现强制性的维护原则。**

按照国家标准 GB/T 18344—2001《技术规范》的规定：汽车的维护保养可分为日常维护、一级维护、二级维护、走合期维护和季节性维护。

日常维护是日常性作业，由驾驶员负责执行，其作业中心内容是清洁、补给和安全检视。日常维护是驾驶员保持车辆正常工作状况的经常性工作。

一级维护由专业维修工负责执行。其作业中心内容除日常维护作业外，以清洁、润滑、紧固为主，并检查制动、操纵等安全部件。也就是，要求车辆经过较长里程运行后，特别要注意对车辆的安全部件进行检视维护。

二级维护由专业维修工负责执行。其作业中心内容除一级维护作业外，以检查、调整为主，包括拆检轮胎，进行轮胎换位。这是因为车辆在经过更长里程运行后，必须对车况进行较全面的检查、调整，维护其使用性能，以保证车辆的安全性、动力性和经济性达到使用要求。车辆二级维护前，应进行检测诊断的技术评定，了解和掌握车辆技术状况以及磨损情况，据此确定附加作业或小修项目，一般结合二级维护一并进行。本书所讲解的丰田花冠轿车四万公里保养即为该车的二级维护作业。

汽车二级维护是汽车维护制度中规定的最高级别维护，也是最重要的维护，它将直接影响汽车在二级维护间隔期内能否正常运行。

走合期维护是指新车或大修后的车辆，在开始投入运行的最初阶段所进行的维护作业。此时汽车正处于磨合状态，还不能满足全负荷运行的需要，因此在走合期内为了减少磨损，延长机件的使用寿命，必须做到：减轻载质量、限制行车速度、选择优质燃料和润滑材料以及正确驾驶等。

每年4月至5月和10月至11月汽车进入夏、冬季运行时，应进行季节性维护，例如进入夏季前及时更换空调滤芯、检查空调制冷剂的含量，进入冬季前要添加冷却液，做好相关部件的保温工作等，一般结合二级维护一起进行。

3. 视情修理

"视情修理"是随着汽车检测与诊断技术的发展和维修市场的变化而提出的。过去的"计划修理"经常会出现修理不及时或提前修理的情况，其结果不是造成车辆技术状况恶化，就是造成浪费。

"视情修理"必须经过检测诊断和技术鉴定，而不能只凭车辆所有者或者使用者的意见来随便确定修理时间和项目。为实现"视情修理"，运输单位必须积极创造车辆检测诊断和技术鉴定的条件,尤其大、中型运输单位应积极配备检测诊断设备和有经验的技术人员,不具备上述条件的小型运输单位和个体运输户,可由其主管部门或交通运输管理部门委托有条件的单位进行检测诊断和技术鉴定。同时,交通运输管理部门应创造便利条件,对运输车辆进行定期检测。"视情修理"的实质是:

(1) 由原来以行驶里程为基础确定车辆修理方式,改变为以车辆实际技术状况为基础的修理方式。

(2) 车辆修理的作业范围是通过检测诊断后确定的,检测诊断技术是实现视情修理的重要保证。

(3) 视情修理体现了技术与经济相结合的原则。

(三)维护与保养的周期

1. 保养周期根据行车距离和前次维修后至今的时间来决定

例如,如果某个具体零件的维修计划规定为 40000km 或 24 个月,则这些条件中满足任一条件时,就是维保养满期日。图 3-21 中 1 为上次维修后,已行车 40000km,耗时 12 个月,则要维护保养;2 为上次维修后,已行车 5000km,耗时 24 个月也要维护保养。

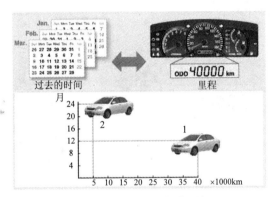

图 3-21 汽车定期保养周期

2. 如果车辆在下面任何条件下使用,都需要频繁的保养

(1) 在不平或特别泥泞的路、雪融化了的路、灰尘特别大的路上行驶;

(2) 车辆用于拖车,或拉着野营挂车或车顶有货物架;

(3) 车辆重复的用于 8km 短途行车,或在室外气温低于零度以下使用;

(4) 车辆用于警车、出租车或挨家挨户跑的送货车,这些车辆长时间或长距离的低速运行;

(5) 车辆高速行驶超过 2h(车辆最大速度的 80%)。

3. 车辆维护周期的法律规定

车辆维护必须遵照交通运输管理部门规定的行驶里程或间隔时间,按期强制执行。由于我国幅员辽阔,各地区的运行条件差异较大,所以各级维护周期(行驶里程或间隔时间)难以统一。各省、自治区、直辖市交通厅(局)可按车型结合本地区具体情况提出统一的维护周期,并制定车辆维护技术规范,以保证车辆维护质量。各级维护作业项目和周期的规定,必须根据车辆结构性能、使用条件、故障规律、配件质量及经济效果等情况综合考虑。各级交通运输管理部门一经确定某种车型的维护项目和周期后,不要任意改动。随着运行条件的变化,新工艺、新技术的采用,维护项目和周期经论证和交通运输管理部门同意后,可及时进行调整。

运输单位和个人的运输车辆,应在交通运输管理部门认定的维修企业进行维护,建立维护合作关系,确保车辆按期维护。维修企业必须认真进行维护作业,确保维护质量。车辆维护后,应将车辆维护的级别、项目等填入车辆技术档案,并签发合格证。

(四) 维护与保养的基本维修操作

1. 概述

维护与保养时,技术员(即车辆维护人员)主要检查保证车辆安全运行所必须的功能。检查按图3-22所示内容进行。

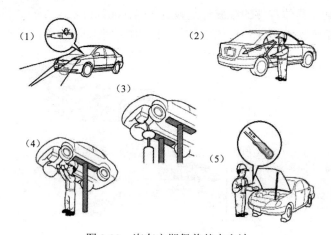

图3-22 汽车定期保养基本方法

(1) 工作检查:灯,发动机,刮水器,转向机构等;

(2) 目视检查:轮胎,外观等;

(3) 定期更换零件:发动机机油,发动机机油滤清器等;

(4) 紧固检查:悬架,排气管等;

(5) 机油和液位检查:发动机机油,动力转向液,防冻冷却液,制动液等。注意:必须选用合适的运行材料,并及时正确地添加或更换各种油液。

2. 工作效率

为有效地进行工作,我们可以通过缩短行程距离,减少走动次数,减少不合理的工作地点,减少吊升操作的次数,限制空闲时间来做到,如图3-23所示。

(1) 将尽可能多的工作集中在同一地点,并一次做完。

(2) 车辆周围的运动路线应该始于驾驶员的座位,终于技术员围绕车辆工作一次的结束地点。

(3) 工具、仪器和更换部件应该提前准备好并置于易于拿取的地方。

(4) 站式的姿式是操作的基础,所以要努力尽可能地减少蹲式或弯腰。

项目三　汽车保养作业中基本功能检查

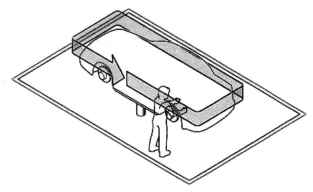

图 3-23　汽车定期保养的工作路线

（5）限制空闲时间，把事情组合起来做，如油的排放和发动机加热。

（6）通过提高工作时的位置和集中工作来把工作项目分类，这样在相同位置做的所有工作可以同时进行。

3. 顶升位置及路径

图 3-24 是丰田车在各个顶起位置上工作活动路线图。作为一条规律，这里概述的 9 个顶起位置已可使技术员完成其全部操作，所以通过减少抬升操作的次数来完成高效的检查工作。

（1）顶起位置 1（举升器未升起）；

（2）顶起位置 2（举升器升至低位）；

（3）顶起位置 3（举升器升至高位）；

（4）顶起位置 4（举升器降至中位）；

（5）顶起位置 5（举升器降至低位）；

（6）顶起位置 6（举升器升至中位）；

（7）顶起位置 7（举升器降至低位，轮胎触及地面）；

（8）顶起位置 8（举升器升至高位）；

（9）顶起位置 9（举升器未升起）。

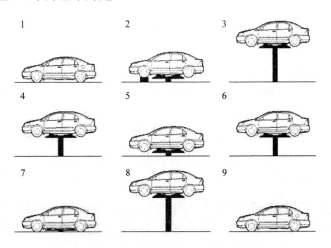

图 3-24　汽车定期保养作业中的顶起位置

（五）5S 的含义

5S 的理念是丰田公司首先提出的，其含义如图 3-25 所示，它是确保车间环境，实现轻松、快捷和可靠（安全）工作的关键点。如何确保汽车维修的质量，前提就是要保持工作场地整洁、有序。

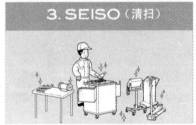

图 3-25　5S 的含义

1. SEIRI（整理）

整理过程将确定某种项目是否需要，不需要的项目应立即丢弃以便有效利用空间。在工作中按照必要性，组织和利用所有的资源，不管它们是工具、零件或信息。在工作场地指定一处地方来放置所有不必要的物品。收集工作场地中不必要的东西，然后丢弃。小心存放物品很重要，同样，丢弃不必要的物品也很重要。

2. SEITON（整顿）

这是一个整理工具和零件的过程，目的是为了方便使用。在工作中将很少使用的物品放在单独的地方。将偶而使用的物品放在工作场地，将常用的物品放在身边。

3. SEISO（清扫）

这是一个使工作场地内所有物品保持干净的过程。永远使设备处于完全正常的状态，以便随时可以使用。一个肮脏的工作环境是你缺少自信的反映。要养成保持工作场地清洁的好习惯。

4. SEIKETSU（清洁）

这是一个努力保持整理、整顿和清扫状态的过程，目的是防止任何可能问题的发生。这也是一个通过对各种物品进行分类，清除不必要的物品使工作场所保持干净的过程。任何事情都是有助于使工作环境保持清洁的因素：如颜色、形状，以及各种物品的布局、照明、通风、陈列架以及个人卫生。如果工作环境变得清新明亮，它能够给顾客带来良好的心情。

5. SHITSUKE（自律）

自律是学习规章制度方面的培训。通过这个培训，员工会尊重他人、使他人感到舒心，但并非是刻意地，这是形成企业文化的基础同时也是确保与社会协调一致的最起码要求。

（六）车辆的修理

汽车修理是消除故障及其隐患，恢复汽车的工作能力和良好技术状况的技术作业。

1. 汽车修理的原则

根据《汽车运输业车辆技术管理规定》，车辆修理应贯彻视情修理的原则，即根据车辆检测诊断和技术鉴定的结果，视情按不同作业范围和深度进行，既要防止拖延修理造成车况恶化，又要防止提前修理造成浪费。

"视情修理"是随着检测诊断技术的发展和维修市场的变化而提出来的。过去的"计划修理"，往往因计划不周或执行不彻底而造成修理不及时或提前修理的情况，其结果或者导致车况急剧恶化，或者造成不必要的浪费。"视情修理"必须经过检测诊断和技术鉴定，而不能只凭车辆所有者或者使用者的意见来随便确定修理时间和项目。为实现"视情修理"，运输单位必须积极创造车辆检测诊断和技术鉴定的条件，尤其大、中型运输单位应积极配备检测诊断设备和有经验的技术人员，不具备上述条件的小型运输单位和个体运输户，可由其主管部门或交通运输管理部门委托有条件的单位进行检测诊断和技术鉴定。同时，交通运输管理部门应创造便利条件，对运输车辆进行定期检测。"视情修理"的实质是：

（1）由原来以行驶里程为基础确定车辆修理方式，改变为以车辆实际技术状况为基础的修理方式。

（2）车辆修理的作业范围是通过检测诊断后确定的，检测诊断技术是实现视情修理的重要保证。

（3）视情修理体现了技术与经济相结合的原则。

2. 汽车修理的分类

车辆修理按作业范围可分为车辆大修、总成大修、车辆小修和零件修理。

（1）车辆大修是新车或经过大修后的车辆，在行驶一定里程（或时间）后，经过检测诊断和技术鉴定，用修理或更换车辆任何零部件的方法，恢复车辆的完好技术状况，完全或接近完全恢复车辆寿命的恢复性修理。

（2）总成大修是车辆的总成经过一定使用里程（或时间）后，用修理或更换总成任何零部件（包括基础件）的方法，恢复其完好技术状况和寿命的恢复性修理。

(3) 车辆小修是用修理或更换个别零件的方法，保证或恢复车辆工作能力的运行性修理，主要是消除车辆在运行过程或维护作业过程中发生或发现的故障或隐患。

(4) 零件修理是对因磨损、变形、损伤等而不能继续使用的零件进行修理。

运输单位和个人的运输车辆，应根据其修理作业的范围，送交通运输管理部门认定的维修企业进行修理。车辆修理必须根据国家和交通部发布的有关规定和修理技术标准进行，车辆维修企业应严格执行，以确保修理质量。交通运输管理部门应根据有关汽车修理的规定和技术标准，对车辆维修质量进行监督，以不断提高维修质量。

3. 汽车和总成大修送修标志

要确定车辆及其总成是否需要大修，必须掌握车辆和总成大修的大修标志。

(1) 汽车大修送修标志。客车以车厢为主，结合发动机总成；货车以发动机总成为主，结合车架总成或其他两个总成符合大修条件。

(2) 挂车大修送修标志。

① 挂车车架（包括转盘）和货厢符合大修条件。

② 定车牵引的半挂车和铰接式大客车，按照汽车大修的标志与牵引车同时进厂大修。

(3) 总成大修送修标志。

① 发动机总成。气缸磨损，圆柱度达到 0.175mm～0.250mm 或圆度已达到 0.050mm～0.063mm（以其中磨损量最大的一个气缸为准）；最大功率或气缸压力较标准降低 25%以上；燃料和润滑油消耗量显著增加。

② 车架总成。车架断裂、锈蚀、弯曲、扭曲变形逾限，大部分铆钉松动或铆钉孔磨损，必须拆卸其他总成后才能进行校正、修理或重铆方能修复。

③ 变速器（分动器）总成。壳体变形、破裂、轴承承孔磨损逾限，变速齿轮及轴恶性磨损、损坏，需要彻底修复。

④ 后桥（驱动桥、中桥）总成。桥壳破裂、变形，半轴套管承孔磨损逾限，减速器齿轮恶性磨损，需要校正或彻底修复。

⑤ 前桥总成。前轴裂纹、变形，主销承孔磨损逾限，需要校正或彻底修复。

⑥ 客车车身总成。车厢骨架断裂、锈蚀、变形严重，蒙皮破损面积较大，需要彻底修复。

⑦ 货车车身总成。驾驶室锈蚀、变形严重、破裂，或货厢纵、横梁腐朽，底板、栏板破损面积较大，需要彻底修复。

4. 车辆和总成送修及修竣出厂的有关规定

1) 车辆和总成的送修规定

(1) 车辆和总成送修时，承修单位与送修单位应签订合同，商定送修要求、修理车日和质量保证等。合同签订后必须严格执行。

(2) 车辆送修时，应具备行驶功能，装备齐全，不得拆换。

(3) 总成送修时，应在装合状态，附件、零件均不得拆换和短缺。

(4) 肇事车辆或因特殊原因不能行驶和短缺零部件的车辆，在签订合同时，应作出相应的规定和说明。

（5）车辆和总成送修时，应将车辆和总成的有关技术档案一并送承修单位。

2）修竣车辆和总成的出厂规定

（1）送修车辆和总成修竣检验合格后，承修单位应签发出厂合格证，并将技术档案、修理技术资料和合格证移交送修单位。

（2）车辆或总成修竣出厂时，不论送修时的装备（附件）状况如何，均应按照有关规定配备齐全。发动机应安装限速装置。

（3）接车人员应根据合同规定，就车辆或总成的技术状况和装备情况等进行验收，如发现确有不符合竣工要求的情况时，承修单位应立即查明，及时处理。

（4）送修单位必须严格执行车辆走合期的规定，在保证期内因修理质量发生故障或提前损坏时，承修单位应优先安排，及时排除，免费修理。如发生纠纷，由维修管理部门组织技术分析，进行仲裁。

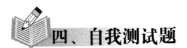

四、自我测试题

（一）判断题

1．检查车辆灯光需要两人配合，如果前部灯光正常，则无需检查后部灯光。（　　）
2．检查雨刮器之前要先在前挡玻璃上喷洒清洗液。（　　）
3．制动器踏板自由行程、踏板行程余量和踏板高度测量均在发动机未启动时检测。（　　）
4．车辆使用中液力传动油一般不会减少。（　　）
5．检查门控灯开关：当车门开时，车内顶灯关闭；当车门关时，车内顶灯亮。（　　）
6．为检查减振器的减振力，用举升器升起汽车。（　　）
7．轮胎换位是为了平衡胎压。（　　）
8．为检查灯的安装质量，用手晃灯，然后检查它们是否安装松动。（　　）
9．站式的姿势是操作的基础，所以要努力尽可能减少蹲式或弯腰。（　　）
10．实施定期保养，可使车辆保持在符合法律规定的状态中，并可延长车辆使用寿命，使顾客享受既经济又安全的驾车体验。（　　）

（二）单项选择题

1．关于车辆实施定期保养，下列说法错误的是（　　）
　　A．今后可能发生的许多较大的故障都能得以避免。
　　B．可使车辆保持在符合法规规章的状态中。
　　C．可延长车辆使用寿命。
　　D．可能会增加顾客的经济负担。
2．4S店售后服务中有哪几项评价指标是最重要的（　　）
　　A．维修质量、服务态度、地理位置、公司性质
　　B．维修质量、维修价格、地理位置、公司性质

C．维修质量、服务态度、维修价格、时效性

D．维修质量、服务态度、维修价格、地理位置

3．以下说法代表了 5S 概念的是（　　　）

　A．SEIRI（整理）就是把需要的工具和部件与不需要的分开，并把那些不需要的存放在工作车间内不影响工作的地方

　B．SEITON（整顿）就是弃置不需要的工具和部件

　C．SEISO（清扫）就是使工作车间内的所有东西保持在干净状态，这样它们在任何时候都能保持功能正常

　D．SHITSUKE（自律）是经过培训，让员工遵守企业的规章

4．关于检查/更换时间表的说法的正确是（　　　）

　A．汽车部件的检查和更换取决于时间，而与型号和使用状况无关。

　B．部件随行驶的距离而老化，所以汽车的所有的部件更换取决于行驶距离。

　C．对于靠观察能够判断老化的部件没有固定的检查/更换时间表。

　D．检查/更换时间表是根据型号和使用状况来设定的，所以按规定的行驶距离或时间来检查/更换是必要的。

5．关于定期保养工作下列说法错误的是（　　　）

　A．将尽可能多的工作分散在不同的地点，并一次做完。

　B．工具，仪器和更换部件应置于方便拿取的地方，并提前准备好。

　C．站式的姿式是操作的基础，所以要努力尽可能地减少蹲式或弯腰。

　D．限制空闲时间，把事情组合起来做，如油的排放和发动机加热。

6．关于维护保养基本维修操作的构成说法正确的是（　　　）

　A．工作检查、目视检查、定期更换零件、紧固检查、机油和液位检查

　B．工作检查、目视检查、定期更换零件、紧固检查

　C．工作检查、定期更换零件、紧固检查、机油和液位检查

　D．工作检查、目视检查、定期更换零件、机油和液位检查

7．关于轮胎的异常磨损下列说法正确的是（　　　）

　A．轮胎中间磨损，因为气压太低。

　B．轮胎边缘两侧出现磨损，因为气压太高。

　C．轮胎出现羽边磨损，因为外倾角不对。

　D．轮胎的胎趾与胎踵磨损，因为质量不好。

8．关于子午线轮胎，下列说法错误的是（　　　）

　A．子午线轮胎承载能力大。

　B．子午线轮胎寿命长。

　C．子午线轮胎滚动阻力小。

　D．子午线轮胎结构简单，维修方便。

9．关于车辆的修理下列说法错误的是（　　　）

　A．汽车修理是消除故障及其隐患，恢复汽车的工作能力和良好技术状况的技术作业。

B．车辆修理应贯彻视情修理的原则。

C．车辆修理按作业范围可分为车辆大修、总成大修、车辆小修和零件修理。

D．零件修理是用修理或更换个别零件的方法，保证或恢复车辆工作能力的运行性修理。

10．关于汽车大修送修标志下列说法错误的是（　　）

A．客车以车厢为主，结合发动机总成。

B．货车以发动机总成为主，结合车厢总成。

C．挂车大修送修标志是挂车车架（包括转盘）和货厢符合大修条件。

D．货车以发动机总成为主，结合车架总成。

（三）简答题

1．二级维护的含义和基本要求？

2．5S 的含义？

3．制动踏板自由行程与行程余量的测量方法是什么？

4．转向盘自由行程的检测方法是什么？

5．真空助力器的检查方法是什么？

项目四 底盘维护

一、项目描述

通过发动机机油排放以及对传动皮带、驱动轴护套、转向连接机构、制动管路、燃油管路、排气管、悬架、车辆底部螺栓和螺母的检查，使学生达到以下要求：

1. 知识要求

（1）掌握工具、量具的分类与用途；
（2）掌握常用工具的使用方法；
（3）掌握悬架的构成与分类；
（4）掌握转向系的结构与组成。

2. 技能要求

（1）能识别各种工具与量具；
（2）能使用成套套筒扳手、梅花扳手、开口扳手和扭力扳手等工具；
（3）能检查传动皮带、驱动轴护套、悬架和转向连接机构；
（4）能检查制动管路、燃油管路和排气管及安装件；
（5）能排放发动机机油、安装机油滤清器及排放塞；
（6）能按规定力矩紧固车辆底部螺栓和螺母。

3. 素质要求

（1）掌握5S理念；
（2）重视劳动保护与安全操作；
（3）注意环境保护；
（4）培养团队协作精神。

二、项目实施

任务一 工具的选择与使用

1. 训练内容

（1）识别常用工具与量具；

（2）练习紧固轮胎螺栓；

（3）练习举升器的使用。

2. 训练目标

（1）能选出合适的工具；

（2）掌握各种常用工具的使用方法；

（3）掌握举升器的使用方法。

3. 训练设备

丰田花冠轿车及维修手册、常用工具、接油器、高压气源、举升器。

4. 训练步骤

1）识别工具与量具

如图4-1所示，将工具车上的常用工具展示出，识别成套套筒扳手、梅花扳手、开口扳手、扭矩扳手、风动扳手、滑动手柄、旋转手柄、套筒接合器、万向节、加长杆、轮胎深度规、火花塞间隔规、皮带张紧计、比重计、塞尺、起子、锤子、游标卡尺、千分尺、百分表、卡规、躺车等。

图4-1 常用维修工具

2）紧固轮胎螺栓

如图4-2所示，用扭矩扳手紧固4个车轮的轮胎螺栓，拧紧力矩为103N·m。选择合适的套筒和加长杆、按照对角线的顺序、以正确的姿势紧固轮胎螺栓。

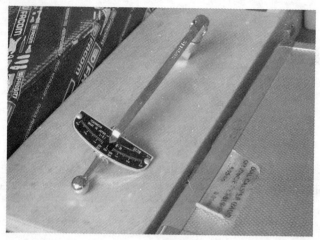

图 4-2 扭矩扳手

3）举升器的使用

如图 4-3 所示，按照规范的流程（详见相关知识）操练举升器的使用。

图 4-3 剪式举升器

任务二 底盘检查

1. 训练内容

（1）丰田车在顶起位置 3 的检查工作；

（2）完成并填写学习工作单的相关项目；

（3）学习汽车底盘构成的相关知识。

2. 训练目标

（1）掌握车辆在顶起位置 3 的工作内容；

（2）掌握底盘检查的正确方法。

3. 训练设备

丰田花冠轿车及维修手册、常用工具、工作灯、举升器。

4. 训练步骤

1）举升车辆至顶起位置 3

如图 4-4 所示，将车辆举升至位置 3。

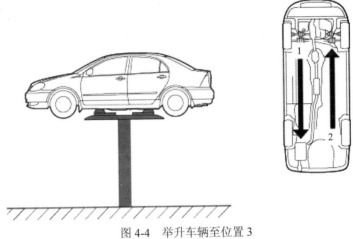

图 4-4　举升车辆至位置 3

2）发动机机油排放

如图 4-5 所示，在排放机油之前首先检查发动机各种区域的接触面、油封和排放塞处是否有漏油现象。准备好接油工具，然后再拆卸排放塞和垫片，排放发动机机油。

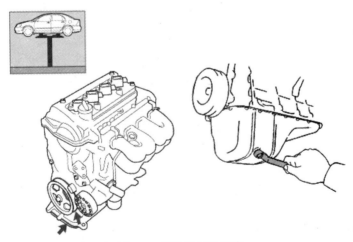

图 4-5　发动机机油排放

3）手动变速器液检查

如图 4-6 所示，检查变速器的壳体接触面、轴和拉索伸出的区域、油封和排放塞和加注塞处是否有漏油迹象。检查油位时，需从变速器上拆卸油加注塞，将手指插入塞孔，检查油与手指接触的位置。

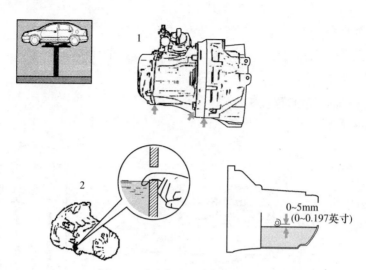

图 4-6 手动变速器液检查

1—接触面检查；2—油位检查。

4）自动变速器液检查

如图 4-7 所示，确保自动变速器各个部分均无液体渗漏现象，需要检查壳体的各接触面、轴和拉索伸出的区域、油封、排放塞和加注塞以及管道和软管接头处是否有漏油迹象。还要检查油冷却软管是否有裂纹、隆起或者损坏。

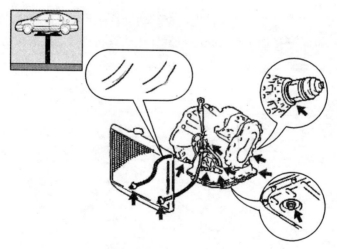

图 4-7 自动变速器液检查

5）驱动轴护套检查

如图 4-8 所示，在检查驱动轴护套时用手动转动轮胎以便它们被完全转向一侧，然后检查驱动轴护套的整个外围是否有任何裂纹或者其他损坏。检查护套卡箍，确保其已经正确安装并且没有损坏。最后检查护套是否有任何油脂渗漏现象。

6）转向连接机构检查

如图 4-9 所示，在检查转向连接机构时用手摇晃转向连接机构检查是否松动或者摆动；

检查转向连接机构是否弯曲或者损坏；检查转向横拉杆球头销防尘罩是否有裂纹或者破损。

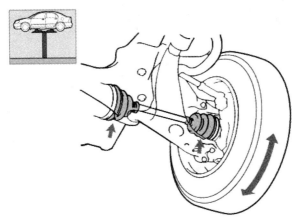

图 4-8　驱动轴护套检查

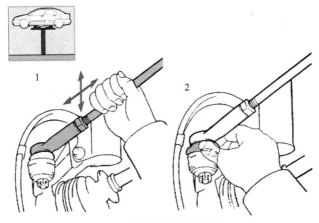

图 4-9　转向连接机构检查

7）转向器总成检查

如图 4-10 所示，检查转向器总成是否有润滑脂或者机油渗漏（或者浸润）。如果是齿轮齿条式转向器，转动轮胎以便方向盘向左和向右转，同时检查齿条护套是否有裂纹或者破损。

8）动力转向液检查

如图 4-11 中箭头所示，检查转向器总成、叶轮泵、管路和连接点处是否有液体渗漏，并检查软管是否有裂纹或其他损坏。

9）制动管路检查

如图 4-12 中箭头所示，首先检查制动管路连接部分是否有液体渗漏；然后检查制动管路是否有凹痕或者其他损坏以及制动管路软管是否扭曲、磨损、开裂、隆起等，注意如果底盘保护盖上有飞石的痕迹则制动管路可能有相同的损坏；最后检查制动管道和软管的安装情况，确保车辆运动时，或者方向盘完全转动到任何一侧时，不会因为振动而与车轮或者车身接触。

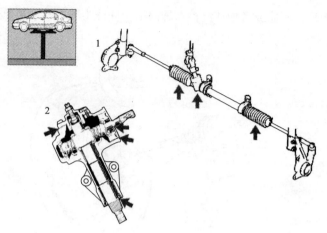

图 4-10 转向器检查

1—齿轮齿条式转向器；2—循环球式转向器。

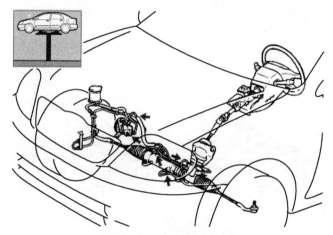

图 4-11 动力转向液检查

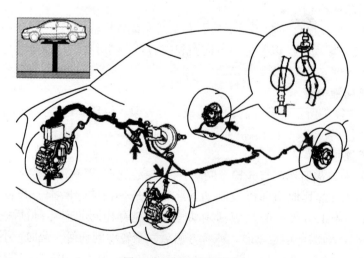

图 4-12 制动管路检查

10）燃油管路检查

如图 4-13 所示，检查燃油管路是否有液体渗漏和损坏，注意如果底盘保护盖上有飞石的痕迹则燃油管路可能有一定程度的损坏。

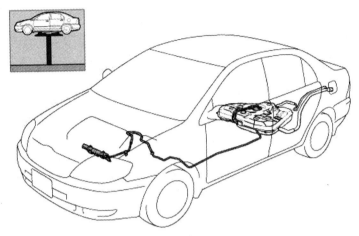

图 4-13　燃油管路检查

11）排气管及安装件检查

如图 4-14 所示，依次检查排气管是否损坏、消声器是否损坏、排气管支架上的 O 形圈是否损坏或者脱离、垫片是否损坏。通过观察接头周围是否存在任何炭黑，检查排气管连接部分是否泄漏废气。

注：检查排气管必须带手套，避免烫伤。

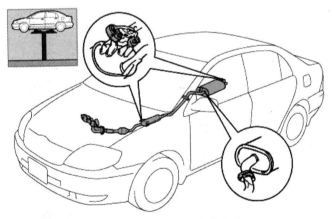

图 4-14　排气管及安装件检查

12）螺栓和螺母的检查

检查图 4-15～图 4-17 中底盘连接螺栓和螺母是否松动。图 4-15 中螺栓和螺母的含义如下：

1—中间梁 x 车身（x 表示连接）；2—下臂 x 横梁；3—球节 x 下臂；4—横梁 x 车身；5—下臂 x 横梁；6—中间梁 x 横梁。

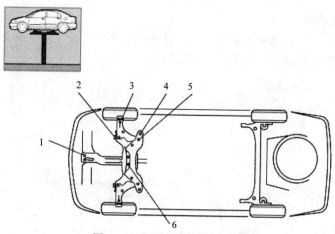

图 4-15 车辆底部螺栓和螺母

图 4-16 中底盘连接螺栓和螺母的含义如下：

1—盘式制动器扭矩板 x 转向节；2—球节 x 转向节；3—减振器 x 转向节；4—稳定杆连接杆 x 减振器；5—稳定杆 x 稳定杆连接杆；6—转向机外壳 x 横梁；7—稳定杆 x 车身；8—横拉杆端头锁止螺母；9—横拉杆端头 x 转向节；10—拖臂和桥梁 x 车身；11—拖臂和桥梁 x 后轮毂；12—制动分泵 x 背板；13—稳定杆 x 拖臂和桥梁；14—减振器 x 拖臂和桥梁；15—减振器 x 车身。

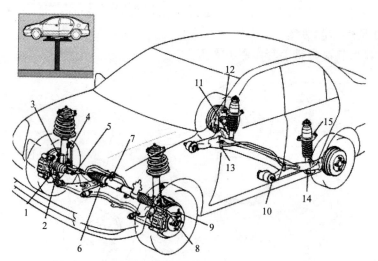

图 4-16 车辆底部螺栓和螺母（行驶系与转向系中）

图 4-17 中螺栓和螺母的含义如下：

1—排气管；2—燃油箱。

13）悬架的检查

如图 4-18 所示，检查悬架组件是否损坏。悬架组件包括转向节、减振器、螺旋弹簧、稳定杆、下臂、拖臂与横梁。

横向稳定杆（sway bar，anti-roll bar，stabilizer bar），又称防倾杆，是汽车悬架中的一种辅助弹性元件。它的作用是防止车身在转弯时发生过大的横向侧倾。横向稳定杆是用弹簧钢制成的扭杆弹簧，形状呈"U"形，横置在汽车的前端和后端。

如图 4-19 所示，检查减振器上是否有凹痕以及检查防尘罩上是否有裂纹、裂缝或者其他损坏；检查减振器有无油泄漏现象；通过用手摇晃悬架接头上的连接检查转向节球头销衬套是否磨损或者有裂纹，并且检查是否摆动，同时检查连接是否损坏。

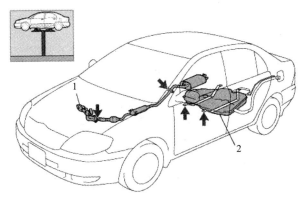

图 4-17　车辆底部螺栓和螺母（排气管和燃油箱处）

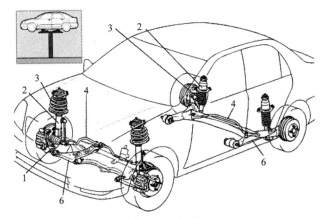

图 4-18　悬架构成

1—转向节；2—减振器；3—螺旋弹簧；4—横向稳定杆；5—下臂；6—拖臂与横梁。

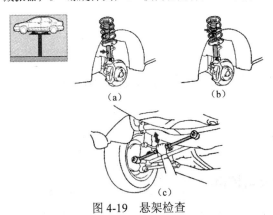

图 4-19　悬架检查

（a）减振器损坏检查；（b）减振器泄漏检查；（c）连接摆动检查。

14) 更换发动机机油滤清器

如图 4-20 所示,使用维修专用工具(机滤扳手)拆卸机油滤清器。首先检查和清洁机油滤清器安装表面,然后在新的机油滤清器垫片上涂清洁的发动机机油,轻缓地拧动机油滤清器使其就位,然后上紧直到垫片接触底座,最后使用专用维修工具再次上紧 3/4 圈。

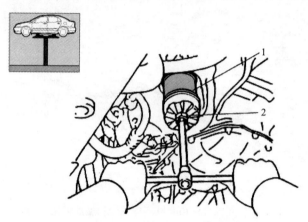

图 4-20 更换发动机机油滤清器

1—发动机机油滤清器;2—专用维修工具。

15) 更换发动机机油排放塞

如图 4-21 所示,机油排放完毕后,需要安装一个新的垫片。排放塞按标准扭矩 37N·m 拧紧。

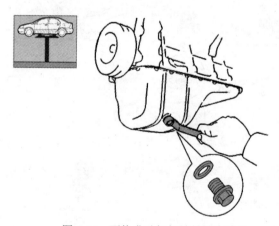

图 4-21 更换发动机机油排放塞垫片

三、相关知识

(一)举升器的分类与使用

1. 举升器类型

图 4-22 中(a)是摆臂型,使用中要注意:调整支架直到车辆保持水平为止,其次要始

终要锁住臂;(b)是4柱提升型,使用中要用到车轮挡块和安全机构;(c)是板条型举升机,使用中要注意将板提升附件位置对准车辆被支撑部位,切勿让板提升附件伸出板外。

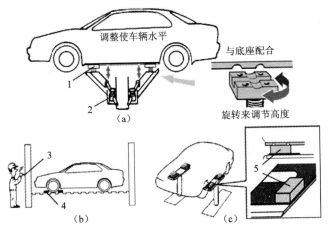

图 4-22 举升器的类型

另外还有一种是剪式举升器,如图 4-3 所示。该种举升器最大优点是不占用空间,用时展开,不用时可收缩平齐于地面,因此一般用于 4S 店售后服务的预检工位。

2. 举升器的规范操作

举升前应该:

(1)清除举升器附近妨碍作业的器具和杂物,并检查操纵手柄、安全保险装置、钢丝绳、储油缸等是否正常。

(2)将所有的行李从车上搬出。

(3)核实载荷,切勿提升超过举升器提升极限的车辆。

(4)正确停放车辆,以摆臂式举升器为例,首先将车辆重心置于举升器起吊中心,然后把摆臂固定到修理手册所标示的位置上,如图 4-23 中阴影部分所示。

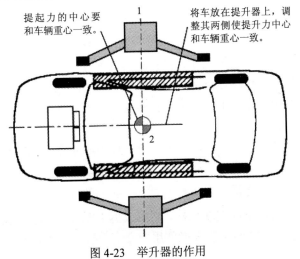

图 4-23 举升器的作用

1—起吊中心;2—车辆重心。

（5）待举升的车辆驶入后，将举升器支撑架块调整移动对正该车辆可承力部位。

举升时应该：

（1）举升器应由一人操作，在抬升和降下举升器前要先进行安全检查，并向其他人发出举升器即将启动的信号。

（2）举升时人员离开车辆。一旦轮胎稍离地，即要检查车辆支撑是否合适，确认无问题后继续举升。

（3）举升到所需高度时，必须插入保险销，确认安全可靠后才可开始车底作业，有人作业时严禁升降举升器。

（4）在提升车辆时切勿移动车辆，切勿打开车门。

（5）在拆除和更换大部件时要小心，因为汽车重心可能改变。

（6）如果在一段时间内未完成作业，则要把车放低一些。

3. 举升器的维护

（1）作业完毕后切断电源，清除杂物，打扫举升器周围场地，以保持清洁。

（2）定期（半年）排除举升器储油缸积水，并检查油量，按润滑面要求进行注油。

（3）对于摆臂式举升器要定期在滑块与立柱内表面互相摩擦的部位涂抹润滑脂。

（4）严格执行限载规定。发现举升器有异常现象时，应立即停止，派专职维修人员排除故障。

（二）工具的合理选择与正确使用

1. 基础知识

汽车修理要求使用各种工具和测量仪器，这些工具有特殊的使用方法，只有使用得当才能保证工作安全和准确。使用工具和测量仪器需牢记以下基本原则。

（1）了解其正确的用法和功能。学习每件工具和测量仪器的功能和正确用法。如果用于规定之外的用途，工具或测量仪器会损坏，而且零件也会损坏或者导致工作质量降低。

（2）了解其使用的正确方法。每件工具和测量仪器都有规定的操作程序。要确保在工作部件上正确使用工具，用在工具上的力要恰当，工作姿势也要正确。

（3）正确地选择工具。根据尺寸、位置和其他条件不同，有不同的工具可用于松开螺栓。要根据零件形状和工作场地选择适合的工具。

（4）力争保持安排有序。工具和测量仪器要放在容易拿到的位置，使用后要放回原来的正确位置。

（5）严格坚持工具的维护和管理。工具要在使用后立即清洗并在需要的位置涂油。如需要修理就要立即进行，这样工具就可以永远处于完好状态。

2. 根据工作的类型选择工具

如图 4-24 所示，为拆下和更换螺栓、螺母或拆下零件。汽车修理中使用成套套筒扳手比较普遍。如果由于工作空间限制不能使用成套套筒扳手，可按其顺序选用梅花扳手或开口扳手。

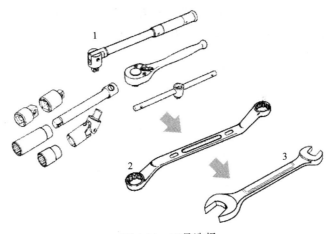

图 4-24 工具选择

1—套筒扳手；2—梅花扳手；3—开口扳手。

3. 根据工作进行的速度选择工具

套筒扳手的用处在于它能旋转螺栓、螺母而不需要重新调整。这就可以迅速转动螺栓、螺母。而且套筒扳手可以根据所装的手柄以各种方式工作，如图 4-25 所示，(a) 棘轮手柄，(b) 滑动手柄；(c) 旋转手柄。

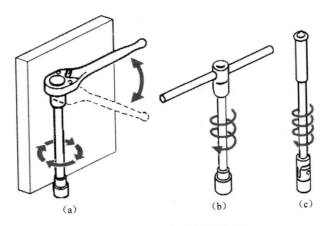

图 4-25 根据工作速度选择工具

注意：

(1) 棘轮手柄适合在狭窄空间中使用。然而，由于棘轮的结构，它不可能获得很高的扭矩。

(2) 滑动手柄要求较大的工作空间，但它能提供最快的工作速度。

(3) 旋转手柄在调整好手柄后可以迅速工作。但此手柄很长，很难在狭窄空间使用。

4. 根据旋转扭矩的大小选用工具

如果最后拧紧或开始拧松螺栓、螺母需要大扭矩，那么使用允许施加大扭矩的扳手。

如图 4-26 所示，但需注意：可以施加力的大小取决于扳手手柄的长度。手柄越长，用较小的力得到的扭矩越大。如果使用了超长手柄，就有扭矩过大的危险，螺栓有可能折断。

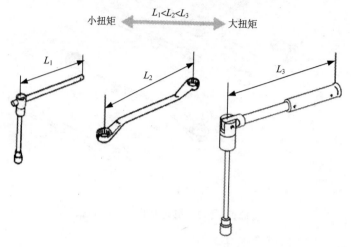

图 4-26　根据扭矩大小选择工具

5. 操作时的注意事项

（1）工具的大小和应用。如图 4-27 所示，确保工具的直径与螺栓、螺母的头部大小相配合适。要使工具与螺栓、螺母完全配合。（图中圆形标记表示操作正确，圆形标记中有一斜线表示操作错误，下同）

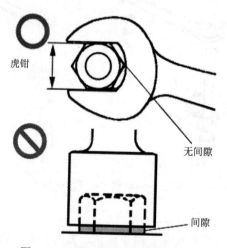

图 4-27　工具与螺栓/螺母的配合

（2）用力强度。使用工具时要始终转动工具，以便拉动它。**注意：尽可能拉动工具，如果由于空间限制无法拉动工具，则用手掌推它**，如图 4-28（a）所示。对已经拧得很紧的螺栓、螺母可以通过手施加冲击力轻松松开，但是不能使用锤子和管子（用来加长轴）来增加扭矩，如图 4-28（b）所示。最后的拧紧始终用扭力扳手来完成，以便将其拧紧到标准值，如图 4-28（c）所示。

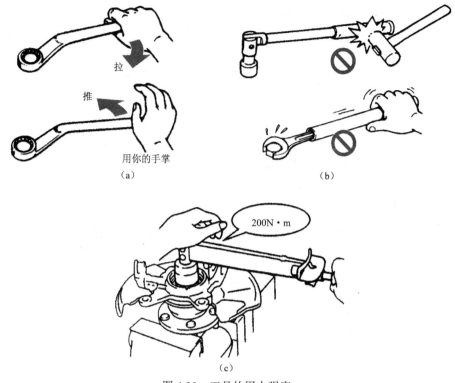

图 4-28 工具的用力强度

6. 套筒（成套套筒扳手）

如图 4-29 所示，成套套筒扳手这种工具根据工作状态装上不同手柄和套筒后可以很轻松地拆下并更换螺栓/螺母。这种工具利用一套套筒扳手夹持住螺栓、螺母，将其拆下或更换。

（1）套筒尺寸。有大和小两种尺寸。大的一种可以获得比小的一种更大的扭矩。

（2）套筒深度。有两种类型——标准的和深的，后者比标准的深 2 倍~3 倍。较深的套筒可用于螺栓突出的螺帽，而不适于用标准型套筒。

（3）钳口。有两种类型——双六角形和六角形的。六角部分与螺栓、螺母的表面有很大的接触面，这样就不容易损坏螺。

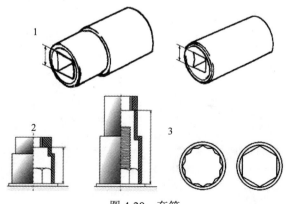

图 4-29 套筒

7. 套筒接合器（成套套筒扳手）

套筒接合器如图4-30所示，其作用是一个改变套筒方形套头尺寸的连接器。

💡 注意：超大力矩会将负载施加在套筒本身或小螺栓上。力矩要根据规定的拧紧极限施加。

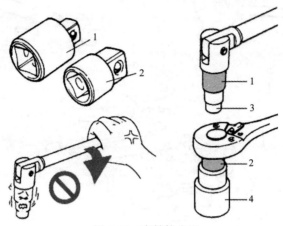

图4-30 套筒接合器

8. 万向节（成套套筒扳手）

万向节如图4-31所示。套筒的方形套头部分可以前后或左右移动，手柄和套筒扳手之间的角度可以自由变化，使其成为在有限空间内工作的有用工具。

💡 注意：① 不要使手柄倾斜较大角度来施加扭矩。
② 勿用于风动工具。球节由于不能吸收旋转摆动而脱开，并造成工具、零件或车辆损坏。

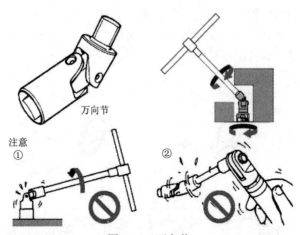

图4-31 万向节

9. 加长杆（成套套筒扳手）

加长杆如图4-32所示。其可用于拆下和更换装得太深不易接触的螺栓、螺母。也用于将工具抬离平面一定高度,便于使用,不伤到手。

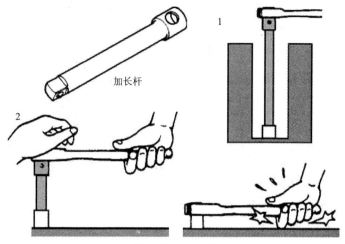

图 4-32　加长杆

10. 旋转手柄(成套套筒扳手)

如图 4-33 所示,旋转手柄用于拆下和更换要求用大力矩的螺栓、螺母。套筒扳手头部可做铰式移动,这样可以调整手柄的角度使与套筒扳手相配合。手柄也能滑动,允许改变手柄长度。

💡 注意:滑移手柄直到其碰到使用前的锁紧位置。如果不在锁紧位置上,手柄在工作时可以滑进滑出。这样会改变维修人员的工作姿势并造成人身伤害。

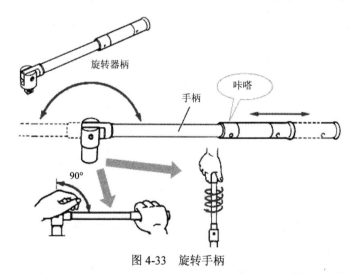

图 4-33　旋转手柄

11. 滑动手柄(成套套筒扳手)

如图 4-34 所示,滑动手柄通过滑动套筒的套头部分,将手柄变成 L 形,可以增加扭矩;将手柄变成 T 形可以增加速度。

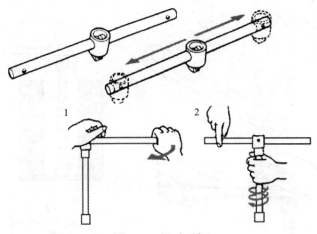

图 4-34 滑动手柄

12. 棘轮扳手

如图 4-35 所示,通过旋向调节机构,棘轮手柄顺时针转动可以拧紧螺栓、螺母,也可以松开它们。螺栓、螺帽可以不需要使用套筒扳手而单方向转动。套筒扳手可以以小的回转角锁住,可以在有限的空间中工作。

注意:不要施加过大扭矩,这可能损坏棘爪的结构。

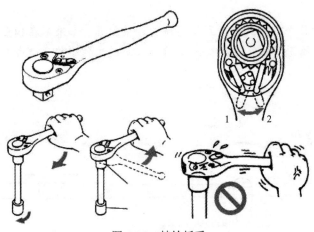

图 4-35 棘轮扳手

13. 梅花扳手

如图 4-36 所示,梅花扳手因其可以对螺栓、螺母施加大扭矩,因此用在补充拧紧和类似操作中。其特点如下:

(1)因为扳手钳口是双六角形的,可以容易地装配螺栓、螺母。这可以在一个有限空间内重新安装。

(2)由于螺栓、螺母的六角形表面被包住,因此没有损坏螺栓角的危险,并可施加大扭矩。

(3)由于轴是有角度的,因此可用于在凹进空间里或在平面上旋转螺栓、螺母。

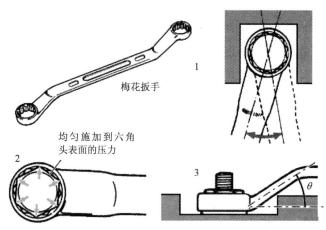

图 4-36 梅花扳手

14. 开口扳手

如图 4-37 所示,开口扳手用在不能用成套套筒扳手或梅花扳手拆除或更换螺栓、螺母的位置。其特点如下:

(1) 扳手钳口以一定角度与手柄相连。这意味着通过转动开口扳手,可在有限空间中进一步旋转。

(2) 为防止相对的零件也转动,在拧松一根燃油管时,用两个开口扳手去拧松一个螺母。

(3) 扳手不能提供较大扭矩,因此不能用于最终拧紧。

注意:不能在扳手手柄上接套管。这会造成超大扭矩,损坏螺栓或开口扳手。

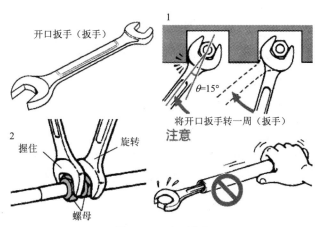

图 4-37 开口扳手

15. 可调扳手

如图 4-38 所示,可调扳手适用于尺寸不规则的螺栓、螺母或压紧 SST(专用维修工具)。旋转调节螺杆改变孔径。一个可调扳手可用来代替多个开口扳手,但不适于施加大扭矩。操作时要转动调节螺杆,使孔径与螺栓、螺母头部配合完好。

注意：不要使调节钳口在旋转方向上转动扳手。如果用这种方法转动扳手，压力将作用在调节螺杆上，使其损坏。

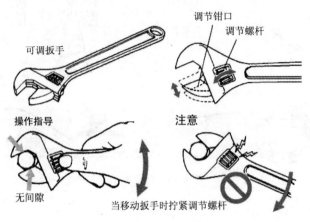

图 4-38 可调扳手

16. 火花塞扳手

如图 4-39 所示，火花塞扳手专用于拆卸及更换火花塞。有大小两种尺寸，要配合火花塞尺寸。扳手内装有一块磁铁，用以保持住火花塞不坠落。

注意：① 磁性可保护火花塞，但仍要小心不要使其坠落。

② 为确保火花塞正确地插入，首先要用手仔细地安装，然后用扭矩扳手紧固规定的转矩 18N·m～25N·m）。

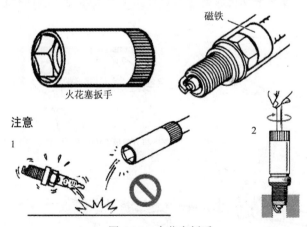

图 4-39 火花塞扳手

17. 扭矩扳手

如图 4-40 所示，扭矩扳手用以拧紧螺栓、螺母达到规定的转矩。分以下类型：

（1）预置型。通过旋转套筒可预设所要求的扭矩。当螺栓达到所设定扭矩拧紧时，会听到咔嗒声表明已达到规定的扭矩，如图中 1 所示。

（2）板簧式。如图中 2-（1）所示，此扭转矩扳手通过弯曲梁板，借助作用到旋转手柄上的力进行操作,此梁板由钢板弹簧制成。作用力可通过指针和刻度读出,以便取得规定的扭矩。2-(2)表示的是小扭矩扳手,其最大值约 0.98N·m,用于测量预负荷。

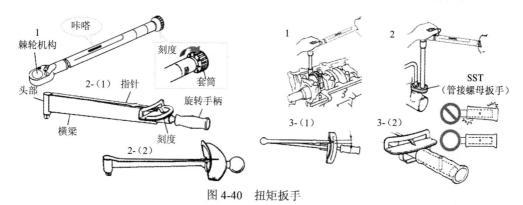

图 4-40 扭矩扳手

注意:

① 用其他扳手在扭矩扳手拧紧前预先拧紧,这样工作效率好。如果从一开始就用扭矩扳手拧紧,则工作效率较差。

② 如果拧紧几个螺栓,在每个螺栓上均匀施加扭力,重复2次或3次。

③ 如果专用维修工具与转矩扳手一起使用,则要按照修理手册中的说明计算扭矩。

④ 钢板弹簧型的注意事项:

a. 使用到扭矩扳手上刻度的 50%～70%量程,以便施加均匀的力。

b. 不要用力太大使手柄接触到杆。如果压力不是作用在销上,则不能获得精确的扭矩测量值。

18. 螺丝刀

如图 4-41 所示,螺丝刀用于拆卸和更换螺钉。分正负型号,取决于尖部的形状。操作时要使用尺寸合适的螺丝刀,与螺钉的槽大小合适。保持螺丝刀与螺钉尾端成直线,边用力边转动。

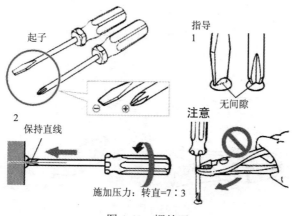

图 4-41 螺丝刀

> 注意：切勿用鲤鱼钳或其他工具过度施加扭矩。这可能刮削螺钉的凹槽或损坏螺丝刀尖头。

19. 尖嘴钳

如图 4-42 所示，尖嘴钳用在密封的空间里操作或夹紧小零件。钳子是长而细的，使其适于在密封空间里使用。包括一个朝向颈部的刀片，可以切割细导线或从电线上去掉绝缘层。

> 注意：切勿对钳子头部施加过大的压力，否则它们可能成 U 形打开，使其不能用以做精密工作。

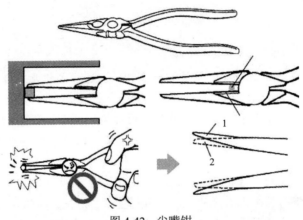

图 4-42　尖嘴钳

20. 鲤鱼钳

鲤鱼钳用以夹东西。如图 4-43 所示，可以通过调节钳口打开的程度来改变支点上孔的位置。除此之外也可用钳口夹紧或拉动，或在颈部切断细导线。

> 注意：在用钳子夹紧前，须用防护布或其他防护罩遮盖易损坏件。

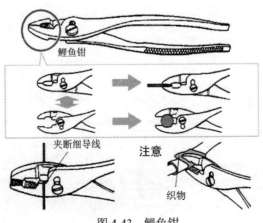

图 4-43　鲤鱼钳

21. 剪钳

如图 4-44 所示，剪钳用于切割细导线。由于刀片尖部为圆形，它可用来切割细线，或者只要选择所需的线从线束中切下。

💡 **注意**：不能用以切割硬的或粗的线，这样做会损坏刀片。

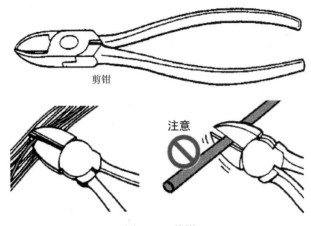

图 4-44　剪钳

22. 锤子

如图 4-45 所示，锤子可通过敲击来拆卸和更换零件，并且根据声音来测试螺栓的松紧度。有以下类型可供使用，它取决于应用或材料。

（1）球头销锤子。有铸铁头部。

（2）塑料锤。有塑料头部，用于必须避免撞坏物件的地方。

（3）检修用锤。用带有细长柄的小锤子，根据敲击时的声音和振动来测试螺栓、螺母的松紧度。图中 1 表示通过直接敲击打进去，如用以拆卸和更换销子；2 是通过直接敲击拆卸，如用以分开盖和壳体；3 是轻轻地敲击螺栓，如用以检查螺栓的松紧度。

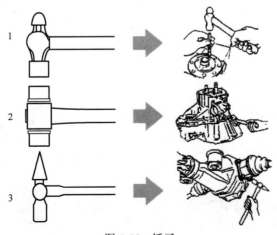

图 4-45　锤子

23. 风动工具

如图 4-46 所示，风动工具使用压缩空气，并用于拆卸和更换螺栓、螺帽。它们能使工作很快完成。

操作警告：

（1）永远在正确的气压下使用。（正确值：686kPa（7kg/cm^2））；

（2）定期检查风动工具，并用风动工具油润滑和防锈。

（3）如果用风动工具从螺丝上完全取下螺母，则旋转力可使螺母飞出。

（4）往往先用手将螺母对准螺栓。如果一开始就打开风动工具，则螺纹会被损坏。注意不要拧得过紧。使用较小的力拧紧。

（5）最后，使用扭矩扳手检查紧固扭矩。

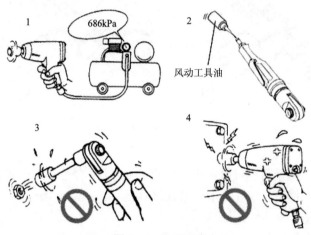

图 4-46　风动工具

24. 冲击式风动扳手

如图 4-47 所示，冲击式风动扳手用于要求较大扭矩的螺栓、螺母，扭矩可调到 4 级～6 级，旋转方向可以改变，与专用的套筒扳手结合使用。专用的套筒扳手经过专门加工，其特点是能防止零件从传动装置上飞出。切勿使用专用套筒扳手以外的其他套筒扳手。

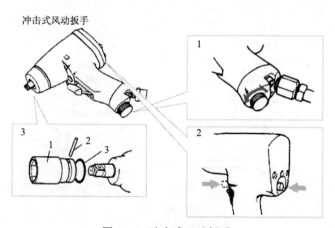

图 4-47　冲击式风动扳手

> 注意：操作冲击式风动扳手时不能戴手套，首先检查旋转方向是否正确（不能带套筒检查）。在操作时必须用两只手握住工具，因为按下按钮时释放大的扭矩，可能引起振动。扭矩调整按钮和旋转方向按钮的位置和形状因制造厂的不同而不同。

25．游标卡尺

游标卡尺是一种较精密的量具，能较精确地测量工件的长度、宽度、深度及内、外圆直径等尺寸。其常用的规格有 0~125mm、0~150mm、0~200mm、0~300mm、0~500mm 等多种。游标卡尺按精度可分为 0.1mm、0.05mm、0.02mm 三种。

1）游标卡尺的构造

游标卡尺由尺身、游标、外测量爪、刀口内测量爪、深度尺、紧固螺钉等组成，如图 4-48 所示。

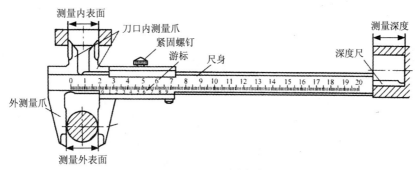

图 4-48 游标卡尺

内、外固定测量爪与尺身制成一体，而内、外径活动测量爪和深度尺与游标制成一体，并可在尺身上滑动。尺身上的刻度为每格 1mm，游标上的刻度每格不足 1mm。当内、外测量爪合拢时，尺身与游标上的零线应重合；在内、外测量爪分开时，尺身与游标上的刻线即相对错动。测量时，根据尺身与游标错动情况即可在尺身上读出整数毫米数，在游标上读出小数毫米数。为了使测好的尺寸不致变动，可拧紧坚固螺钉使游标不再滑动。

2）读数方法

以精度为 0.1mm 的游标卡尺为例，其刻线原理是：尺身 1 格=1mm，游标 1 格=0.9mm，共 10 格，尺身、游标每格之差=（1–0.9）mm=0.1mm，如图 4-49 所示。

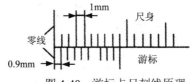

图 4-49 游标卡尺刻线原理

精度为 0.05mm 的游标卡尺，其尺身 1 格=1mm，游标 1 格=0.95mm，共 20 格，尺身、游标每格之差=（1–0.95）mm=0.05mm。

精度为 0.02mm 的游标卡尺，其尺身 1 格=1mm，游标 1 格=0.98mm，共 50 格，尺身、游标每格之差=（1–0.98）mm=0.02mm。

读数方法是：读数=游标 0 刻线指示的尺身整数+游标与尺身重合线数×精度值。如图 4-50 所示，读数=（90+4×0.1）mm=90.4mm。其余两精度的游标卡尺读数方法一样。

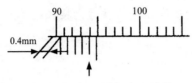

图 4-50　游标卡尺读数

> **注意**：有的同学在读数时找不出游标与尺身重合的线，总发现多多少少有一些错位，其实绝对重合的两条线是不存在的，我们只能找出最近似重合的那两条线即可，如图 4-50 所示，游标与尺身上的线几乎都不重合，但找出最近似重合的线即箭头所指的线就可以了。读数的小数点后只有两位，无需估读。

3）使用方法

（1）测量前，应将被测工件表面擦净，使游标卡尺测量爪保持清洁。

（2）测量工件外尺寸时，应先使游标卡尺外测量爪间距略大于被测工件的尺寸，再使工件与尺身外测量爪贴合，然后使游标外测量爪与被测工件表面接触，并找出最小尺寸。测量时，要注意外测量爪的两测量面与被测工件表面接触点的连线应与被测工件表面相垂直。

（3）测量工件孔内尺寸时，应使游标卡尺内测量爪的间距略小于工件的被测孔径尺寸。将测量爪沿孔中心线放入，先使尺身内测量爪与孔壁一边贴合，再使游标内测量爪与孔壁另一边接触，找出最大尺寸。同时，注意使内测量爪两测量面与被测工件内孔表面接触点的连线与被测工件内表面垂直。

（4）用游标卡尺的深度尺测量工件深度尺寸时，要使卡尺端面与被测工件的顶端平面贴合。同时，保持深度尺与该平面垂直。

4）注意事项

（1）检查零线。使用前，应先擦净卡尺，合拢测量爪，检查尺身与游标的零线是否对齐。如未对齐应记下误差值，以便测量后修正读数。

（2）放正卡尺。测量内、外圆时，卡尺应垂直于轴线；测量内圆时，应使两测量爪处于直径处。

（3）用力适当。测量爪与测量面接触时，用力不宜过大，以免测量爪变形和磨损，导致读数误差大。

（4）视线垂直。读数时，视线要对准所读刻线并垂直尺面；否则，读数不准。

（5）防止松动。取出卡尺时，应使固定测量爪紧贴工件，轻取出，防止活动测量爪移动。

（6）勿测毛面。卡尺属于精密量具，不得用来测量毛坯表面。

（7）游标卡尺不能测量旋转中的工件。禁止把游标卡尺的两个测量爪当作扳手或刻线工具使用。

（8）游标卡尺受到损伤后，不允许用锤子、锉刀等工具自行修理，应交专门修理部门修理，经检定合格后才能再次使用。

26. 千分尺

千分尺又称螺旋测微器，是比游标卡尺更为精确的一种精密量具，其测量精度可达0.01mm，按其用途的不同可分为外径千分尺、内径千分尺、深度千分尺和螺纹千分尺等。本书只介绍常用的外径千分尺的构造和使用。

1) 外径千分尺的构造

外径千分尺是用来测量工件外部尺寸的。图 4-51 为外径千分尺的结构图。其测量的范围分为 0～25mm、25mm～50mm、50mm～75mm、75mm～100mm、100mm～125mm 等多种。它由测砧、测微螺杆、螺纹轴套、固定套管、微分筒、调节螺母、测力装置、锁紧装置等组成。

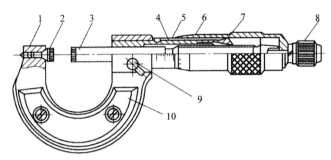

图 4-51　外径千分尺的结构

1—尺架；2—测砧；3—测微螺杆；4—螺纹套管；5—固定套管；6—微分筒；7—调节螺母；
8—测力装置；9—锁紧装置；10—隔热装置。

2) 刻线原理

千分尺是利用螺旋副传动原理，借助螺杆与螺纹轴套的精密配合，将回转运动变为直线运动，以固定套管和微分筒（相当于游标卡尺的尺身和游标）所组成的读数机构读得被测工件尺寸。

固定套管外面有尺寸刻线，上、下刻线每 1 格为 1mm，相邻刻线间距离为 0.5mm。测微螺杆后端有精密螺纹，螺距是 0.5mm，当微分筒旋转一周时，测微螺杆和微分筒一同前进（或后退）0.5mm，同时，微分筒就遮住（或露出）固定套管上的 1 条刻线。在微分筒圆锥面上，一周等分成 50 条刻线，当微分筒旋转一格（即一周的 1/50）时，测微螺杆就移动 0.01mm，故千分尺的测量精度为 0.01mm。

3) 读数方法

（1）先读固定套管上的毫米数和半毫米数。

（2）再看微分筒上第几条刻线与固定套管的基线对正，即有几个 0.01mm。注意此处需要估读一位，即小数点后有三位。

（3）将两个读数值相加就是被测量工件的尺寸值。

在图 4-52（a）中，固定套管上露出来的数值是 7.50mm，微分筒上第 39 格线和 38 格线之间一点与固定套管上基线正对齐，估读数值为 0.383mm，此时，千分尺的正确读数为 7.50mm+0.383mm=7.883mm。

在图 4-52（b）、（c）中，千分尺的正确读数分别为 7.5mm+0.350mm=7.850mm 和 0.50mm+0.100mm=0.600mm。

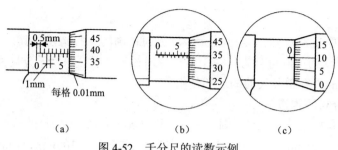

图 4-52 千分尺的读数示例

(a) 正确读数为 7.883mm；(b) 正确读数为 7.850mm；(c) 正确读数为 0.600mm。

4）使用方法与注意事项

（1）测量前，先将测量面擦净，并检查零位。具体检查方法是：用测力装置使测量面或测量面与标准棒两端面接触，观察微分筒前端面与固定套管零线、微分筒零线与固定套管基线是否重合。如不重合，应通过附带的专用小扳手转动固定套管来进行调整。图 4-52 为千分尺零位的调整。

（2）测量时，左手拿尺架隔热装置，右手旋转微分筒，使千分尺微测螺杆的轴线与工件的中心线垂直或平行，不得歪斜。先用手转动活动套管，当测量面接近工件时，改用测力装置的螺母转动，直到听到"咔咔"响声，表示测微螺杆与工件接触力适当，应停止转动，利用锁紧装置锁紧，此刻严禁拧动微分筒，造成测量不准确。此时千分尺上的读数值就是工件的尺寸。为防止一次测量不准，可松开锁紧装置、旋松棘轮，再进行多次复查，以求得测量值的准确性。

（3）读数要细心，必要时可锁紧后取下千分尺读出测量的数值。要特别注意，不要读错 0.5mm。

（4）不准测量毛坯或表面粗糙的工件，不准测量正在旋转或温度较高的工件，以免损伤测量面或得不到正确的读数。

（5）千分尺应保持清洁，用后要擦净涂油，并妥善保管。

27. 百分表

1）结构特点

百分表是一种精度较高的齿轮传动式测微量具，如图 4-53 所示。它利用齿轮齿条传动机构将测杆的直线移动转变为指针的转动，由指针指出测杆的移动距离。因百分表只有一个测量头，所以它只能测出工件的相对数值。百分表主要用来测量机器零件的各种几何形状偏差和表面相互位置偏差（如平面度、垂直度、圆度和跳动量），也可测量工件的长度尺寸，也常用于工件的精密找正。它具有外形尺寸小、质量小、使用方便等特点。

2）工作原理与读数方法

百分表工作原理是将测杆的直线位移经过齿条与齿轮传动转变为指针的角位移。百分表的刻度盘圆周刻成 100 等份，其分度值为 0.01mm。若主指针 5 转动 1 周，则测杆的位移量为 1mm；主指针转一格，测杆的位移量为 0.01mm，此时读数为 0.01mm。表圈 2 和表盘 3 是一体的，可任意转动，以便使指针对正零位。小指针 4 用以指示大指针的回转圈数。常见百分表的测量范围为 0～3mm、0～5mm 和 0～10mm 等。

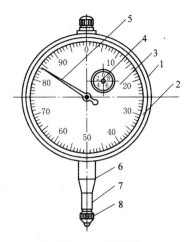

图 4-53 百分表

1—表体；2—表圈；3—表盘；4—小指针；5—主指针；6—装夹套；7—测杆；8—测头。

3）使用方法与注意事项

（1）使用磁性表座百分表测量工件时，必须将其固定在可靠的支架上，如图 4-54 所示。

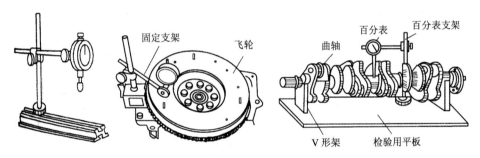

图 4-54 百分表的使用

（2）百分表的夹装要牢固，夹紧力应适当，不宜过大，以免装夹套筒变形，卡住测杆。

（3）夹装后应检查测杆是否灵活，夹紧后不可再转动百分表。

（4）测量时，测杆与被测工件表面必须垂直，否则，会产生测量误差。百分表的正确位置如图 4-55 所示。

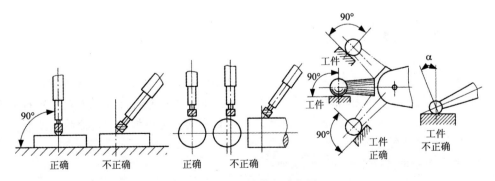

图 4-55 百分表的正确位置

(5)按被测工件表面的不同形状选用相应形状的测量头。例如，用平测量头测量球面工件，用球面测量头测量圆柱形或平面工件，用尖测量头或曲率半径很小的球面测量头测量凹面或形状复杂的表面。

(6)测量时，应轻提测杆，缓慢放下，使量杆端部的测头抵在被测零件的测量面上，并要有一定的压缩量，以保持测头有一定的压力；再转动刻度盘，使指针对准零位。测量时，应注意不能使测头移动距离过大，不准将工件强行推至测头下，也不准急速放下测杆，使测头突然落到零件表面上；否则，将造成测量误差，甚至损坏百分表。

(7)测量时，使被测量的零件按一定要求移动或转动，从刻度盘指针的变化直接观察被测零件的偏差尺寸，即可测量出零件的平整程度或平行度、垂直度或轴的弯曲度及轴颈磨损程度等。

(8)使用中，应注意百分表与支架在表座上安装的稳固性，以免造成倾斜或摆动现象。

(9)对于磁性表座，一定要注意检查按钮的位置，测杆与测头不应粘有油污；否则，会降低其灵敏性。使用后，应将百分表从支架上拆下，擦拭干净，然后涂油装入盒中，并妥善保管。

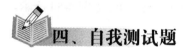

四、自我测试题

（一）判断题

1．举升器在举升时由双人操作，举升前一定要发出指令，举升中车门要关闭。（   ）
2．检查手动变速器油位时，需从变速器上拆卸油加注塞，将手指插入塞孔，检查油与手指接触的位置。（   ）
3．安装新机油滤清器时，轻缓地拧动使其就位，然后上紧直到拧不动，最后使用专用维修工具再次上紧3/4圈。（   ）
4．对拧得很紧的螺栓、螺母可以通过手对工具施加冲击力轻松松开。（   ）
5．使用万向节时要注意：不要使手柄倾斜较大角度来施加扭矩。（   ）
6．对棘轮扳手不要施加过大扭矩，否则可能损坏棘爪的结构。（   ）
7．冲击式风动扳手操作不能戴手套，首先带套筒检查旋转方向是否正确。（   ）
8．排放发动机机油应在热车时进行。（   ）

（二）单项选择题

1．关于举升器的维护下列说法错误的是（   ）
　　A．作业完毕后切断电源，清除杂物，打扫举升器周围场地，以保持清洁。
　　B．定期（半年）排除举升器储油缸积水，并检查油量，按润滑面要求进行注油。
　　C．对于剪式举升器要定期在滑块与立柱内表面互相摩擦的部位涂抹润滑脂。
　　D．严格执行限载规定。
2．关于扳手的选择下列说法正确的是（   ）
　　A．优先选用梅花扳手，其次是开口扳手，最后是活动扳手。

B．优先选用成套套筒扳手，其次是梅花扳手，最后是活动扳手。
C．优先选用成套套筒扳手，其次是梅花扳手，最后是开口扳手。
D．优先选用成套套筒扳手，其次是开口扳手，最后是活动扳手。

3．关于手柄的选择下列说法错误的是（　　）
   A．棘轮手柄适合在狭窄空间中使用。
   B．滑动手柄要求的工作空间大，但它能提供最快的工作速度。
   C．旋转手柄在调整好手柄后可以迅速工作并可在狭窄空间使用。
   D．棘轮手柄不可能获得很高的扭矩。

4．关于使用工具下列说法错误的是（　　）
   A．确保工具的直径与螺栓、螺母的头部大小相配合适。
   B．要使工具与螺栓、螺母完全配合。
   C．使用工具时要始终转动工具以便推动它，如果由于空间限制无法推动，则用手拉动它。
   D．对已经拧得很紧的螺栓、螺母可以通过手施加冲击力轻松松开。

5．下列说法错误的是（　　）
   A．加长杆可用于拆下和更换装得太深不易接触的螺栓、螺母。
   B．加长杆可用于将工具抬离平面一定高度，便于使用，不伤到手。
   C．旋转手柄在使用时手柄也能自由滑动，目的是允许改变手柄长度。
   D．旋转手柄用于拆下和更换要求用大力矩的螺栓、螺母。

（三）简答题
1．举升器的使用步骤是什么？
2．工具和测量仪器需的选用原则是什么？
3．如何正确排放发动机机油？如何更换机油滤清器？
4．发动机排气系统如何检查？
5．轿车底盘检查有哪些内容？

项目五

轮胎、制动器的检查与制动液的更换和排气

一、项目描述

通过检查车轮轴承、盘式制动器和鼓式制动器、轮胎以及进行制动液更换和排气,使学生达到以下要求:

1. 知识要求

(1) 了解制动系的功用与组成;
(2) 熟悉制动系的基本工作原理;
(3) 掌握盘式制动器的结构与检修内容;
(4) 掌握鼓式制动器的结构与检修内容;
(5) 掌握驻车制动器的结构与功用;
(6) 了解比例阀、限压阀等阀的作用。

2. 技能要求

(1) 能够检查车轮轴承;
(2) 能够拆卸车轮和检查轮胎的使用状况;
(3) 能够检查盘式制动器、鼓式制动器和盘鼓式制动器;
(4) 能够检查制动拖滞;
(5) 能够进行制动液更换和排气;
(6) 能够安装车轮。

3. 素质要求

(1) 掌握 5S 理念;

（2）重视劳动保护与安全操作；
（3）注意环境保护；
（4）培养团队协作精神。

二、项目实施

任务一　轮胎、制动器检查

1. 训练内容

（1）丰田车在顶起位置4的检查工作；

（2）完成并填写学习工作单的相关项目；

（3）学习汽车制动系统的相关知识。

2. 训练目标

（1）掌握车辆在顶起位置4的工作内容；

（2）熟悉常用量具的使用方法。

3. 训练设备

丰田花冠轿车及维修手册、常用工具、冲击扳手、轮胎深度规、千分尺、百分表、制动液更换工具和举升器。

4. 训练步骤

1）举升车辆至位置4，检查车轮轴承

如图5-1所示，在检查车轮轴承状况时分两步检查。第一步车轮摆动检查：将一只手放在轮胎上面，另一只手放在轮胎下面，紧紧地推拉轮胎以便检查是否有任何摆动，如图中1所示；第二步转动噪声检查：用手转动轮胎以便检查其是否能够无任何噪声地平稳转动。

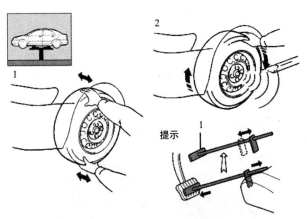

图5-1　车轮轴承的检查方法

1—摆动检查；2—转动噪声检查。

2）拆卸车轮和检查轮胎的使用状况

如图 5-2 所示，在拆卸车轮时，使用一把冲击扳手，按照交叉顺序拆卸 4 个车轮螺母。然后，拆卸车轮。冲击扳手在使用时要注意旋向和连接；在拆最后一个车轮螺母时要用手按住轮胎，另一手拧下螺母。

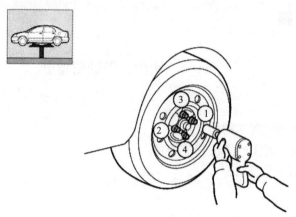

图 5-2　车轮的拆卸方法

如图 5-3～图 5-5 所示，在检查轮胎时，要检查以下内容：

（1）裂纹或者损坏。检查轮胎胎面和胎壁是否有裂纹、割痕或者其他损坏。

（2）嵌入金属微粒或者外物。检查轮胎的胎面和胎壁是否嵌入任何金属微粒、石子或者其他异物。

（3）胎面沟槽深度。使用一个轮胎深度规测量轮胎胎面的沟槽深度；或同时可以通过观察与地面接触的轮胎表面的胎面磨耗指示标记轻易地检查胎面深度。

（4）异常磨损。检查轮胎的整个外围是否有不均匀磨损和阶段磨损，如图 5-4 所示。

（5）气压。检查轮胎气压。

（6）漏气。检查气压后，通过在气门周围涂肥皂水检查是否漏气。

（7）轮辋损坏。检查轮圈和轮盘是否损坏、腐蚀、变形和跳动，如图 5-5 所示。

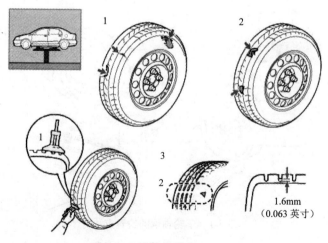

图 5-3　轮胎的检查（一）

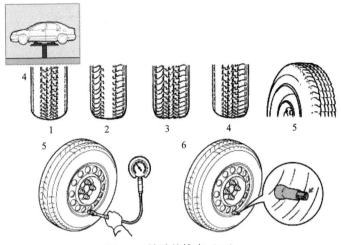

图 5-4 轮胎的检查（二）

1—双肩磨损；2—中间磨损；3—薄边磨损；4—单肩磨损；5—跟部磨损。

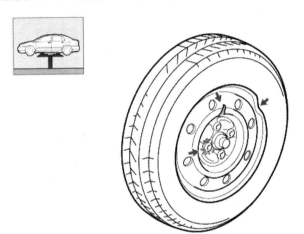

图 5-5 轮辋的检查

3）检查盘式制动器

如图 5-6 所示，在拆下轮胎后，要依次检查以下内容：

（1）内侧摩擦片厚度。通过制动卡钳内的检查孔目测检查内制动器摩擦片的厚度，确保其与外制动器摩擦片没有明显的偏差。

（2）外侧摩擦片厚度。使用一把直尺测量外制动器摩擦片的厚度，至少测三点。如果制动器摩擦片的厚度低于磨损极限，则更换制动器摩擦片。

（3）不均匀磨损。目侧检查制动器摩擦片的不均匀磨损。

（4）磨损和损坏。如图 5-7 所示，目测检查制动盘上是否有刻痕、不均匀或者异常磨损以及裂纹和其他损坏，要注意内外两侧。

（5）厚度检查。用千分尺测量盘式转子盘磨损和损坏，注意磨损极限 19mm。

（6）制动液泄漏。如图 5-8 所示，目测检查制动卡钳处有无制动液泄漏。注意如果制动液溅出或者粘在油漆上，立即用水漂洗，否则将损坏油漆表面。

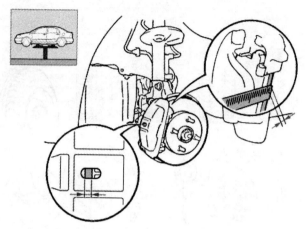

图 5-6　摩擦片厚度检查

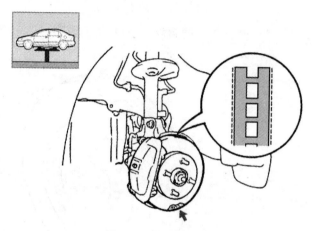

图 5-7　制动盘检查

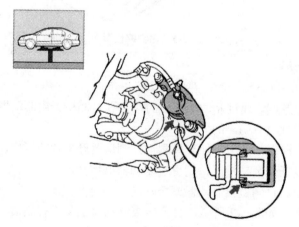

图 5-8　制动液泄漏检查

4）检查驻车制动器

在一个配备制动盘内有制动鼓型的驻车制动系统的汽车上，需拆卸后盘式制动卡钳和后制动盘后才能检查驻车制动器。如图 5-9 所示，需依次检查以下内容：

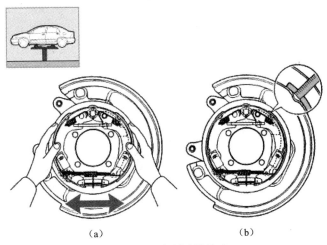

图 5-9　驻车制动器检查

（1）制动蹄片滑动区域的磨损。用手移动制动蹄片并检查制动蹄片移动是否顺利，如图 5-9（a）所示；检查制动蹄片和背板的接触面是否磨损；检查制动蹄片和背板的接触面是否生锈。

（2）制动衬片的厚度。使用一把直尺测量制动衬片的厚度，如图 5-9（b）所示。

（3）制动衬片的损坏。检查制动衬片是否有任何碎屑、层离或者其他损坏。

（4）后制动盘内径。使用一个制动鼓规或者类似器具测量后制动盘的内径，如图 5-10（a）所示。

（5）磨损和损坏。检查后制动盘是否有任何磨损或者损坏，如图 5-10（b）所示。

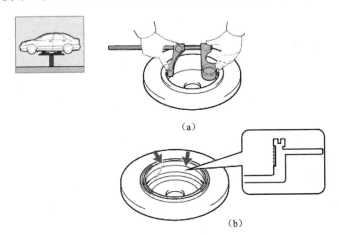

图 5-10　后制动盘内径检查

（6）安装后制动盘和后制动盘制动卡钳。

（7）驻车制动蹄片间隙调整。

如图 5-11 所示，按以下步骤进行：

① 临时安装轮毂螺母；

② 拆卸孔塞，转动调节器并扩展制动蹄片直到制动盘锁定；

③ 回退调节器 8 个槽口；
④ 检查制动蹄片是否拖滞在制动器上；
⑤ 安装调节孔塞。

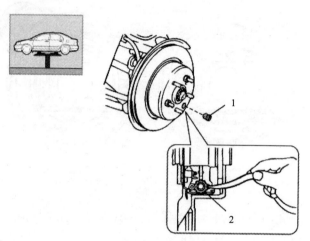

图 5-11　驻车制动蹄片间隙调整

1—孔塞；2—调节器。

5）检查鼓式制动器

如图 5-12 所示，拆卸制动鼓后才能检查鼓式制动器，注意制动鼓拆下后，不要踩下制动踏板，然后需依次检查以下内容：

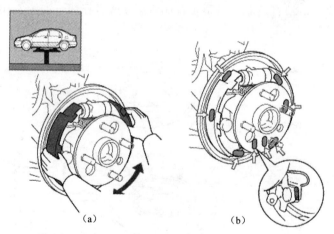

图 5-12　鼓式制动器检查

（1）制动蹄片在其上面滑动的背板区域的磨损。用手前后移动制动蹄片并检查制动蹄片移动是否顺利，如图 5-12（a）所示；检查制动蹄片与背板和固定件之间的接触面是否磨损；检查制动蹄片、背板和固定件是否生锈。注意：检查期间需在背板和制动蹄片之间的接触面上涂高温润滑油脂。

（2）制动衬片的厚度。如图 5-13 所示，使用一把直尺测量制动衬片的厚度。如果厚度低于磨损极限，则更换制动蹄片。通过检查自从上一次检查到现在的制动衬片的磨损，来估计制动衬片在下一次检查时的情况。在下一次计划检查时，如果估计衬片的厚度将会小于可接受的磨损值时，建议车主更换衬片。注意：更换制动蹄片时，所有的制动蹄片都必须同时更换。

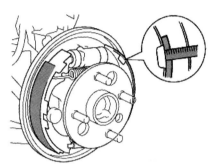

图 5-13 制动衬片厚度检查

（3）制动衬片的损坏。如图 5-14（a）所示，检查制动衬片是否有裂纹、蜕皮和损坏。

（4）制动液渗漏。如图 5-14（b）所示，检查车轮制动轮缸中是否有液体渗漏。

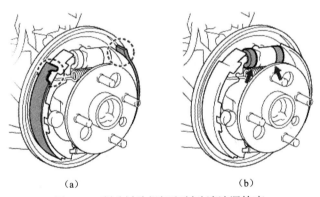

（a） （b）

图 5-14 制动衬片损坏和制动液渗漏检查

注意：如果制动液溅出或者粘在油漆上，立即用水漂洗。否则，制动液将损坏油漆表面。制动蹄片间隙的自动调节可以通过运用制动踏板调整或通过操作驻车制动杆调整。

（5）制动鼓内径。如图 5-15（a）所示，使用一个制动鼓测量规或者类似器具测量制动鼓内径。

（6）制动鼓磨损和损坏。如图 5-15（b）所示，检查制动鼓是否有任何磨损和损坏。

（7）清洁。如图 5-16 所示，使用砂纸清洁制动蹄衬片并清除油污。如果有必要，应同时清洁制动鼓的内表面。

（8）安装制动蹄片。调整制动蹄片间隙的方法，因制动蹄片间隙调节器的种类不同而有所变化。

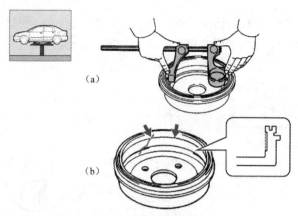

图 5-15　制动鼓内径检测和磨损检查

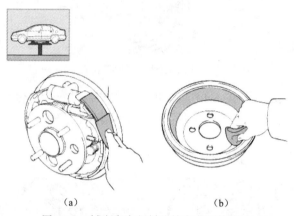

图 5-16　制动蹄片和制动鼓内表面的清洁

6）制动拖滞检查

将车辆举至位置 5，如图 5-17 所示，在检查时首先操作驻车制动杆几次并且踩下制动踏板几次，以便允许制动蹄片下陷，然后用手转动制动盘或者制动鼓，检查是否有任何拖滞现象。

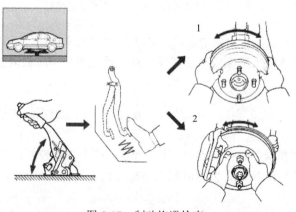

图 5-17　制动拖滞检查

1—鼓式制动器；2—盘式制动器。

任务二 制动液更换与排气

1. 训练内容

（1）丰田车在顶起位置 5、6 的检查工作；

（2）完成并填写学习工作单的相关项目；

（3）学习汽车制动系统的相关知识。

2. 训练目标

（1）掌握车辆在顶起位置 5、6 的工作内容；

（2）熟悉制动液更换工具的使用方法。

3. 训练设备

丰田花冠轿车及维修手册、常用工具、冲击扳手、制动液更换工具和举升器。

4. 训练步骤

（1）从总泵排放制动液。在举升位置 5，首先从制动总泵的储液罐中排放制动液，如图 5-18 所示。

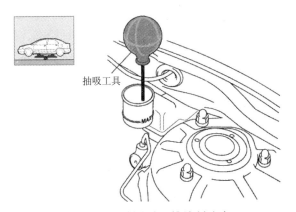

图 5-18 从制动总泵排放制动液

（2）安装制动液更换工具。如图 5-19 所示，安装制动液更换工具。

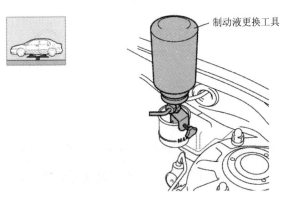

图 5-19 制动液更换工具安装

(3)举升车辆至 6 位置。如图 5-20 所示,将车辆举升至 6 位置,按图中所示顺序更换车轮制动液和安装车轮。

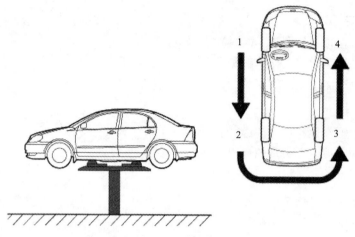

图 5-20　举升车辆至 6 位置

(4)制动液更换与排气。如图 5-21 所示,使用制动液更换工具,按照左前、左后、右后和右前的顺序更换制动液;而制动液排气则依据距离制动主缸从远到近的原则进行,即按照右后车轮、左后车轮、右前车轮和左前车轮的顺序进行排气。排气时需要两人配合:一人反复踩制动踏板,然后踩住,此时另一人松开制动卡钳上的放气螺帽,放出带有气体的制动液,当流出的制动液中无气体时,紧固放气螺帽;另一人再次反复踩制动踏板,重复上述步骤,一般放三至四次制动液可将气体基本排空。

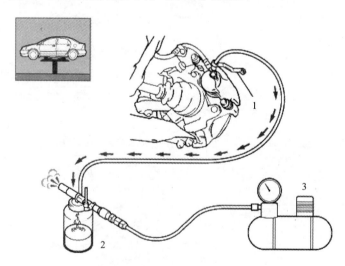

图 5-21　轮缸制动液更换

1—梅花扳手;2—制动液更换工具;3—空气压缩机。

(5)车轮临时上紧。制动液更换完毕后,将车轮临时上紧(不需要紧固到 103N·m),如图 5-22 所示。

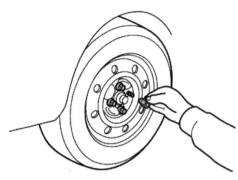

图 5-22 车轮临时上紧

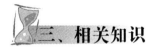

三、相关知识

（一）制动系的功用

制动是指固定在与车轮或传动轴共同旋转的制动鼓或制动盘上的摩擦材料承受外压力，产生摩擦作用使汽车减速停车或驻车，产生这样作用的一系列专门装置称为制动系。其作用是：使行驶中的汽车按照驾驶员的要求进行强制减速甚至停车，使已停驶的汽车在各种道路条件下（包括在坡道上）稳定驻车，使下坡行驶的汽车速度保持稳定。

对汽车起制动作用的只能是作用在汽车上且方向与汽车行驶方向相反的外力，而作用在行驶汽车上的滚动阻力、上坡阻力、空气阻力虽然都能对汽车起一定的制动作用，但这些外力的大小都是随机的、不可控制的。因此，汽车上必须装设一系列专门装置以实现上述功能。这样的一系列各种装置总称为制动装置。

（二）制动系的组成

如图 5-23 所示，汽车制动系一般包括两套独立的制动装置。一套是行车制动装置，用于使行驶中的汽车减速甚至停车，其制动器装在车轮上，通常由驾驶员用脚操纵，称为车轮制动装置或行车制动装置。另一套是驻车制动装置，用于停驶的汽车驻留原地不动，通常由驾驶员用手操纵，称为驻车制动装置。以上两套装置是各种汽车的基本制动装置。每套制动装置都由产生制动作用的制动器和操纵制动器的传动结构组成。行车制动装置具体组成如图 5-24 所示，一般来说，盘式制动器用在前轮上，后轮用盘式或鼓式制动器。

此外，许多汽车还装有第二制动装置，其作用是在行车制动装置失效的情况下保证汽车仍能实现减速或停车。经常在山区行驶的汽车，若单靠行车制动装置来限制汽车下长坡的车速，则可能导致制动器过热而降低制动效能，甚至完全失效，故还应增装辅助制动装置。较完善的制动系还具有制动力调节装置、报警装置、压力保护装置等附加装置。

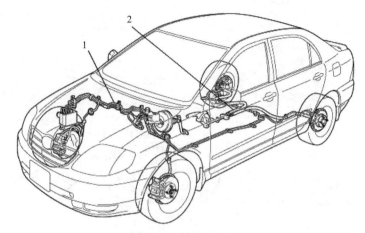

图 5-23 制动系组成

1—行车制动装置；2—驻车制动装置。

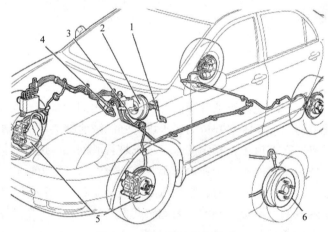

图 5-24 行车制动装置组成

1—制动踏板；2—制动助力器；3—制动总泵；4—比例阀；5—盘式制动器；6—鼓式制动器。

（三）制动系的工作原理

如图 5-25 所示，制动时，驾驶员踩下制动踏板 1，经过真空助力器 2 的助力对制动总泵中的制动液加压，制动液分别流向前轮盘式制动器和后轮鼓式制动器。当盘式制动器摩擦片压紧制动器盘时，由于发生的磨擦，车轮停止转动；同样后轮制动器中制动蹄片扩张，通过将制动衬片压制动鼓，由于发生磨擦，车轮停止转动。

具体制动过程以后轮为例，阐述如下：制动油液经油管进入后轮轮缸，推动轮缸活塞克服回位弹簧的拉力，使制动蹄片 9 绕支承销转动而张开，消除制动蹄片与制动鼓之间的间隙后压紧在制动鼓上。这样，不旋转的制动衬片 8 对旋转着的制动鼓 7 就产生一个摩擦力矩 M_u，其方向与车轮旋转方向相反，其大小取决于轮缸的张开力、摩擦系数及制动鼓和制动蹄片的尺寸。制动鼓将力矩 M_u 传动车轮后，由于车轮与路面的附着作用，车轮即对路面作用一个向前的周缘力。同时，路面也会给车轮一个向后的反作用力，这个力就是车轮受到的制动力。各车轮制动力之和就是汽车受到的总制动力。在制动力作用下使汽车减速，直至停车。

放松制动踏板，在回位弹簧的作用下，制动蹄与制动鼓的间隙又得以恢复，从而解除制动。

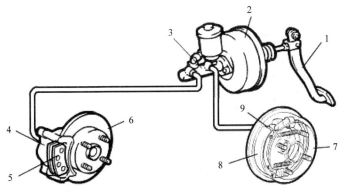

图 5-25　制动作用的产生

1—制动踏板；2—制动助力器；3—制动总泵；4—盘式制动器的制动卡钳；5—盘式制动器摩擦片；6—制动器盘；7—制动鼓；8—制动衬片；9—制动蹄片。

（四）盘式制动器

1. 工作原理

盘式制动器的组成与工作原理如图 5-26 所示，制动卡钳通过导向销与车桥相连，可以相对于制动盘 3 轴向移动。制动卡钳只在制动盘的一侧设置油缸，而外侧的制动块则附装在卡钳上。制动时，来自制动总泵的制动液 5 通过进油口进入制动油缸，推动活塞及其上的制动块向左移动，并压到制动盘上，同时制动液也推制动卡钳整体沿销钉向右移动，直到制动盘左侧的制动块也压到制动盘上。此时，两侧的制动块都压在制动盘上，夹住制动盘使其制动。

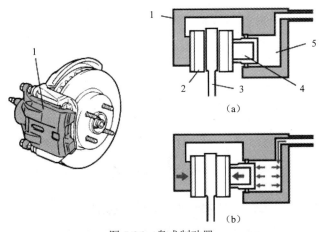

图 5-26　盘式制动器

（a）工作前；（b）工作中。

1—盘式制动器的制动卡钳；2—盘式制动器摩擦片；3—盘式制动器制动盘；
4—活塞；5—制动液。

2. 盘式制动器摩擦片

盘式制动器摩擦片如图 5-27 所示,这是推压旋转的制动器盘的摩擦材料。保养项目包括检查盘式制动器摩擦片的厚度。消声垫片的作用是防止制动时由于制动器摩擦片振动发出异常噪声。

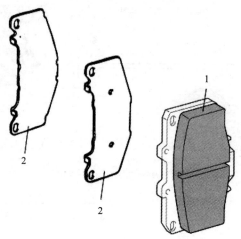

图 5-27　盘式制动器摩擦片

1—盘式制动器摩擦片；2—消声垫片。

3. 盘式制动器制动盘

盘式制动器制动盘如图 5-28 所示,这是一只与车轮一起转动的金属盘。有一种实心型,用一单盘转子制成；第二种通风式制动盘,内部是空心的；第三种是驻车鼓式制动器型制动盘。

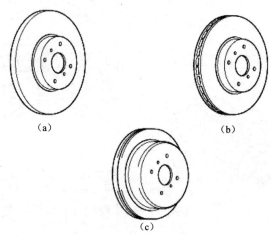

图 5-28　盘式制动器制动盘

（a）实心型；（b）通风型；（c）带鼓式。

（五）鼓式制动器

鼓式制动器的结构如图 5-29 所示,其工作原理前文已叙述过。注意：由于制动鼓与车轮一起旋转,制动蹄片从内侧压紧制动鼓,二者接触产生的摩擦控制车轮的转动,因此必须定期检查制动鼓和制动衬片的磨损状况。

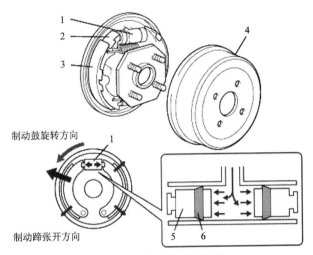

图 5-29 鼓式制动器结构

1—制动分泵(轮缸);2—制动蹄片;3—制动衬片;4—制动鼓;5—活塞;6—活塞皮碗。

(六)盘式制动器与鼓式制动器的比较

盘式制动器与鼓式制动器相比,有以下优点:一般无摩擦助势作用,因而制动器效能受摩擦系数的影响较小,即效能较稳定;浸水后效能降低较少,而且只须经一两次制动即可恢复正常;在输出的制动力矩相同的情况下,尺寸和质量一般较小;散热性能极好,制动盘沿厚度方向的热膨胀量极小,不会像制动鼓那样热膨胀使制动器间隙明显增加而导致制动踏板行程过大;较容易实现间隙自动调整,维护也较简便。

盘式制动器的不足之处是效能较低,故液压制动系的促动管路压力较高,一般要用伺服装置。目前,盘式制动器已广泛应用于轿车,用于全部车轮,也有部分轿车只用作前轮制动器,而后轮仍是鼓式制动器。盘式制动器在货车上也有采用,但不是很普及。

(七)比例阀

如图 5-30 所示,比例阀位于制动总泵与后制动器之间。它合适地将液压分配到前、后轮制动器,以提供稳定的制动力。施加到后轮制动器液压的增加量要比前制动器低。这样在制动时后轮就不会先抱死,从而保证了制动时的稳定性。

(八)驻车制动器

驻车制动器的结构如图 5-31 所示,其作用是:停驶后防止滑溜;坡道起步;行车制动效能失效后临时使用或配合行车制动器进行紧急制动。

多数汽车的驻车制动器安装在变速器或分动器的后面,这类制动器称为中央制动器,其制动力矩作用在传动轴上。有些轿车由于底盘结构空间的限制或前轮驱动的原因,在后轮制动器中加装必要的机构,使之兼充驻车制动器,它即为复合式制动器,图 5-31 中所示制动器即为此类型,它对后轮进行机械锁定。保养项目包括调整驻车制动手柄。

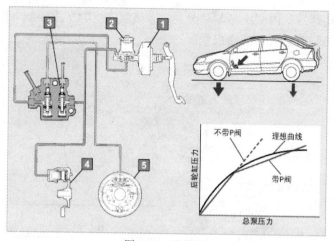

图 5-30　比例阀

1—制动助力器；2—制动总泵；3—比例阀；4—左前盘式制动器；5—左后鼓式制动器。

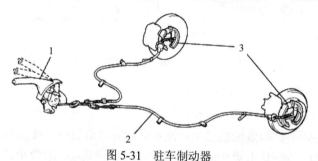

图 5-31　驻车制动器

1—驻车制动器手柄；2—驻车制动缆线；3—后制动器。

四、自我测试题

（一）判断题

1．制动液的排气依据由远及近的原则。（　　）
2．上紧4个轮毂螺母时要按照逆时针的顺序紧固。（　　）
3．在拆卸制动器之前，要准备好S钩。（　　）
4．千分尺使用之前要清洁、校零，用后也要上油保管。（　　）
5．制动拖滞说明制动解除不迅速。（　　）
6．盘式制动器最大的优点是散热性能好。（　　）
7．制动时前轮抱死比后轮抱死更加危险。（　　）

（二）单项选择题

1．关于盘式制动器下列说法错误的是（　　）
　　A．现在浮钳式制动器得到广泛的使用。
　　B．现在轿车的前后制动器都是通风盘式制动器。

C．盘式制动器的最大优点是散热性能好。

D．浮钳式制动器的钳体可以在导销上移动，因此要确保导销不锈蚀。

2．关于盘式制动器摩擦片说法错误的是（　　）

A．内外侧摩擦片都要检查厚度，一般用千分尺测量。

B．其上消声垫片的作用是防止制动时由于制动器摩擦片发出异常噪声。

C．制动时内外侧摩擦片同时压紧制动盘。

D．其摩擦材料厚度一般为 1cm 左右。

3．关于制动盘检查下列说法错误的是（　　）

A．检查前要用干净的布清洁其表面。

B．要目测检查其表面。

C．要测量其厚度，用千分尺测量，测量点距离外边缘 2cm 左右。

D．测量厚度时要测量三个点，每 120° 测一次，取其平均值。

4．关于盘式制动器的检查，下面说法正确的是（　　）

A．检查制动器衬块的厚度，如果外衬块比规定的厚度厚，就没有必要检查内衬块。

B．检查制动器衬块，确认制动器衬块的厚度超过规定的厚度，而且内外衬块之间的厚度没有大的差别。

C．检查制动盘的转子，如果其外表面没有表现出任何磨损或损坏，那么其内表面也被认为是正常。

D．检查制动盘的转子和衬块之间的间隙，踩下制动器踏板数次，确认盘不转动。

5．关于鼓式制动器的检查，下面说法正确的是（　　）

A．为检查制动蹄片在背板上滑动区域，用手前后移动制动蹄片检查是否平稳移动。

B．为检测鼓式制动器是否泄漏，把鼓卸掉后压下制动器踏板。

C．即使制动器衬片的厚度低于规定值，如果看起来能沿用到下次检查可以继续使用。

D．用游标卡尺测量制动鼓的外径。

（三）简答题

1．盘式制动器的检查内容有哪些？

2．盘鼓式制动器的检查内容有哪些？

3．鼓式制动器的检查内容有哪些？

4．如何正确操作制动液排气？

5．制动液如何更换？

项目六 发动机维护

一、项目描述

通过检查蓄电池、制动总泵、制动管线与软管、传动皮带张紧程度、制冷效果以及更换空气滤清器、燃油滤清器、火花塞和机油，使学生达到以下要求：

1. 知识要求

（1）了解发动机的基本构成；
（2）掌握燃油供给系统的组成与基本工作原理；
（3）掌握冷却系统的组成与基本工作原理；
（4）掌握润滑系统的组成与基本工作原理；
（5）掌握进、排气系统的组成与工作原理；
（6）熟悉发动机电气部分组成与基本工作原理；
（7）掌握空调的基本工作原理；
（8）了解发动机的主要性能。

2. 技能要求

（1）能够检查更换空气滤清器、燃油滤清器；
（2）能够检查与更换火花塞；
（3）能够检查 PCV 阀和活性炭罐；
（4）能够判断与调整传动皮带张紧程度；
（5）能够检查蓄电池的使用与安装状况；
（6）能够检查冷却系统、制动系统是否有渗漏，冷却水管、制动软管是否老化；
（7）能够检查转向助力系统是否存在泄漏；
（8）能够检查空调制冷效果好坏。

3．素质要求

（1）掌握 5S 理念；

（2）重视劳动保护与安全操作；

（3）注意环境保护；

（4）培养团队协作精神。

二、项目实施

任务一　发动机启动前的检查

1．训练内容

（1）顶起位置 7 的发动机启动前的检查；

（2）完成并填写学习工作单的相关项目；

（3）学习汽车发动机的相关知识。

2．训练目标

（1）掌握车辆在顶起位置 7 时发动机启动前的检查内容；

（2）熟悉常用工具的使用。

3．训练设备

丰田花冠轿车及维修手册、常用工具、皮带张力计、火花塞拆装专用工具、车轮挡块和举升器。

4．训练步骤

（1）举升车辆至位置 7。如图 6-1 所示，将车举升至位置 7，此时轮胎仅触及地面。

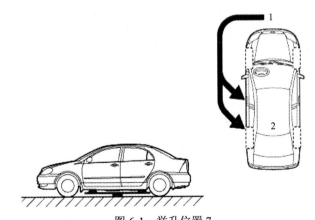

图 6-1　举升位置 7

1—发动机舱内检查；2—燃油滤清器更换。

（2）驻车制动器和车轮挡块。如图 6-2 所示，当车降至位置 7 时，首先合上驻车制动器，并用车轮挡块挡住车轮。

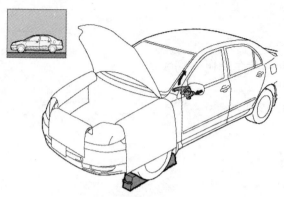

图 6-2　安装车轮挡块

（3）加注发动机机油。如图 6-3 所示，通过注油孔加入规定数量的机油，加油时不得洒漏，完成后擦拭孔周围。

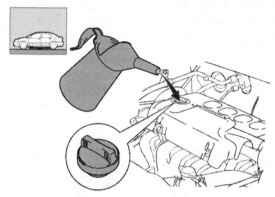

图 6-3　加注发动机机油

（4）更换冷却液。如图 6-4 所示，通过散热器和发动机以及储液罐的排放塞排放发动机冷却液。注意：不要在汽车刚运行后立即进行该工作，因为冷却液会很热，散热器盖将热得不能接触；排出的冷却液要加以收集，将其当作工业废水处理以便保护环境。具体排放步骤如下：

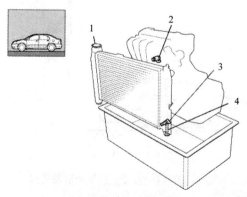

图 6-4　冷却液排放位置

1—散热器盖；2—发动机排放塞；3—散热器排放塞；4—排放管。

① 松开散热器盖45°。
② 取下散热器盖。如图6-5所示，当散热器内部的压力释放后，取下散热器盖。

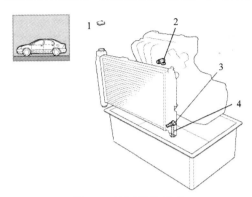

图6-5　取下散热器盖

1—散热器盖；2—发动机排放塞；3—散热器排放塞；4—排放管。

③ 排放冷却液。如图6-6所示，松开散热器排放塞和发动机排放塞排放冷却液至容器。

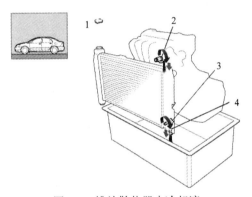

图6-6　排放散热器中冷却液

1—散热器盖；2—发动机排放塞；3—散热器排放塞；4—排放管。

④ 从储液罐中排冷却液。如图6-7所示，断开储液罐软管，从储液罐中排放出冷却液。

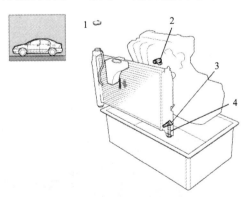

图6-7　排放储液罐中冷却液

1—散热器盖；2—发动机排放塞；3—散热器排放塞；4—排放管。

⑤ 清洗冷却系统。如图6-8所示,冷却液放出后,取下排放堵塞用水冲洗冷却系统。

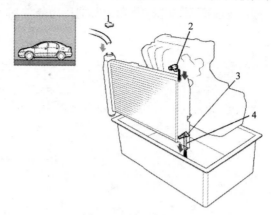

图6-8 清洗冷却系统

1—散热器盖;2—发动机排放塞;3—散热器排放塞;4—排放管。

加注冷却液按照以下步骤进行:

① 拧紧排放塞。如图6-9所示,重新拧紧散热器和发动机的排放塞,并重新接上储液罐软管。

② 准备冷却液。如图6-10所示,准备好长效冷却液。

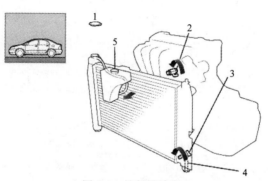

图6-9 拧紧排放塞

1—散热器盖;2—发动机排放塞;3—散热器排放塞;4—排放管;5—储液罐。

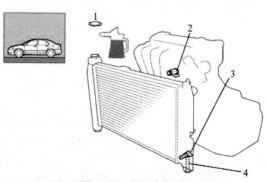

图6-10 准备冷却液

1—散热器盖;2—发动机排放塞;3—散热器排放塞;4—排放管。

③ 加注冷却液。如图 6-11 所示，将冷却液缓慢地倒入散热器的加注孔，用同样的方法加注散热器的储液罐达到"满"刻度。

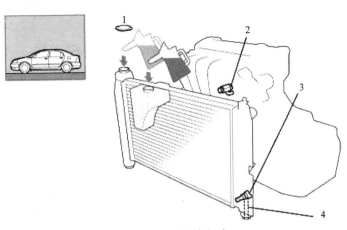

图 6-11　加注冷却液

1—散热器盖；2—发动机排放塞；3—散热器排放塞；4—排放管。

④ 装上散热器盖。如图 6-12 所示，重新装上散热器盖。

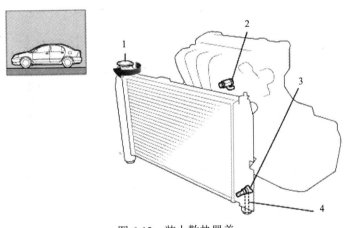

图 6-12　装上散热器盖

1—散热器盖；2—发动机排放塞；3—散热器排放塞；4—排放管。

（5）检查传动皮带。如图 6-13 所示，首先检查传动皮带张紧度：在图示位置用手指以 100N 的力按压传动皮带检查松紧程度；或使用皮带张力计来检查。然后检查传动皮带的整个外围是否有磨损、裂纹、层离或者其他损坏。如果无法检查皮带的整个外围，则通过在发动机转动方向转动曲轴带轮检查皮带。最后检查皮带以确保其已正确地安装在皮带轮槽内。

（6）更换火花塞。如图 6-14 所示，用专用工具更换所有的火花塞。注意：火花塞打开期间不要让异物掉入燃烧室；安装火花塞时，首先用手上紧螺栓，然后再用工具上紧到规定力矩。

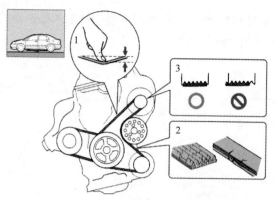

图 6-13　传动皮带检查

1—张紧度检查；2—磨损检查；3—安装检查。

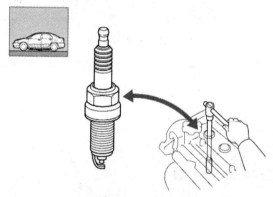

图 6-14　更换火花塞

（7）检查蓄电池。

① 电解液液位检查。如图 6-15 所示，检查蓄电池各个单元的液位是否处于上线和下线之间，如果很难确定电解液液位，则通过轻轻摇晃汽车检查，同时可以通过拆卸一个通风孔塞并从该开口中看检查电解液液位。某些类型的蓄电池可以通过蓄电池指示器查看液位和蓄电池状况。

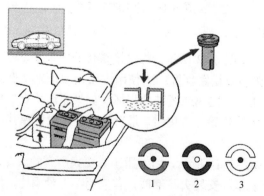

图 6-15　电解液液位检查

1—蓝色：正常；2—红色：电解液液位不足；3—白色：需要充电。

② 其他检查。如图 6-16 所示，还需要检查蓄电池盖是否有裂纹或者渗漏；检查蓄电池端子是否腐蚀；检查蓄电池端子导线是否松动；检查蓄电池的通风孔塞是否损坏或者通风孔是否阻塞。

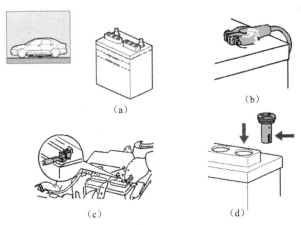

图 6-16　蓄电池检查

(a) 损坏检查；(b) 腐蚀检查；(c) 松动检查；(d) 通风孔塞检查。

（8）制动液检查。如图 6-17 所示，首先检查制动总泵的储液罐中液位是否在最高线和最低线之间，如果制动液液位明显偏低，则需要检查制动系统是否渗漏。其次检查制动总泵是否有渗漏。注意：如果制动液溅出或者粘在油漆上，立即用水漂洗。否则，制动液将损坏油漆表面。

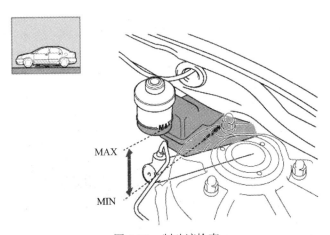

图 6-17　制动液检查

（9）制动管路检查。如图 6-18 所示，检查制动管线是否有制动液渗漏；检查制动软管和管道是否有裂纹和老化；检查制动软管和管道的安装是否正确。

（10）检查和更换空气滤清器芯。如图 6-19 所示，取出空气滤清器芯，更换，安装到位，并且清洁空气滤清器壳体内部。

（11）检查前减振器的上支承。如图 6-20 所示，用梅花扳手以 39N·m 力矩检查两侧各三个螺栓是否紧固。

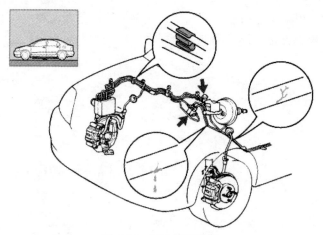

图 6-18　制动管路检查

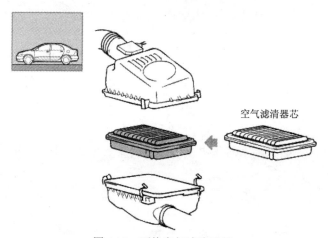

空气滤清器芯

图 6-19　更换空气滤清器芯

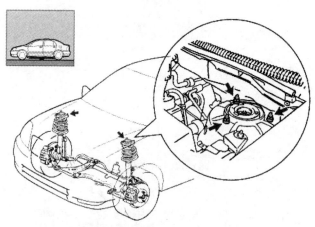

图 6-20　检查前减振器上支承

（12）喷洗液液位检查。如图 6-21 所示，使用液位标尺检查喷洗器罐中的喷洗液是否充分注满。

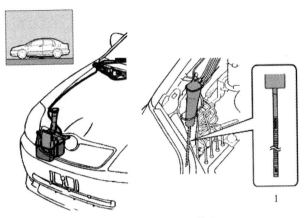

图 6-21 喷洗液液位检查

任务二 发动机暖机期间的检查

1. 训练内容

(1) 顶起位置 7 的发动机暖机期间的检查;

(2) 完成并填写学习工作单的相关项目;

(3) 学习汽车发动机的相关知识。

2. 训练目标

(1) 掌握车辆在顶起位置 7 时发动机暖机期间的检查内容;

(2) 熟悉常用工具的使用。

3. 训练设备

丰田花冠轿车及维修手册、常用工具、车轮挡块和举升器。

4. 训练步骤

(1) 轮毂螺母的再紧固。如图 6-22 所示,按照交叉顺序上紧 4 个轮毂螺母,最后用扭矩扳手将螺母上紧至规定的扭矩(103N·m,四轮)。

图 6-22 紧固轮毂螺母

（2）PCV 阀检查。如图 6-23 所示，在发动机怠速时，用手指夹紧 PCV 阀软管检查工作噪声，然后再检查软管是否有裂纹或者损坏。

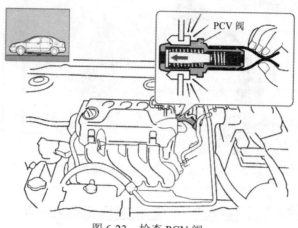

图 6-23　检查 PCV 阀

（3）发动机冷却液检查。如图 6-24 所示，检查冷却液是否从散热器、橡胶软管、散热器盖和软管夹周围渗漏；检查属于冷却系统的橡胶软管是否有裂纹、隆起或者硬化；检查橡胶软管连接是否松动和夹箍安装是否松动。

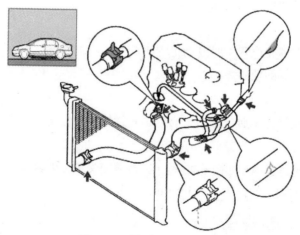

图 6-24　发动机冷却液检查

任务三　发动机暖机后和运行期间的检查

1. 训练内容

（1）顶起位置 7 的发动机暖机后和运行期间的检查；
（2）完成并填写学习工作单的相关项目；
（3）学习汽车发动机的相关知识。

2. 训练目标

（1）掌握车辆在顶起位置 7 时发动机暖机后和运行期间的检查内容；

（2）熟悉常用工具的使用。

3．训练设备

丰田花冠轿车及维修手册、常用工具、车轮挡块和举升器。

4．训练步骤

（1）自动变速器液位检查。如图 6-25 所示，发动机怠速时，按照从 P 到 L 的顺序转换挡杆，然后再从 L 拉回到 P 挡（每挡停 1s 即可），然后检查液位尺的度数是否在"热"范围内。注意：液位应当在正常运行条件下检查，液温应在 75℃±50℃ 范围内。

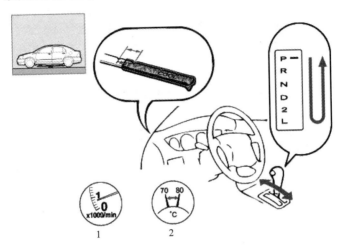

图 6-25　自动变速器液位检查

1—发动机转速；2—液温。

（2）空调检查。如图 6-26 所示，将发动机转速控制在 1500r/min，鼓风机速度开关处于高位，A/C 开关设为 ON，温度控制设为最低，循环控制设为内循环，完全打开所有车门的情况下，通过观察窗观察制冷剂的流量，并检查制冷剂的量，同时检查车内出风口风量的大小。

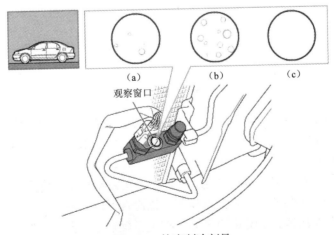

图 6-26　检查制冷剂量

（a）正常（少量气泡）；（b）不充足（很多气泡）；（c）空或多余（无气泡）。

任务四　发动机停机后的检查

1. 训练内容

（1）顶起位置7的发动机停机后的检查；
（2）完成并填写学习工作单的相关项目；
（3）学习汽车发动机的相关知识。

2. 训练目标

（1）掌握车辆在顶起位置7时发动机停机后的检查内容；
（2）熟悉常用工具的使用。

3. 训练设备

丰田花冠轿车及维修手册、常用工具、车轮挡块和举升器。

4. 训练步骤

（1）发动机润滑油油位检查。如图6-27所示，在发动机熄火后5 min，检查量油尺以确保油位处于规定的范围内。注意：要将汽车停放在一个平面上检查油位；从发动机停止5min或者更多的时间之后，检查油位，目的是为了让发动机各个区域的机油完全沉积在集油盘中。

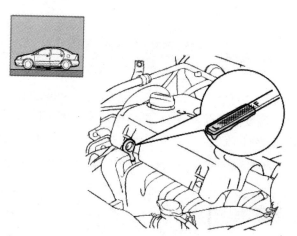

图6-27　机油液位检查

（2）冷却液液位检查。如图6-28所示，待发动机冷却后，检查储液罐中的冷却液是否处于规定的范围内。注意：必须在散热器冷却后检查冷却液液位，因为如果散热器发热，冷却液将会是高液位。

（3）气门间隙检查。如图6-29所示，在一个冷的发动机上，使用厚度规检查和调整气门间隙。如果发动机平稳转动没有异常噪声，该检查可以省略。

（4）更换燃油滤清器。如图6-30所示，在更换燃油滤清器时，为了防止燃油渗漏，需要断开燃油泵的电气连接器，运行发动机，并且在更换燃油滤清器以前放空燃油管线中的燃油。

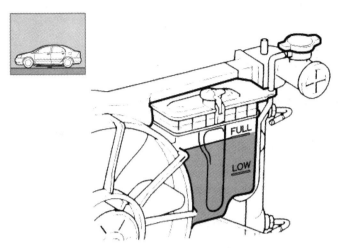

图 6-28 冷却液液位检查

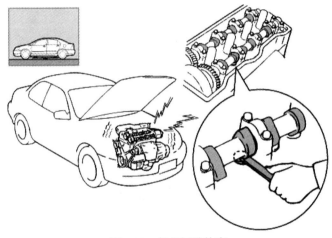

图 6-29 气门间隙检查

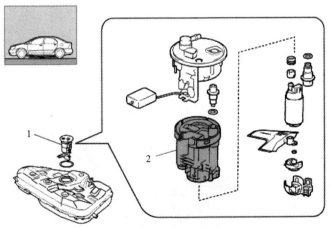

图 6-30 更换燃油滤清器
1—燃油泵总成；2—燃油滤清器。

三、相关知识

（一）发动机的基本构成

汽油发动机是由发动机本体、进气系统、燃油供给系统、润滑系统、冷却系统、排气系统和发动机电气组成。各组成部分如图 6-31～图 6-37 所示。

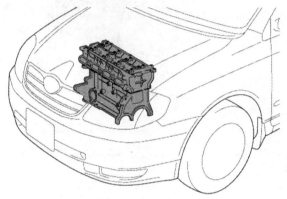

图 6-31　发动机本体

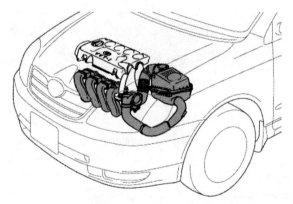

图 6-32　进气系统

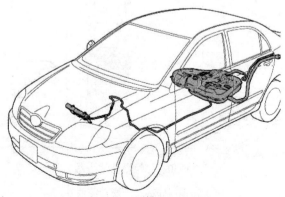

图 6-33　燃油供给系统

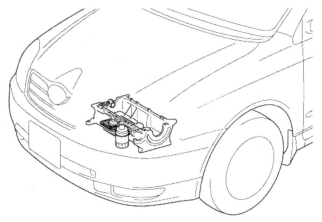

图 6-34 润滑系统

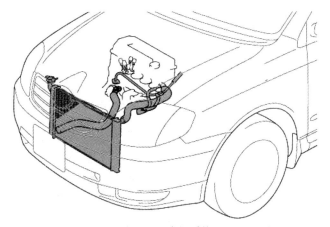

图 6-35 冷却系统

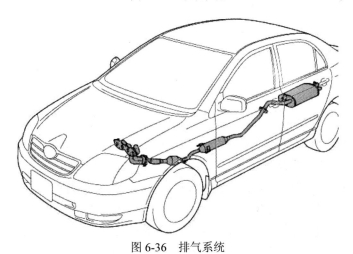

图 6-36 排气系统

(二)发动机本体组成

如图 6-38 所示,发动机本体由气缸盖、气缸体、活塞、曲轴、飞轮、气门机构、传动皮带和油底壳组成。

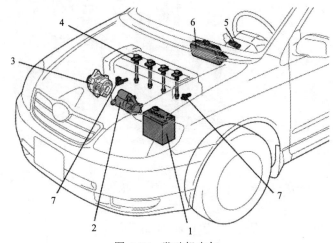

图 6-37 发动机电气

1—蓄电池；2—启动机；3—发电机；4—点火线圈；5—点火开关；6—组合仪表；7—传感器。

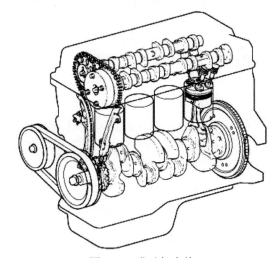

图 6-38 发动机本体

1. 气缸盖和气缸体

如图 6-39 所示，气缸盖和位于气缸盖底部凹陷处的活塞一起构成燃烧室；气缸体是构成发动机主体结构的部件，为使发动机平稳运转，要使用几个气缸。

2. 活塞、曲轴与飞轮

如图 6-40 所示，活塞的作用是承受可燃混合气急剧燃烧时产生的压力，在气缸内上下运动。曲轴借助连杆将活塞的直线运动转换成旋转运动。飞轮是用厚钢片制成，可将曲轴的旋转运动转化为惯性运动，因此它可以输出稳定的旋转力。

3. 传动皮带

如图 6-41 所示，传动皮带通过皮带轮将曲轴的旋转功率传递至交流发电机、动力转向泵和空调器压缩机。正常情况下，汽车上有 2 条或 3 条皮带。传动皮带必须进行适度张力和磨损方面的检查，并按规定间隔时间更换。

项目六 发动机维护

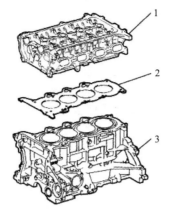

图 6-39 气缸盖和气缸体

1—气缸盖;2—垫片;3—气缸体。

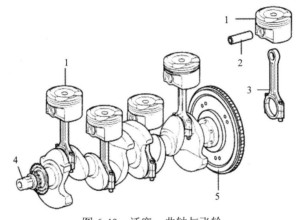

图 6-40 活塞、曲轴与飞轮

1—活塞;2—活塞销;3—连杆;4—曲轴;5—飞轮。

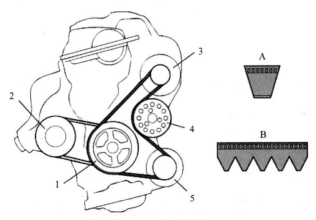

图 6-41 传动皮带

1—曲轴皮带轮;2—动力转向泵皮带轮;3—发电机皮带轮;4—水泵皮带轮;
5—空调压缩机皮带轮。

4. 气门机构

如图6-42所示,气门机构是可在适宜正时将气缸盖内的进气门和排气门开启和关闭的一组部件。其中正时链的作用是将曲轴的旋转运动传递给凸轮轴。

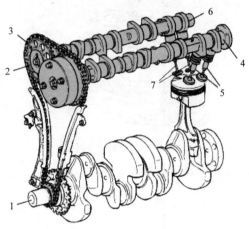

图6-42 气门机构

1—曲轴；2—正时链轮；3—正时链；4—进气凸轮轴；5—进气门；
6—排气凸轮轴；7—排气门。

5. VVT-i系统

如图6-43所示,VVT-i系统（智能可变气门正时系统）可根据发动机状态使用计算机来最优地控制进气门的开启和关闭正时。此系统使用液压来改变进气门的开启和关闭时,使进气效率、扭矩、功率输出和燃油经济性得到提高且排气更为清洁。

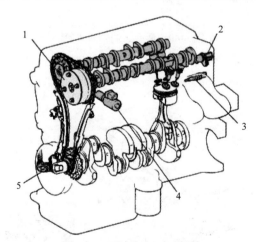

图6-43 可变气门正时机构

1—VVT-i控制器；2—凸轮轴位置传感器；3—水温传感器；4—凸轮轴正时油控制阀；
5—曲轴位置传感器。

（三）进气系统

如图6-44所示,进气系统的作用是向发动机提供所需容量的清洁空气,具体由空气滤清器,节气门体和进气歧管组成。

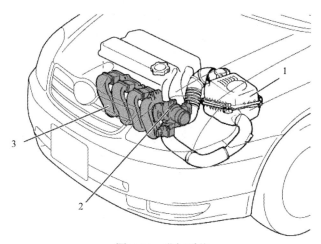

图 6-44 进气系统

1—空气滤清器；2—节气门体；3—进气歧管。

1. 空气滤清器

空气滤清器组成如图 6-45 所示。空气滤清器内装有一个滤清器滤芯，在外部空气进入发动机时，可从空气中除去灰尘和其他颗粒。空气滤清器滤芯必须定期地清洗或更换。

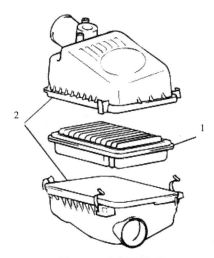

图 6-45 空气滤清器

1—空气滤清器滤芯；2—空气滤清器壳体。

2. 节气门体

如图 6-46 所示，节气门用拉索和位于车辆内部的加速器踏板协同操作，来调节吸入气缸中的空气燃油混合气容积。当加速器踏板被踩下时，节气门开启，吸入大量的空气和燃油，使发动机输出功率增加。同时还配备 ISCV（怠速控制阀）以便当发动机冷态或怠速期间调节空气量。

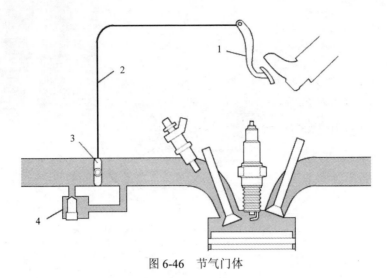

图 6-46 节气门体

1—加速踏板；2—油拉索；3—节气门；4—ISCV（怠速控制阀）。

3. 进气歧管

如图 6-47 所示，进气歧管由若干管路组成，为各个气缸供气。

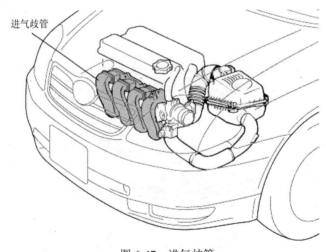

图 6-47 进气歧管

（四）燃油供给系统

燃油供给系统的组成如图 6-48 所示。燃油供给系统的作用是向发动机供应燃油，也有清除燃油中垃圾或灰尘的功能，并调节燃油供给量。

1. 燃油泵

燃油泵结构如图 6-49 所示，其作用是将燃油从燃油箱泵到发动机，这样使燃油管保持固定的压力。一种安装方式是油箱内装式，它位于燃油箱内；另一种称为直列式，它位于燃油管中间。驱动泵有不同的方法，EFI（电子燃油喷射系统）系统使用一种带马达的电动泵。

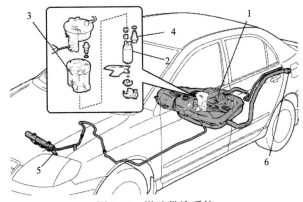

图 6-48 燃油供给系统

1—油箱；2—燃油泵；3—燃油滤清器；4—压力调节器；5—喷油器；6—燃油箱盖。

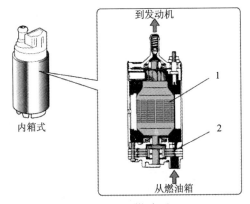

图 6-49 燃油泵

1—马达；2—涡轮式泵叶轮。

2．燃油滤清器

燃油滤清器组成如图 6-50 所示，其作用是清除燃油中的污物，为了防止它们被吸入喷油器，使用一过滤纸清除污物。燃油滤清器总成必须定期更换。

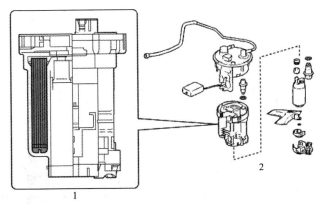

图 6-50 燃油滤清器

1—燃油滤清器；2—燃油泵总成。

3. 压力调节器

燃油压力调节器如图 6-51 中 1 所示，其作用是将燃油调整到设定压力，提供稳定的燃油供给。

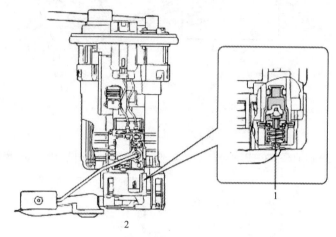

图 6-51　燃油压力调节器

1—压力调节器；2—燃油泵总成。

（五）润滑系统

发动机润滑系统的组成如图 6-52 所示，润滑系统使用一只机油泵，连续在整个发动机内部供应发动机油。润滑系统用油膜来减少部件之间的摩擦。如果发动机无油运转，会导致运行不良，甚至导致烧坏。除了润滑，发动机油还有冷却和清洁发动机的功能。

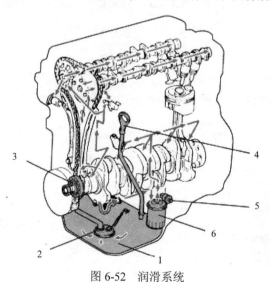

图 6-52　润滑系统

1—油底壳；2—机油粗滤器；3—机油泵；4—机油尺；5—机油压力开关；6—机油滤清器。

1. 机油泵

机油泵结构如图 6-53 所示，其工作原理是有一驱动转子和一不同轴的从动转子，这些转子的旋转运动引起转子之间的间隙变化,这样导致泵的压油动作。驱动转子用曲轴驱动。泵中设有释放阀,用于防止油压超过预定的值。

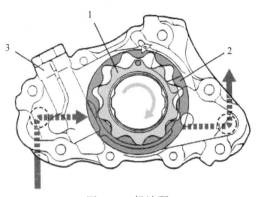

图 6-53　机油泵

1—驱动转子；2—从动转子；3—溢流阀。

2．机油滤清器

机油滤清器的结构如图 6-54 所示,其作用是从发动机油中清除污染物,如金属颗粒等,并保持发动机机油洁净。它有一只单向阀,当发动机停机时使油保持在滤清器中。这样发动机启动时滤清器就总有油；它还有一个释放阀,当滤清器堵塞时允许油输送到发动机。机油滤清器是需要定期更换的零件,并且达到规定行驶里程时要整体更换。

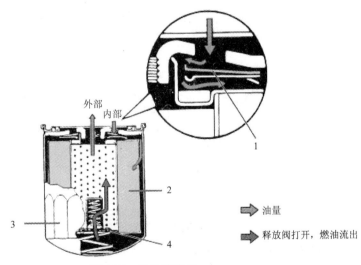

图 6-54　机油滤清器

1—单向阀；2—滤芯；3—壳体；4—溢流阀。

3．油压警告灯

当机油压力过低时,发动机通过点亮图 6-55 中的油压警告灯警告驾驶员：油泵产生的油压是否正常,是否正常地输送到了发动机的各个部分。油路中的油压开关(传感器)监控油压状态,并且如果发动机启动后油压不增加,在组合表上对驾驶员发出警告。

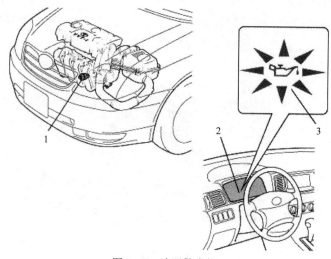

图 6-55 油压警告灯

1—油压力开关；2—组合仪表；3—油压警告灯。

（六）冷却系统

冷却系统组成如图 6-56 所示，在发动机工作过程中通过冷却液的不断循环，将发动机温度调至最佳水平（80℃～90℃冷却液温度）。

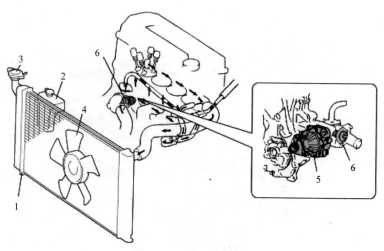

图 6-56 冷却系统组成

1—散热器；2—储液罐；3—散热器盖；4—冷却风扇；5—水泵；6—节温器。

1. 冷却液流向

如图 6-57 所示，水泵使冷却液在冷却液通路中循环。冷却液从发动机吸热并通过散热器将热量释放到大气中，于是冷却液就被冷却，然后返回到发动机中。

2. 散热器

散热器如图 6-58 所示，当散热器的管子和散热片暴露在冷却风扇产生的气流及车辆运动产生的气流中时，散热器中的冷却液变冷。

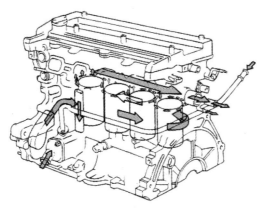

图 6-57 冷却液流向

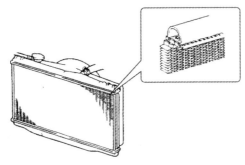

图 6-58 散热器

3. 散热器盖

如图 6-59 所示,散热器盖内有一压力阀,作用是给冷却液加压,加压下的冷却液温度升至 100℃以上,使得冷却液温度和空气温度的差别更大,这样可以改善冷却效果。当散热器压力增加时,压力阀打开,并将冷却液送回储液罐;当散热器解压时,真空阀打开,使储液罐放出冷却液。

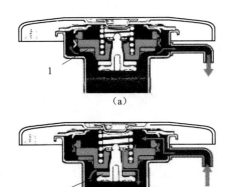

图 6-59 散热器盖

(a)增压期间;(b)减压期间。

1—压力阀;2—真空阀。

4. 冷却风扇（电动冷却风扇）

电动冷却风扇系统组成如图 6-60 所示，当检测到水温高于设定值时，温度开关打开使得风扇运行，将大量空气引入散热器，提高冷却效果。

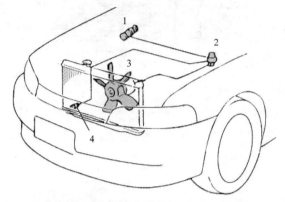

图 6-60　电动冷却风扇

1—点火开关；2—继电器；3—冷却风扇；4—温度开关。

5. 冷却风扇（带液力耦合器的冷却风扇）

带液力耦合器的冷却风扇结构如图 6-61 中 B 所示，用传动皮带驱动，并用硅油液力耦合器转动风扇，在冷却液温度较低时自动降低旋转速度。电控的液力冷却风扇系统结构如图中 C 所示，其用液压马达驱动风扇，ECU 调节流入液压马达的液体，从而控制风扇的转速，使散热器保持有一合适的散热空气量。

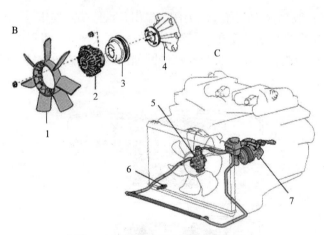

图 6-61　带液力耦合器的冷却风扇

B—带液力耦合器的冷却风扇；C—电控的液力冷却风扇。
1—冷却风扇；2—液力耦合器；3—皮带轮；4—水泵；5—液压马达；6—水温传感器；
7—液压泵。

6. 节温器

节温器的结构如图 6-62 所示，节温器是快速预热发动机并调节冷却液温度的部件。它位于散热器与发动机之间的通路中。当冷却液温度变高时，连接散热器的阀打开，以便冷却发动机,其有两种类型,如图中(a)和(b)所示,一种带旁通阀,另一种不带旁通阀。

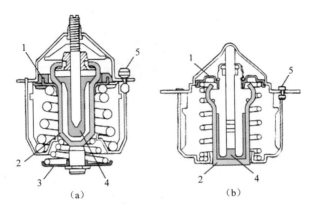

图 6-62 节温器

(a)带旁通阀;(b)不带旁通阀。
1—阀;2—缸;3—旁通阀;4—蜡;5—跳阀。

(七)排气系统

发动机排气系统组成如图 6-63 所示,它在将发动机产生的废气排放入大气时,可以清除废气中的有害成分,减少废气发出的爆炸声,改善发动机废气的排放性能,提高发动机效率。

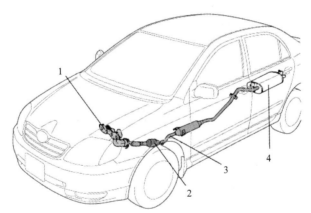

图 6-63 排气系统

1—排气歧管;2—三元催化转换器;3—排气管;4—消声器。

1. 催化转换器

整体式催化转换器如图 6-64 所示,它位于废气系统中间,从废气中清除有害成分。废气中的有害成分包括 CO(一氧化碳)、HC(碳氢化合物)和 NO_x(氮氧化物)。三元催化是指用带铂、铑和钯的催化剂清理废气中的 CO、HC 和 NO_x。

2. 消声器

消声器如图 6-65 所示,图中箭头表示气体流向,排气系统中装消声器是因为从发动机中排放出的废气处于高压高温状态,如果直接排放,会发出爆炸声。因此消声器通过降低废气的压力和温度来消声。

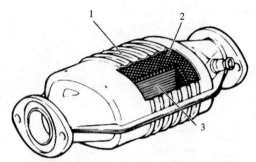

图 6-64 整体式催化转换器

1—外壳；2—丝网；3—整体催化剂。

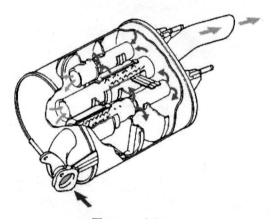

图 6-65 消声器

（八）发动机电气

发动机基本电气构成如图 6-66 所示，必须用多个设备来启动发动机并使其以稳定方式运行。

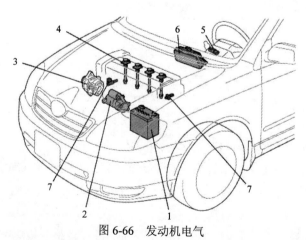

图 6-66 发动机电气

1—蓄电池；2—启动机；3—发电机；4—点火线圈；5—点火开关；6—组合仪表；7—传感器。

1. 蓄电池

蓄电池结构如图 6-67 所示,蓄电池为可再充电型电池,当发动机停止运行时,可以作为电源使用。当发动机正运转时,它贮存使用的电量。蓄电池检查包括检查电解液的液位和比重。处理蓄电池时须注意:充电时远离明火,因为此时有氢气排出;电解液应远离身体、衣服和车身,因为其中含有硫酸。

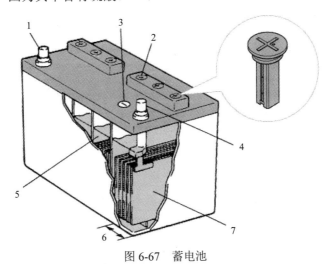

图 6-67　蓄电池

1—负极端子;2—通气孔塞;3—提示器;4—正极端子;5—电解液;6—电池;7—极板。

2. 启动系统

启动系统构成如图 6-68 所示,当启动发动机时,点火开关打开,蓄电池给启动机提供大电流,启动机运转并带动发动机飞轮旋转,从而启动发动机。

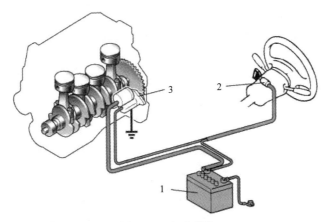

图 6-68　启动系统

1—蓄电池;2—点火开关;3—起动机。

3. 充电系统

充电系统的组成如图 6-69 所示,发动机一经启动,传动皮带就带动发电机工作,所产生的电量向各个电气组件供应所需的电量,并同时向蓄电池充电。

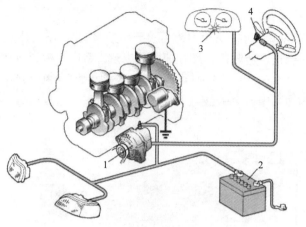

图 6-69 充电系统

1—发电机;2—蓄电池;3—放电警告灯;4—点火开关。

4. 交流发电机

交流发电机结构如图 6-70 所示,当发动机启动后,传动带将带着交流发电机的带轮转动。其结果是转子转动,使定子线圈内流出电流。交流发电机除了发电功能之外,还有整流功能,汽车的电气系统使用直流电,所以,整流器将定子线圈产生的交流电流改变为直流电流。最后交流发电机还有调节电压功能:汽车电气系统的电压设定为 12V。尽管交流发电机转速有变化,但调节器可以将电流调节至恒定电压输出。

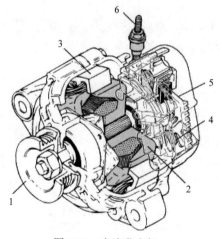

图 6-70 交流发电机

1—带轮;2—转子;3—定子;4—整流器;5—调节器;6—"B"端子。

5. 放电警告灯

如图 6-71 所示,当交流发电机因某种原因不能发电时,放电报警灯将亮起。例如,在车辆行驶时,此灯亮起,皮带开裂可能是其原因。

6. 点火系统

点火系统组成如图 6-72 所示,点火系统在高电压下产生火花,在最佳的正时点燃压缩在气缸内的混合气。最佳点火正时是由发动机 ECU 根据所收到的由各个传感器发来的信号计算分析而确定的。如图 6-74 所示，根据点火线圈型形不同，将点火系统分为三类：常规型、直接点火型、整体式点火型。

图 6-71　放电警告灯

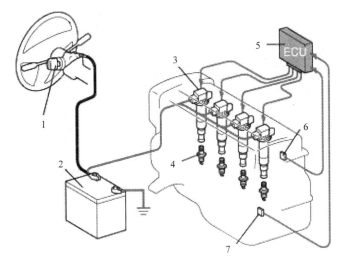

图 6-72　点火系统

1—点火开关；2—蓄电池；3—带点火器的点火线圈；4—火花塞；5—发动机 ECU；
6—凸轮轴位置传感器；7—曲轴位置传感器。

7. 直接点火系统

直接点火系统组成如图 6-73 所示，直接点火系统向火花塞提供高电压。图（a）为 A 型点火系统，每个气缸中装备一个带点火器的点火线圈；图（b）为 B 型点火系统：每 2 个气缸装备一个带点火器的点火线圈，它用高压线向气缸供应电流。

8. 点火线圈

点火线圈的组成如图 6-74 所示，其作用是提高蓄电池电压（12V）以产生点火所必须的超过 10kV 的高电压。工作原理是：初级线圈和次级线圈安置成互相靠得很近。当在初级线圈上间断地施加电流时,就产生互感现象。利用这个机理,在次级线圈内产生高电压。点火线圈能产生高电压,此高电压随线圈绕组的个数和尺寸而变。

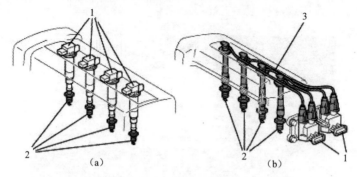

图 6-73　直接点火系统

1—带点火器的点火线圈；2—火花塞；3—高压线。

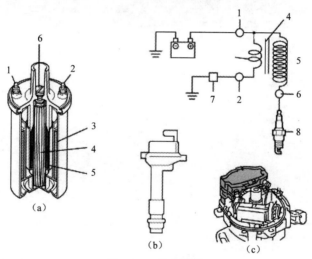

图 6-74　点火线圈

（a）常规型；（b）直接点火型；（c）整体式点火型。

1—初级端子正极；2—初级端子负极；3—初级线圈；4—铁芯；5—次级线圈；6—次级端子；
7—点火器；8—火花塞。

9. 火花塞

火花塞的结构如图 6-75 所示,火花塞的种类如图中（a）、（b）、（c）所示。此组件接受在点火线圈内生成的高电压,并产生火花,来点燃气缸内的混合气。高电压在中心电极和接地电极间的间隙内产生电火花。

10. 新型火花塞

新型火花塞结构如图 6-76 所示。火花可产生电磁干扰使电子设备失灵,图（a）是电阻型火花塞,此种火花塞含有陶瓷电阻器来防止这一现象发生。白金电极火花塞（图（b））用白金作为中心细电极和接地电极,在耐用性和点火性能上表现优越。铱电极火花塞（图（c））用铱合金作为中心电极,用铂作为接地电极,从而具有耐用性和高性能的双重优点。

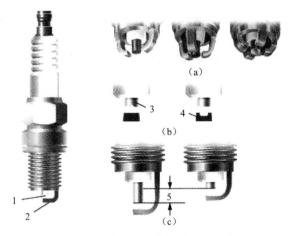

图 6-75　火花塞

（a）多电极火花塞；（b）凹槽火花塞；（c）发射电极火花塞。
1—中心电极；2—接地电极；3—V 型槽；4—U 型槽；5—凸出量的差别。

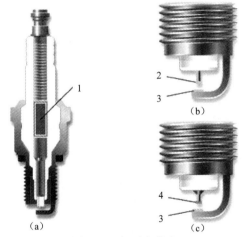

图 6-76　新型火花塞

（a）电阻型火花塞；（b）白金电极火花塞；（c）铱电极火花塞。
1—电阻器；2—白金尖中心电极；3—白金尖接地电极；4—铱尖中心电极。

（九）空调

如图 6-77 所示，空调可以调节车内温度。它除了加热和制冷的温度调节功能外，还有除湿器功能。此外空调还有助于消除雾、冰和凝露等车窗内外的视野障碍物。

1. 加热工作原理

如图 6-78 所示，加热器使用加热器芯子作为加热空气的热交换器。由发动机加热的冷却液进入加热器芯子，将鼓风机风扇吸入的冷空气加热。

2. 制冷工作原理

如图 6-79 所示，冷却时使用蒸发器作为冷却空气的热交换器。当空气调节开关置于"打开"位置时，压缩机就开始工作并将冷却气体泵入蒸发器。由于制冷剂流过蒸发器，蒸发器就从它周围的空气吸收热,这样就冷却了空气。

图 6-77 空调功能

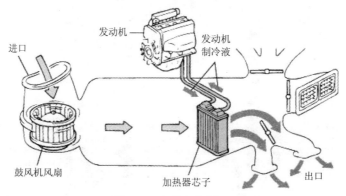

图 6-78 加热工作原理

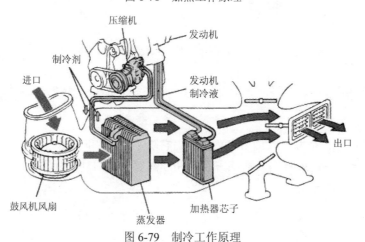

图 6-79 制冷工作原理

3. 除湿工作原理

如图 6-80 所示,当空调开关置于"打开"位置时,蒸发器就会通过将水汽冷凝成液态水而去除空气中的湿气。于是由于具备这种除湿功能,车内空气变得干燥。湿气被排出车外以保持车内干燥。

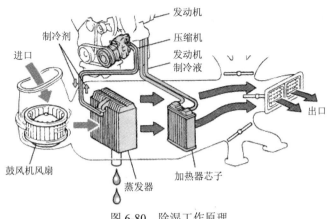

图 6-80　除湿工作原理

（十）发动机的主要性能

发动机的工作状况和工作性能的优劣，可用一定的指标来表示和评价。以下主要介绍发动机的动力性和经济性指标以及这些性能指标随发动机转速或负荷变化的关系。

发动机的性能指标（主要包括动力性和经济性指标）根据评价方法的不同一般可分为指示性能指标和有效性能指标两种。指示性能指标是以工质在气缸内对活塞做功为基础而建立的指标，它用来评定工作循环进行的好坏。指示性能指标用指示功、平均指示压力和指示功率评定循环的动力性，即做功能力。用循环热效率及燃油消耗率评定循环经济性。

发动机有效性能指标是以发动机功率输出轴上得到的净功率为基础而建立的指标。它可用来评定整机性能的好坏。一般汽车发动机标示的性能指标以及进行检测与维修时应用的指标参数均为有效指标。本节重点介绍发动机常见的有效指标，主要包括：有效功率、平均有效压力、有效热效率和有效燃油消耗率等。

1. 有效功率 P_e

1）概念

由发动机曲轴输出的功率称为有效功率。

2）计算

发动机的指示功率 P_i 不可能完全对外输出。这是因为发动机工作过程中，存在很多损失。这些损失包括发动机内部运动件的摩擦损失、驱动附属机构的损失、泵气损失等。上述损失所消耗功率的总和称为机械损失功率 P_m。因此，有效功率为

$$P_e = P_i - P_m \text{（kW）} \tag{6-1}$$

2. 机械效率 η_m

1）概念

机械效率指有效功率与指示功率之比。

2）计算

$$\eta_m = \frac{P_e}{P_i} = 1 - \frac{P_m}{P_i} \tag{6-2}$$

3. 有效转矩 T_{tp}

1）概念

由发动机曲轴输出的转矩称为有效转矩。

2）计算

$$T_{tq} = 9550 \frac{P_e}{n} \quad (6\text{-}3)$$

4. 平均有效压力 p_e

发动机单位气缸工作容积输出的有效功，称为平均有效压力。

5. 有效燃料消耗率 b_e

有效燃料消耗率是指单位有效功的耗油量，简称耗油率，其单位是 g/(kW·h)。

6. 有效热效率 η_e

有效热效率是循环的有效功与所消耗燃料的热量之比。

7. 机械损失

发动机的功率在内部传递过程中存在各种损失，这些损失称为机械损失，它主要包括以下三方面。

（1）发动机内部运动件的摩擦损失。如活塞及活塞环与缸壁、各处轴承间、配气机构中的摩擦损失，占机械损失的 60%～75%。

（2）驱动水泵、机油泵、燃油泵、风扇、发电机等的损失功占 10%～20%。

（3）从气缸清除废气和向气缸填充新气引起的泵气损失占 10%～20%。

由于这些损失，使发动机输出功率小于指示功率。因此，减少机械损失，尤其是摩擦损失，可提高发动机的动力性能。

四、自我测试题

（一）判断题

1．如果发动机平稳转动没有异常噪声，气门间隙检查可以省略。（   ）

2．在更换燃油滤清器时，为了防止燃油渗漏，需要接通燃油泵的电气线路。（   ）

3．在更换新的空气滤清器滤芯时，将其直接放入空气滤清器壳体即可。（   ）

4．当机油压力过低或过高时，发动机通过点亮油压警告灯警告驾驶员。（   ）

5．火花塞间隙可用厚薄规检查，范围是 1mm～1.1mm。（   ）

（二）单项选择题

1．关于动力转向液液位的检查，下面说法正确的是（   ）

　　A．汽车静止，发动机空转时，转动方向盘数次，这样能使动力转向液的温度达 40℃～80℃（104°F～176°F）。然后，停止发动机，检查存储罐的液位在规定的范围内。

B．发动机运转，检查存储罐的液位在规定的范围内。

C．转动方向盘时，检查存储罐的液位在规定的范围内。

D．为迅速升高液体的温度，车辆静止时转动方向盘到底并停留，重复做数次，共做5min。然后，检查动力转向液液位。

2．下列火花塞的检查哪一项是错误的（　　）
  A．要目测火花塞的绝缘陶瓷有无损坏。 B．要用厚薄规检查火花塞的电极间隙。
  C．要检查电极部分有无积碳和烧蚀。 D．要检查火花塞的螺纹有无损坏。

3．关于蓄电池的检查下列说法错误的是（　　）
  A．要检查蓄电池的安装、壳体是否损坏。
  B．检测电解液的密度时只需要检测其中的一格即可。
  C．检查通风孔塞时需要拆下对着亮光看。
  D．检测电解液的密度是否在 $1.25g/cm^3 \sim 1.29g/cm^3$ 之间。

4．关于自动传动桥液位的检查，下面说法正确的是（　　）
  A．发动机停止、冷态时，检查自动传动桥的液位。
  B．发动机停止、热态时，检查自动传动桥的液位。
  C．发动机怠速、自动传动桥液液温约 75℃时，检查自动传动桥的液位。把换挡杆按顺序从 P 挡位移到 L 挡位，然后返回到 P 挡位，检测液位。
  D．发动机怠速、热态时，检查自动传动桥的液位。把换挡杆按顺序从 P 挡位移到 L 挡位，然后返回到 D 挡位，检测液位。

5．关于空调冷媒检测说法正确的是（　　）
  A．空调冷媒检查时需要打开所有车门和车窗，使出风量开到最大，制冷温度打到最低，同时使发动机以 1800r/min 的转速运转。
  B．观察窗口出现少量气泡说明冷媒不足。
  C．观察窗口出现大量气泡说明冷媒过多。
  D．观察窗口没有出现气泡说明冷媒没有或过多。

（三）简答题

1．简述发动机冷态时的检查内容。
2．如何正确使用比重计？
3．火花塞拆卸和安装方法是什么？
4．如何更换发动机冷却液？

项目七 汽车复位、清洁与合理使用

一、项目描述

通过对汽车的清洁和复位以及道路检测，使学生须达到以下要求：

1. 知识要求

（1）熟悉汽车清洁的基本方法；

（2）了解汽车美容护理的基本知识；

（3）掌握汽车的正确使用方法。

2. 技能要求

（1）能够清洁车辆；

（2）能够复位车辆；

（3）能够进行汽车漆面护理；

（4）能够进行车辆道路检测。

3. 素质要求

（1）掌握5S理念；

（2）重视劳动保护与安全操作；

（3）注意环境保护；

（4）培养团队协作精神。

二、项目实施

任务一　底盘复查

1. 训练内容

（1）顶起位置 8 的检查；

（2）完成并填写学习工作单的相关项目；

（3）学习汽车清洁与正确使用的相关知识。

2. 训练目标

（1）掌握车辆在顶起位置 8 的工作内容；

（2）熟悉常用工具的使用。

3. 训练设备

丰田花冠轿车及维修手册、常用工具、工作灯和举升器。

4. 训练步骤

（1）举升车辆至位置 8。如图 7-1 所示，在完成发动机维护工作后，将车举升至位置 8。

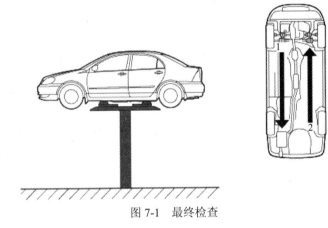

图 7-1　最终检查

（2）复查底盘部位。在位置 8 时，复查以前的操作，检查更换零件的安装状况，检查有无油液渗漏情况，如机油或制动液。

任务二　车辆复位与清洁

1. 训练内容

（1）顶起位置 9 的检查；

（2）完成并填写学习工作单的相关项目；

（3）学习汽车清洁与正确使用的相关知识。

2. 训练目标

（1）掌握车辆在顶起位置 9 的工作内容；

（2）熟悉汽车的清洁方法。

3. 训练设备

丰田花冠轿车及维修手册、常用工具、车轮挡块和清洗设备。

4. 训练步骤

（1）举升车辆至位置 9；如图 7-2 所示，将车降至位置 9。

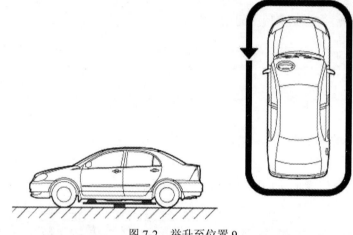

图 7-2　举升至位置 9

（2）检查轮胎螺栓。检查轮胎螺栓是否达到标准力矩 103N·m。

（3）车辆复位。拆卸翼子板布和前格栅布，调整收音机至原来所设频率，时钟调至标准时间，座椅位置复原。

注意：在起步前，连续踩制动踏板三四次，以消除过大制动间隙，使制动踏板自由行程处于标准范围。

（4）清洁车辆。清洁车身、车内部和烟灰缸，最后再拆卸座椅护套、地板垫和方向盘护套。

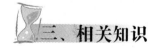 三、相关知识

（一）道路测试

汽车在举升器上的工作完成后，还要进行道路测试，其工作内容如下：

1. 制动系统检查

如图 7-3 所示，进行道路测试中的制动系统检查时，需检查以下项目：在松开驻车制动器时是否有结合发抖的现象；根据施加在踏板上的力检查制动器功能和两侧是否都没有拉力；制动器是否有尖叫声；制动器踏板是否有足够的行程余量；制动踏板有无松软的异常现象。

2. 驻车制动系统检查

如图7-4所示，检查驻车制动系统时，仅使用驻车制动器看车辆是否能够停留在斜坡上。

图 7-3　制动系统检查

图 7-4　驻车制动系统检查

3. 离合器检查

如图7-5所示，离合器检查时，要注意：在一挡起步时离合器是否啮合平稳并在加速时没有滑动；在踩下离合器踏板时有没有不正常的噪声或振动。

图 7-5　离合器检查

4. 转向系统检查

如图7-6所示，转向系统检查需进行：检查当车轮笔直向前时方向盘是否在适当位置；检查方向盘是否不偏向一侧；检查有无异常噪声和结合发抖，而且转向操作方便并能自然回复到原始位置；检查转向时有无发飘、摇振、颤振等现象。

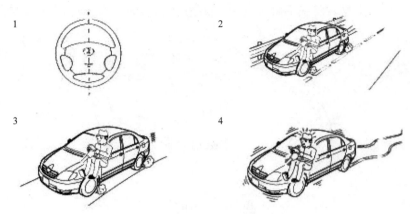

图 7-6　转向系统检查

5. 自动变速器检查

如图 7-7 所示，检查当在"2"和"D"挡内行驶时变速器能否自动换高挡和低挡；检查在正常行驶、齿轮变换、启动时，有无振动、冲击或打滑现象。

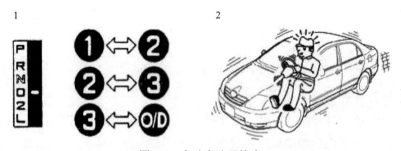

图 7-7　自动变速器检查

6. 其他检查

如图 7-8 所示，道路测试中还要检查车辆的发动机、传动系统、悬架系统、转向系统、制动系统和车身有无振动和不正常噪声。

图 7-8　其他检查

（二）车身清洗

车身的清洗不仅仅是使汽车外表清洁亮丽、光彩如新，其主要目的在于保养护理，经常清洗车身可以减少外界有害物质的侵蚀，延长汽车的使用寿命。因此，车身的清洗是汽车保养护理的最基本工作。

1. 汽车外表的清洗

1）车表污垢的组成

车表的污垢主要有外部沉积物、锈蚀物以及焦泊、沥青、树汁、鸟粪、虫尸等附着物。这些污垢往往都具有很高的附着力，能牢固地附着在零件的表面，各有不同的性质，因此从零件表面清除它们的难易程度也不同。

（1）外部沉积物。外部沉积物可以分为尘埃沉积物和油腻沉积物。大气中经常含有一定数量的尘埃，在运动着的车辆附近，当尘埃的颗粒度为 $5\mu m \sim 30\mu m$ 时，尘埃的含量就达到 $0.05g/m^3$ 左右。当尘埃颗粒的含量增加时，它在金属表面的凝聚和沉积也就加快。在潮湿的空气中，由于吸附的水膜会提高尘粒间的附着力，从而使尘粒加速凝聚，尘粒固着在表面上的牢固程度取决于表面的清洁程度、尘粒的大小和空气的湿度。油腻沉积物，是由于污泥和尘埃落到被机油污染了的零件上而形成的，也可能是由于润滑油落到了污染了的表面上，此时润滑油浸透污泥。

（2）锈蚀物。锈蚀物是由于金属和合金的化学或电化学被破坏而形成的。钢铁零件表面如果失去保护层，长时间暴露在潮湿的空气中很容易形成微红褐色的物质——铁锈。铁锈能溶于酸中，微溶于碱和水中。铝制零件同样会产生锈蚀，它的锈蚀物是呈灰白色薄膜的氧化铝或氧化铝的水化物。

（3）附着物。汽车在行驶中，由于周围环境的不同而容易沾上一些附着物，如行驶在维修的道路上容易沾上焦油、沥青等，行驶在乡间道路容易沾上树汁、鸟粪、虫尸等。这些附着物能牢固的粘在车身表面，一般很难用水清洗干净，要用有机溶剂去清洗。

2）车身的清洗方式

清洗车身表面是汽车美容的基础。汽车的专业美容不同于一般的洗车打蜡，在做车身清洗时需要清洁的污物和部位有很多，而且每一种方式都应使用专业用品并采取专业的操作步骤进行。

在进行专业的车身表面清洗时，主要有四种方式：① 车身静电去除清洗；② 车身交通膜的去除清洗；③ 除蜡清洗；④ 深度增艳清洗。这四种清洗方式不仅使用的清洗用品不同，而且操作方式和要达到的目的也是不同的。

（1）车身静电去除清洗。车辆在行驶过程中由于摩擦而产生强烈的静电层，静电对灰尘和油污的吸附能力很强，一般用水不能彻底清除，必须要用专用的清洗剂。只有把车身静电彻底清除掉，才能为下一步上蜡养护漆面打好基础。如果车身静电没有彻底清除掉就上蜡，则残留的车身静电荷被覆盖在车蜡下面，使车蜡的养护性能大大降低，并且其附着漆面的能力也会降低，时间不长车蜡就会脱落从而失去上蜡保护的意义。

汽车美容护理用品中有专门用于清除车身静电的产品，如汽车专用清洁香波，这种清洗用品的 pH 值为 7.0，是一种绝对中性的车身清洁剂。它含有阴离子表面活性剂和其他有效清洁成分，在喷涂于车身表面后会与车身自带的静电荷发生作用，将电荷从漆面彻底清除掉。使用前先用高压水将沾在车身表面的污物冲净，再将汽车专用清洁香波按使用说明的要求进行稀释，然后喷涂在车身表面上，或用海绵蘸上稀释的清洁液擦到车身表面。擦洗时要注意全车的范围，不要有遗漏的地方。保持片刻后用高压水把泡沫冲掉。

（2）车身交通膜的去除清洗。汽车经过一段时间的行驶，由于车身静电吸附灰尘，时间久了形成一层坚硬的交通薄膜，使原来艳丽的车身变得暗淡无光。这层交通膜使用普通的清洁剂很难把它清除掉。为此，美容护理用品厂家生产了专用的交通膜去除剂，清洗时按一定比例稀释后，将其喷到车身上，过一段时间后再用高压水冲干净就可以去除交通膜了，使用效果非常理想。

（3）除蜡清洗。无论是新车还是旧车，所有的车身漆面都是要上蜡保护的，只是蜡的品种和上蜡的时间有所区别。新车通常使用树脂蜡，它是作为新车运输的保护剂，主要目的是防雨水、防灰尘和划痕，这种保护层一般不含油脂物质。一家专业的汽车美容中心，在清洗阶段必须能针对不同的车身保护蜡，将其从车身上彻底去除干净。如果不把这一保护层彻底除掉，即使天天再给汽车上蜡也无济于事。因为残蜡如果不清除干净，上新蜡时会因两次蜡的品种和上蜡的时间不同，极易产生局部新蜡附着不牢的现象。

清除残蜡的方法要针对不同的车蜡采用不同的开蜡水，新车开蜡应采用树脂开蜡水，在用车采用蜡质开蜡水。使用时可将开蜡水按比例稀释后喷涂于车身表面，停留 3min～5min，然后用高压水冲去即可。开蜡水虽然对环境无害，不易燃、不腐蚀，但具有强碱性，使用时要注意劳动保护。

（4）深度增艳清洗。这种清洗的作业方式是在抛光或上镜面釉之后进行，目的是除掉残留在车身表面的抛光剂和油分，为上蜡保护做好准备，一般使用清洁上蜡二合一香波。用这种产品进行深度增艳清洗效果很好，不但可以除去抛光剂、油分等污物，还可以留下一层薄薄的蜡膜为接下来的上蜡保护打基础。

使用时先按一定比例稀释清洁上蜡二合一香波，然后直接用海绵沾上稀释液涂于车身，最后用水冲去泡沫再用干净的软布擦干。清洗完成后，不但能增艳车身漆色，同时增强蜡膜的光泽度，提高汽车抗静电和抗氧化的能力。

3）洗车的工艺流程

洗车步骤一般分冲车、擦洗、冲洗、擦车和吹干等五个步骤。洗车时一般由两人配合进行，这样不但速度快而且清洗的质量好。

（1）冲车。接到服务车辆后，由一人负责驶入工作间，一人在车前引导，适时提醒驾驶者控制好方向。车辆停放平稳后，一人用高压水冲去车身污物，顺序自上而下，整个过程当中始终由一个方向向另一边的斜下方冲洗，尽量避免正向或反冲洗，以免将泥沙冲回已经冲洗干净的部位。冲洗车时不可忽视的部位是车身的下部及底部，因为大量的泥沙和污物一般都聚集在这些部位，如果稍不注意就会遗留下泥沙等物质。这样再进行下面的工序——擦洗时就会划伤漆面。因此必须尽可能地冲洗掉车身下部及车底的大颗粒泥沙。

（2）擦洗。将配制好的洗车液均匀喷洒在车身表面，如果有泡沫清洗机，可先将泡沫喷洒在车身表面，然后两人手持海绵一左一右按照从上到下的顺序擦洗车身。擦洗时应注意全车的每个角落都要细致认真地进行擦洗，同时注意车身表面有些冲洗不掉的附着物，不可用力猛擦，以免损坏车身漆面。对于那些像焦油、沥青等顽固污渍，应使用专用溶剂来清洗。

（3）冲洗。擦洗完毕之后，开始冲洗车身，顺序同冲车一样，但这时应以车顶、上部和中部为重点。因为冲车时已经将车身下部冲洗得比较干净并进行了一定的擦洗。这时的冲洗主要为冲洗中部以上的部位，向下流动的水基本能够将下部及底部冲洗干净，所以下部和底部一带而过即可。

（4）擦车。用半湿性大毛巾将整个车身从前至后先预擦一遍，待车身中部及下部大部分水分被吸干之后，用干毛巾细擦一遍，要求擦干所留下的水痕。这样经过"一湿一干"两遍抹擦之后车身应不留水痕而且十分干净。擦车时应注意检查洗车工序中容易遗漏的部位，如刮水器安装部位、车身底部等。

（5）吹干。完成前面四道工序后，车身表面基本洗干净。但是有些地方在擦车时不容易擦干，如发动机盖边沿及内侧、车门边缘内侧、车门把手内侧、后备箱边沿内侧、油箱盖内侧等凹进去的地方，这时要用压缩空气来进行吹干。操作时可一手拿着压缩空气枪，一手拿着干净抹布，边吹边抹，直到吹干为止。最后就可进行下一步的研磨抛光工作了。

2. 车表顽固污渍的清除

汽车行驶时有可能粘上焦油、沥青等污物，如果没有及时清洗，长时间附着在漆面上，会形成顽固的污斑，使用普通的清洗液一般难以清除干净，可以采用如下方法处理：

（1）焦油去除剂清除。焦油去除剂是汽车美容的常用产品，主要用于沥青、焦油等有机烃类化合物的清洁。使用专用的焦油去除剂，既可有效溶解顽固污物，又不会对漆面造成损伤。在沥青、焦油等顽固污渍的清除作业中，最好选用专用产品，若无专用去除剂，可考虑使用下面两种方法。

（2）有机溶剂清除。如果没有专用的焦油去除剂，可选用有机溶剂，但选用时一定要注意不可选用对车漆有溶解作用的有机溶剂，如含醇类、苯类的有机溶剂、松节水等。一般可用溶剂汽油浸润后，擦拭清除。

（3）抛光机清除。使用抛光机清除时可加入适当的研磨剂，也能有效地去除附着在车表的沥青、焦油等顽迹。但操作时要注意抛光机的使用，注意选择抛光机的转速和抛光盘的材质，避免抛光过度，得不偿失。

3. 洗车注意事项

为保持车容整洁，应经常对汽车进行清洗，在进行汽车清洗作业时，应注意以下几点：

（1）选用专用洗车液。洗车时应选用专用洗车液，任何车身漆面均不能用洗衣粉、洗洁精等含碱性成分的普通洗涤用品，以免使车身漆面失去光泽，甚至使车漆干裂，造成不可挽回的损失。

（2）使用软水。洗车时最好使用软水，尽量避免使用含矿物质较多的硬水，以免车身干燥后留下痕迹。

（3）水压。在进行冲车时，水压不宜太高，喷嘴与车身应保持一定的距离。

（4）遵循的原则。洗车各工序都应遵循由上到下的原则。

（5）擦洗物。擦洗车身漆面时，应使用软毛巾或海绵，并检查其中是否裹有硬质颗粒，以免划伤漆面。

(6) 及时清洗。车身粘有沥青、油渍等污物时,要及时用专用清洗剂进行清洗。

(7) 吹干工序。洗车时,应进行最后一道吹干工序,不能省略。车身的隙缝之间,标识隙缝间的水滴如果不吹干的话,久了将会形成顽固的水垢,难以去除。

(8) 避免光照。不要在阳光直射下洗车,以免车表水滴干燥后会留下斑点,影响清洗。

(9) 冷车清洗。若发动机罩还有余热,应待冷却后再进行清洗,防止温差太大伤及漆层。

(10) 严冬季节洗车。北方严寒季节不要在室外洗车,以防水滴在车身上结冰,造成漆层破裂。

4. 新型的洗车方法

1) 蒸汽洗车

目前市场上出现一杯水能洗一辆车的蒸汽洗车机。这种从韩国引进的集清洗打蜡、保养于一体的蒸汽洗车,旨在从根本上改变现有落后的洗车方式,从而给洗车行业带来一场前所未有的产业革命。蒸汽洗车有七大优点:

(1) 绿色环保。使用蒸汽洗车对周围环境绝无污染,洗车是在雾状下进行的,洗完后场地仍旧干净整洁,是目前绿色环保产品,对保护市容市貌,改善生态环境具有重要意义。

(2) 节水。使用蒸汽洗车每辆车仅用水 0.3kg~0.5kg,耗水量仅为传统方式的 0.1%。

(3) 节能。使用蒸汽洗车每辆车仅用电 0.4kW·h。

(4) 高效。该机采用特殊清洁剂、上光剂和高档车布,清洁护理一次完成。

(5) 快捷。使用蒸汽每洗一辆车用时 5min~10min,人员 1 人~2 人。

(6) 方便。使用蒸汽洗车无须专门店面场地,可流动作业,上门服务。

(7) 干净。使用蒸汽洗车无论是尘土、油污都能洗净。

2) 干洗保护釉洗车

干洗保护釉内含有三大类物质:清洁剂、润滑剂及保护釉。

其清洗原理是:呈雾状喷射到车表面的干洗保护釉,把所有能接触到的污物和车表面加以覆盖。在清洗剂的作用下,车表面污渍被软化,并在保护釉的包裹下变成无数小形珠粒,保护釉同时把车表面加以覆盖,在珠粒与车表面保护釉之间的润滑剂起到减少摩擦的作用。珠粒状的污渍在干毛巾的吸水引导下,被毛巾带离车表面。车表面只剩下凹凸不平的保护釉及少量润滑剂。用另一干毛巾擦拭后,去除润滑剂,留下的就是有相当硬度的耐磨、防水、防尘及防晒的保护釉。

干洗保护釉不与污渍起任何化学反应,它所含的高度润滑配方与高度反光因子不会破坏车漆,使用后使车身整洁干净、光亮如新。

进行干洗时操作非常简单,只需把干洗保护釉用特制的喷瓶,以雾状喷洒到未经任何清洗的干燥车身表面,无需等候即可用一块干毛巾轻擦车身表面,就可轻易地除去污渍。再用另一块毛巾轻轻擦拭加以抛光,就可完成车身的清洁、上光作业,整个过程只需 15min~30min。同时,用干洗保护釉抛光后的车表面不但不会留下螺旋纹,而且由于坚硬、光滑的保护釉使沙、水、泥等脏物无法吸附在车身表面,因此,下次清洗只需用湿毛巾把留在车表面上的微粒轻轻抹去再用干毛巾轻轻抛光,车表面又能恢复原亮,保护釉对车表面的保护期长达 30 天。

5. 汽车车表其他部件的清洗

汽车除车身需要经常清洗外,还有其他部位也需要清洗,使用的清洁剂也应有所不同。

(1) 不锈钢饰件的清洁护理。汽车车身外部有些装有如防撞杆、保险杠、装饰件等不锈钢饰件,这类部件由于装在汽车下部一般较常脏污,必须经常清洗。可以使用不锈钢上光护理剂进行清洁护理,在迅速除去表面污物的同时还能有效上光。清洗时,可将不锈钢上光护理剂喷涂在不锈钢饰件上,用软布直接擦拭即可,然后用水冲净擦干。

(2) 镀铬件的清洁护理。有的汽车外部装有如倒后镜架、车轮侧护板装饰件、天线杆等镀铬件,行车时由于空气中的水分和有害气体对其腐蚀而失去光泽,严重的可能生锈,影响美观。这些部件一般较易清洁护理,操作时可将镀铬件表面先用水洗净擦干,然后用干净抹布沾上汽车镀铬抛光剂,对需要清洁的部位反复擦拭,直至光亮度满意为止。锈垢严重的镀铬件表面应使用除锈剂先进行除锈,然后再使用汽车镀铬抛光剂进行处理。

(3) 塑料件的清洁护理。有些车的进气格栅、保险杠、后视镜外壳、车门把手等是塑胶件,在风吹日晒的情况下会失去光泽,甚至氧化龟裂,脏污的塑胶件若不及时清洗,也会影响美观。汽车前、后组合灯具也多为塑料件,长久不清洗会影响灯光照射的亮度。塑胶护理上光剂不但能迅速除去污垢,而且还能有效地上光。清洁时可先用水擦洗,再用干净的棉布蘸上塑胶护理上光剂进行反复擦拭,然后用清水冲洗。清洁组合灯具时注意:不要用腐蚀性溶剂清洗车灯,否则易造成蚀痕;不要在干燥的情况下擦拭车灯,否则会造成刮痕;也不要用燃油、化学剂等清洗车灯,否则会使车灯破裂。此外,有些跑车采用隐藏式前照灯设计,别忘了要将前照灯打开后再进行清洗。

(4) 车窗玻璃外表面的清洗。汽车使用久了,会在玻璃的外表面形成一层交通膜,用水清洗不但费力费时,而且清洁不彻底,只能留下交通膜的花纹。清洁玻璃前应先将上面粘附的污渍、焦油或沥青等用塑料或橡皮刮刀除去,然后才用专用的玻璃清洁剂进行清洁。操作时可先用玻璃清洁剂进行擦洗,除去表面的灰尘及交通膜,然后涂上风窗玻璃抛光剂,稍待片刻,再用干净的棉布做直线运行擦拭,直到将玻璃擦亮为止。这种用品兼具上光作用,不但能使玻璃表面洁净、光滑、防止灰尘二次沉降,同时还能改善刮水器擦痕。

(三) 发动机外部清洁

发动机是汽车的动力装置,是汽车最为关键的部分,必须经常进行清洁护理,才能使它减少故障的发生,延长它的使用寿命。对于发动机的外部清洁,主要的工作有三个方面:一是外表灰尘及油污的清除;二是表面锈渍的处理;三是电器电路部分的清洗。

1. 发动机外表灰尘及油污的清除

发动机外表可用刷子或压缩空气等先进行除尘,然后选用合适的发动机外部清洗剂进行擦洗处理。需要注意的是发动机外表不能用汽油来代替专用清洁剂进行清洗。

2. 表面锈渍的处理

铸铁等金属表面生锈是一个缓慢的氧化过程,开始时表面出现一些细小的斑点,然后逐渐扩大,颜色变深,形成片状或一层层的锈渍,从而形成严重的锈蚀。对于锈斑,应早发现早处理，在生成小斑点时就进行清除，以免斑点扩大后较难处理。可用除锈剂喷在锈斑处，然后进行擦洗。

3. 发动机电器电路部分的清洗

发动机电器电路部分包括点火线圈、分电器及各种电路线束等，这些部件的清洁必须采用特定护理产品进行清洁。如果长期用水和普通的清洁剂处理，则只能加速其塑料壳体和线束橡胶的老化，影响汽车启动和行驶。

进行发动机外部清洁时应注意以下几点：

（1）清洗时应选用碱性小、不腐蚀橡胶塑料件及外涂银粉的清洗剂。

（2）用清洗剂擦洗之前，先用刷子或压缩空气掸出灰尘或细砂等。

（3）清洗发动机室时，注意不要将清洗剂喷到电气系统的零件上，更加不能用水去冲洗，否则可能造成电器短路，使发动机不能启动。如果不小心溅到电气系统上，应用干布擦干，或用压缩空气把水吹干。

（4）一定要先把清洁剂喷到棉布或海绵上，然后再擦洗。

（5）清洗完后可擦上塑料橡胶件保护剂使其色泽重现，延缓老化。

（四）燃油系统的清洁护理

汽车车发动机燃油系统在长期的工作中，其油箱、油管、喷油嘴等处易生成胶质和沉积物，火花塞、喷油嘴、燃烧室等处易生成的积炭。这些现象会影响燃油的供给，影响混合气的正常燃烧，从而导致发动机怠速不稳、加速不良，甚至出现爆燃等情况，使发动机油耗增加、废气排放增加。因而必须对燃油系统进行定期的清洁护理，以维持发动机性能良好的工作。

发动机燃油系统的清洁护理是在发动机不解体的情况下，通过专业设备或采用专业用品来达到清洁护理的目的。

1. 燃油系统清洗机清洗

先配制好清洗剂与燃油的混合液，将清洗机的进回油管接到汽车的燃油系统中，启动清洗机和发动机进行燃烧清洗。在发动机运转的同时，混合物经燃烧将分布在系统中的胶质和积炭溶解剥落，并随废气排出。

2. 专用清洗剂清洗

可选用汽油喷射系统高效清洁剂进行清洗。这种专用清洗剂能随燃油流动，自动清除、溶解燃油系统中的胶质、积炭等有害物质。使用时按说明书要求的用量直接加入油箱内即可。

（五）润滑系统的清洁护理

发动机在运行过程中，润滑系统的润滑油就处在高温高压的条件下工作，容易产生油泥、胶质等沉积物，这些物质粘附在润滑系统的油路之中，不但影响润滑油的流动，而且加速了润滑油的变质，使运动零件的表面磨损加剧。因此必需对润滑系统定期进行清洁护理，以保证润滑系统的正常工作，从而延长发动机的使用寿命。

1. 机器清洗

先排出发动机油底壳的润滑油，取下机油滤清器，接好发动机润滑系统清洗机的进出油管，启动开关进行清洗，清洗完毕后清洗机会发出报警声，提醒操作员已经清洗完成。然后拆下进出油管，装好机油滤清器和放油塞，重新加注润滑油即可。

2. 专用清洗剂清洗

发动机内部高效清洁剂能有效地清洗润滑系统各部油道及运动部件表面，将油泥、胶质等沉积物溶解。这种清洁剂一般在更换润滑油前进行使用。清洗时将其适量加注到曲轴箱中，启动发动机运转 15min～30min 后，排掉脏污的润滑油，更换机油滤芯，最后加注新的润滑油即可。

（六）冷却系统的清洗

现代汽车冷却系统中虽然不是直接使用水来冷却，但是冷却液中也不同程度会含有碳酸钙、硫酸镁等盐类物质。冷却系长时间工作后，这些物质会从冷却液中析出，一部分形成沉淀物，一部分沉积在冷却系统的内表面形成水垢。

在发动机冷却水套及散热器壁上形成的水垢影响其热交换过程，冷却系统内如沉积过多的水垢，会减少冷却水的容量，影响冷却水的循环。由于水垢层的导热性能不良，发动机容易出现过热的现象，使发动机润滑条件恶化，运动部件表面不能形成良好的润滑油膜，也使燃烧室内积炭增多，容易产生爆燃，造成功率降低和燃耗增大。因此，当汽车行驶一定的里程后，应结合维护对冷却系统进行清除水垢的作业。

1. 清洗机清洗

可利用水箱清洗机来清除水垢。水箱清洗机是清除水垢的专业设备，它利用气压产生脉冲，在清洗剂的作用下快速清除冷却系统内的水垢。使用时要先接好设备的三通管接头。

2. 专用清洗剂清洗

冷却系高效清洁剂具有超强的清洁力和高效溶解性，能在发动机运行中彻底清除冷却系统内的水垢，恢复冷却系各管道的流通能力，确保散热性能。使用时按说明书的要求将适量的清洁剂加入冷却液中，拧好散热器盖，启动发动机运行 6h～8h 后，排出冷却液，清洗完毕后再重新加注冷却液即可。这种专用清洗剂对水垢的去除率至少在90%以上，且不会对冷却系统造成腐蚀。

（七）底盘部分的清洁护理

汽车在行驶过程中，汽车底盘部分由于与路面距离最近，工作环境比较恶劣，经常会黏有泥土、焦油、沥青等污物，尤其是下雨天，底盘部位很容易粘上泥水，如不及时清洗还容易形成锈渍，此外还有可能底盘系统的油液渗漏，粘上灰尘后造成油渍、油泥等，如不及时护理，就会影响到汽车的行驶性能。汽车底盘部分的清洁护理包括车身底板的清洁护理、转向系统的清洁护理、传动系统的清洁护理、制动系统的清洁护理、轮毂的清洁护理等。

1. 车身底板的清洁护理

车身底板位置比较特殊，护理得好坏一般不容易发现，因此往往被人忽视，而且底板朝着行驶路面，行驶时不可避免地容易粘上泥水、焦油、沥青等污物，此外还有因护理不及时而产生的锈渍、锈斑等。对于泥土、焦油、沥青等可用发动机清洗剂或除油剂清洗，对于锈渍、锈斑等可用除锈剂进行擦洗。清洗完成后再用多功能防锈剂喷涂在底盘上即可。

2. 转向系统的清洁护理

转向系统的转向横拉杆、齿条壳、转向节臂等部件位于车底，汽车行驶时比较容易脏，如不及时清洗，时间长了就会生锈。一般的污渍可用多功能清洗剂进行清洗，如果发现有锈斑就必须用除锈剂进行擦洗。清洗后可喷上多功能防锈剂进行护理。此外，还可以在转向助力贮液罐中添加转向助力调节密封剂，可以恢复老化橡胶油封的密封性，防止转向液的渗漏，消除因漏液而造成的转向迟钝、转向沉重等现象，还能清洁并润滑助力转向系统内部机件，防止胶质、油泥产生，减少机件磨损，延长使用寿命。

3. 传动系统的清洁护理

传动系统的变速箱、传动轴、主减速器壳体、半轴套管等部件也是容易粘上泥土的地方，时间长了没有清洁也会生锈，一般可用多功能清洗剂进行清洗。

4. 制动系统的清洁护理

在行车制动器中，由于其工作情况特殊，制动蹄片有可能会粘上油泥、制动液、烧蚀物、胶质等污物，容易产生制动噪声，影响制动性能，因此也必须定期进行清洁护理。可选用专用的制动系清洁剂进行喷洒清洁，能有效地清除制动蹄片上的污物，改善制动效能，消除制动噪声。使用时只要将清洁剂喷在需要清洁的部位，使之风干即可。如有必要可重复清洁。

5. 轮毂的清洁护理

现代汽车一般多使用铝合金轮毂，而汽车行驶时轮毂是比较容易脏污的部件。清洗轮毂时须特别小心，其表面有保护漆，通常应选用中性清洁剂。清洁时应一次清洗一个轮毂，可避免清洁剂在轮毂表面凝固，若清洁剂凝固，清洁效果将降低，且在使用清水冲洗时将更加困难。对于一般的灰尘污物，可用普通的清洁剂进行清洗，而长期附着在轮毂上的积垢，如沥青、制动摩擦片磨损留下的黑粉等，使用普通的清洁剂一般很难清除，可使用强力轮毂去污剂进行清洁。清洗时先喷上强力轮毂去污剂，稍等片刻，然后用软毛刷进行刷洗清除，刷洗时切勿使用过硬的刷子，否则将会刮伤轮毂表面的漆面。轮毂清洗后，再用专用防护剂进行护理，一般每两个星期应彻底清洗轮毂上的污物。

6. 轮胎的清洁护理

轮胎上除了粘有灰尘、泥土和砂石外，还有一些酸、碱性物质污染。清洗时可先将夹在轮胎花纹中的砂石清除，再用高压水冲刷上面的灰尘和泥土，对于一些酸碱类物质一般用水难以清除，而普通清洁剂也没有很好的清洗效果。这时可用轮胎清洁增黑剂来清除护理。它能清除轮胎上的酸、碱性物质和其他有害物质，还可以有清洁、翻新橡胶、塑料和皮革制品等作用。此外还有助于降低紫外线的辐射，减缓橡胶老化，延长作用寿命，同时兼具增黑上光功能，用后能使轮胎光亮如新。使用时将轮胎清洁增黑剂刷在轮胎的表面即可。

(八)汽车运行中的合理使用

1. 行驶注意事项

汽车行驶过程中,随着行驶里程的增加,各零部件将产生磨损、变形、疲劳、松动、老化和损伤,导致车辆技术状况变坏,使汽车的动力性下降,经济性变差,安全可靠性降低。为此,应坚持行车中观察、合理运用挡位、控制行驶车速、及时添加燃料、润滑油及工作液。

汽车行驶一段路程后,应停车进行检查;主要项目包括:

(1) 检视各种仪表工作情况,检查有无漏水、漏油和漏气情况。

(2) 检查轮毂、制动鼓、变速器和差速器的温度,检查转向器、手制动器和离合器的工作是否可靠有效。

(3) 检查汽车轮胎气压,清除双胎间和胎面花纹中的夹杂物。

(4) 检查各连接机件的螺栓、螺母的紧固情况及汽车各部有无异常。

(5) 检查装载物是否牢固。

2. 升挡不可太快

很多人驾驶时都是遵照"1挡起步,车一动就2挡,走起来就3挡"方式升挡,升挡速度很快,路口还没开过去就已升到4挡。学车时教练可能是这样教的,认为高挡位、低转速时可以省油,对发动机的磨损也小,他们往往在发动机转速1600r/min~1800r/min时升挡。其实这里存在误区。过去生产的发动机质量和技术水平都较低,从用料、设计,到制造工艺和试验水平,都无法承受高转速和高车速的考验,它的经济车速(也就是最省油的车速)都比较低,因此以较低的转速和车速行驶时比较经济节省。同时,从发动机原理上讲,发动机的磨损在高转速时确实比较大。

然而现代的发动机技术已有很大进步,基本都是按照较高转速下处理最佳工作状态来设计的,各部件的动平衡和转动惯量等参数也都是以高转速下为参考值设计的,发动机材质和精度已经不再需要低转速保护。相反,如果长期在低转速下运行,会造成发动机工作温度过低,不能使燃油充分燃烧,时间长后便会形成积炭,并进一步造成燃烧不充分。如此恶性循环后便会导致燃油消耗量增加。为了消除长期低转速运行造成的积炭等现象,长期低速运行的汽车(尤其是磨合期过后)往往需要"拉高速"。

3. 正确跟车

在驾驶过程中保持合适的跟车距离很重要,很多车祸都是由于行驶间距控制不当造成的。车辆在行驶中,如果前面距离过小,容易造成追尾事故,严重时还会造成人员伤亡。如果前面距离过大,又会引发后面或侧面车辆的不断超越和穿插。从理论上讲,安全的跟车距离,相当于反应距离加制动距离。反应距离是指在人的反应时间内汽车行驶的距离。每人的反应时间不同,因此汽车反应距离也有长短。制动距离则与汽车性能及制动力度有关。这两种距离与车速都有极大关系,车速越快,这两种距离越长。根据表7-1,再考虑到前方车辆也不会立即就能停车,也要前行一段距离,建议跟车距离如下:

(1) 在市区道路上正常行驶时,应和前车保持在20m以上的距离。在繁华街道上,可与前车保持5m以上的安全距离。

（2）在一般道路上正常行驶时，可采用"2秒跟车法"，与前车保持2秒的行驶间距。在路旁找一个参照物，当前车通过后你数一百零一、一百零二，也就是2秒，然后确定跟车距离。在高速公路上，掌握跟车距离的时间可增加到3秒。

（3）在高速公路上行驶时，跟车距离可适当加大，一般可以按照时速的"公里"数对应的"米"数来确定跟车距离，如以100km/h的车速行驶，那么跟车距离最好不要低于100m。车速达到120km/h时，跟车距离应不少于120m，因为在高速公路上最好不要采取急制动，否则很容易导致爆胎等危险事故发生。具体见表7-1。

表7-1 制动距离与车速关系表

车速/（km/h）	反应距离/m	制动距离/m
120	35	65
100	28	42
80	22	30
60	17	16
40	11	10

在城区行驶时，不可避免地要跟在其他车后面，但如果跟在某些车后面的危险性会更大一些，必须离远一些，否则遇到紧急情况，很容易引发追尾事故。其中有6种车是重点防范对象，大多数事故都可能因这些车而引起。

（1）出租车不能跟，尤其空驶的出租车。出租车为了拉客，可能是说停就停，往往不顾及后面车辆的情况，跟在它后面很容易造成追尾。

（2）大货车不能跟。尤其是满载货物的自卸车，它上面很容易撒落下东西，而这些东西则可能击碎你的风窗玻璃或损坏车身。在市区，车身高大的大货车还容易遮挡视线，容易让你误闯红灯。

（3）公交车、大客车不能跟。这些车车身高大，影响你的驾驶视线，而且公交车会突然进站或出站，令人难以避让。

（4）外地牌照车不能跟。外地车往往对路线不熟，很容易走错路，并可能随时停下来问路，或突然并线，让后面的车辆避让不及。

（5）"实习"车辆不能跟。新手驾驶技术不熟练，往往不按规矩行车，突然并线或车速较慢，甚至突然停车，都有可能。

（6）跑车不能跟。跑车的制动性能高超，遇有情况，跑车能马上停住而你可能不行，况且追尾跑车会造成巨额赔偿。

4．正确驾驶

1）通过泥泞或翻浆路

车辆通过此类路时，最好一鼓作气地通过，途中不要换挡、不要停车。如果被迫停车，再起步时也不能挂最低挡，要轻踏加速踏板，使牵引力低于附着力，避免打滑。

松软道路附着系数很低，防止侧滑很重要，所以在使用制动要特别小心，不准使用紧急制动。转向也不能过急，以免发生侧滑。尤其是坡道或急弯行驶时更要注意。若一旦出现侧滑,要立即抬起加速踏板降低车速,并将方向盘向着车轮侧滑的方向转动(在通过路面允许的条件下),以防止继续侧滑或发生事故。

当车轮已陷入泥泞道路空转打滑时,不可盲目加大加速踏板来强行驶出,以免越陷越深,或使传动系机件损坏。车轮已经陷入坑中,根据具体情况,可采用自救或与其他车辆共同救护的方法,拖出被陷入的汽车。若车桥没有触地时,可将坑铲成斜面,垫上碎石、灰渣等,然后用汽车前进或后倒的方法将车驶出;如果车桥壳触地,车轮悬空时,可先在车轮下面垫上木板、树枝、禾草或碎石等物,在其他车辆的拖拽协助下,以低速挡驶出。

2)超车注意事项

超车前必须看好后方和前方情况后,才可决定能否超车。然而,有时可能会出现判断失误的情况,例如对面突然出现一辆速度极快的车,但此时你已开始超车,并正和被超车处于并行状态,此时应快速做出判断:进还是退?记住以下三点才可能化险为夷。

(1)如果你的车还处于被超车的尾部,或者说刚刚进入超车道,还没有和被超车并行,或者对面来车已到近前,不可能再超过去,此时应立即减速、制动,打右转向灯并回被超车后面车道,为对面来车让道。

(2)如果已和被超车齐头并进,此时再退回去比超过去所用时间可能更长,那就要果断加速,强行超过,然后快速回到行车道。

(3)此时千万不要犹豫。想超又不敢超,犹豫不决,反而耽误时间,危险性只能更大。试想,你已经进了超车道,甚至已经超了一半,这时对面即使有车,距离你车应该还有一定距离。如果此时你又不想加速超车,也不想制动减速,但你仍占着超车道,而对方车辆又已经驶来,危险性可想而知。

5. 正确装载

汽车的装载是车辆的基本功能,是车辆运输的具体内容,汽车的装载是否适当,对道路使用以及运输安全有着密切的关系。为了加强对车辆装载方面的管理,《道路交通管理条例》中对汽车的装载数额、体积和要求等方面都做出了明确的限定。

(1)车辆载物。机动车载物,不准超过行驶证上核定的载质量。因为行驶证上核定的载质量是根据发动机、牵引力、底盘、轮胎负荷四者中最弱部分来确定的。汽车只有在规定的载重负荷下运行,机件技术状况才能得到良好的保持和发挥。如果车辆超载,会使车辆发动机及轮胎负荷增大,加剧零部件磨损、变形、损坏,缩短车辆的使用寿命,使车辆的转向、制动性能受到很大影响,极易造成交通事故。

(2)装载的均衡牢固。车辆装载一定要均衡平稳,捆扎牢固。装载容易散落、飞扬、滴漏的物品,须封盖严密,以防造成环境污染。车辆装载的质量在车厢内前后左右的分布要均匀一致,若装载偏于一侧,将严重影响车辆的横向稳定性,容易发生跑偏或侧滑等事故;若装载偏于前、后,将严重影响车辆转向性能,造成转向沉重和失控;容易产生滚动、窜动的货物要绑牢或用木垫卡紧。货物未固定或捆绑不牢,会因道路颠簸造成丢失及损坏,甚至砸伤行人,损坏道路设施。特别是高大货物倒塌还会砸坏车厢或驾驶室,危及驾驶员的安全。

(3)装载物长、宽、高的限定。我国《道路交通管理条例》对汽车载物长、宽、高都有明确的限制规定。这是因为过高、过长、过宽地装载对安全行车影响很大。装载过高在通过有框大门或立交桥孔和隧道时，可能撞坏货物或建筑物，还会使车辆重心增高，车辆行驶在横向或纵向坡道及转弯时，极易发生翻车事故。装载过宽在会车（两车迎面相遇）、超车以及通过狭窄的路段时，都有可能会发生擦碰及撞车等事故，尤其是在夜间行车，危险性更大。

（4）车辆载人。机动车载人，不准超过行驶证上核定的载人数。因为行驶证上核定的载人数是车辆管理机关根据车辆检验标准，按车辆制造厂规定的限额所规定的，这是车辆设计、制造和试验确定的安全可靠的科学数据。如果超载，将会影响车辆的正常行驶，危及乘客的人身安全。

（九）汽车在走合期内的合理使用

走合期是指新车或大修后的车辆，在开始投入运行的最初阶段。此时汽车正处于磨合状态，还不能满足全负荷运行的需要。汽车的走合期实质上是为了使汽车向正常使用阶段过渡而进行的磨合加工的过程。在这个期间里，零件表面不平的部分被磨去，逐渐形成了比较光滑、耐磨而可靠的工作表面，以承受正常的工作负荷。同时通过磨合可暴露出一些制造或修理中的缺陷并及时加以消除，以便使汽车在正常使用阶段时的故障率趋于较低水平。

汽车在走合期内具有以下几个特点：

1. 磨损速度快

两个相配合零件的磨损量与汽车行驶里程的变化规律称为磨损特性。两者关系曲线称为磨损特性曲线。由图 7-9 配合件的磨损特征曲线可以看出零件磨损规律可分为三个阶段：第一阶段是零件的走合期（一般为 1000km～2500km），其特征是在较短的时间内，零件的磨损量增长较快。当配合件配合良好后，磨损量增长速度开始减慢；第二阶段为零件的正常工作期间（K_1，K_2），其特征是零件的磨损随汽车行驶里程的增加而缓慢地增长；第三阶段是零件的加速磨损时期，其特征是相配零件间隙已达到最大允许使用极限，磨损量急剧增加。

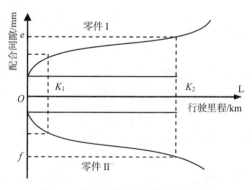

图 7-9　配合件的磨损特性曲线

走合期内磨损量增加较快的主要原因是新车或大修竣工的汽车，尽管在制造和装配中进行了磨合，但零件的加工表面总是存在着微观和宏观的几何形状偏差，尤其是受力的间隙配合零件间的表面粗糙度尚不适应工作要求，在总成及部件的装配过程中，也有一定的允许误差。因此新配合件摩擦表面的单位压力要比理论计算值大得多。此时，汽车若以全负荷工作,零件摩擦表面的单位压力则很大,润滑油膜被破坏,造成半干或干摩擦。同时由于新装配零件间隙较小,表面凸凹部分嵌合紧密。相对运动中,在摩擦力的作用下有较多的金属屑被磨落,进入相配合零件之间又构成磨料磨损,使磨损加剧。由于间隙小,磨损过程中表面热量增大,进而使润滑油黏度降低,润滑条件变坏。由于上述原因,故使这一阶段零件磨损量增长较快。经过走合期后,可使相互配合件的摩擦表面进行了一次走合加工,磨去表面不平的部分,逐渐形成了比较光滑而又耐磨的工作表面,使之较好地承受正常的工作负荷。

2. 油耗量高,经济性差

在走合期内,车速不宜过高,发动机负荷不宜过大。因此汽车难以达到经济运行速度,经常在中低负荷下工作,致使油耗量增加,经济性降低。

3. 行驶故障较多

由于零件或总成加工装配质量问题以及紧固件松动,或者在这个阶段的使用不当,未能正确制订和执行走合规范,所以走合期故障较多。常出现拉缸、烧瓦、制动不灵等故障。

4. 润滑油易变质

走合期内的零件表面比较粗糙,加工后的形状和装配位置都存在一定的偏差,配合间隙较小,零件表面和润滑油的温度都很高,同时有较多的金属屑被磨落进入配合零件间隙中,然后被润滑油带进下曲轴箱中,起着催化作用,很容易使润滑油氧化变质。因此,走合期对润滑油的更换有较严格的规定,通常是行驶到300km、1000km、2500km时分别更换发动机油底壳润滑油,如发现润滑油杂质过多或变质严重,应缩短更换里程。

根据总成或部件在这个时期的工作特点,汽车在走合期内为减少磨损,延长机件的使用寿命,必须遵循的主要规定有:减轻载质量、限制行车速度、选择优质燃料、润滑材料和正确驾驶等。

1) 减轻载质量

汽车载质量的大小直接影响机件寿命,载质量越大,发动机和底盘各部分受力也越大,还会引起润滑条件变坏,影响磨合质量。所以,在走合期内必须适当地减载。各型汽车均有减载的具体规定,一般载质量不应超过额定载荷的75%。走合期内汽车不允许拖挂或牵引其他机械和车辆。

2) 限制车速

当载质量一定时,车速越高,发动机和传动机件的负荷也越大。因此在走合期内起步和行驶不允许发动机转速过高。变换挡位时要及时合理,各挡位应按汽车使用说明书的规定控制车速。

3) 选择优质燃料和润滑材料

为了防止汽车在走合期中产生爆燃,加速机件磨损,应采用优质燃料。另外,由于部分机件配合间隙较小,选用低黏度的优质润滑油使摩擦工作表面得到良好润滑,应按在走合期维护规定及时更换润滑油。

4) 正确驾驶

新车初期的磨合效果很大程度取决于2500km磨合期内的驾驶方式。启动发动机时不要猛踏加速踏板,严格控制加速踏板行程,以免发动机起步过快而产生较大的冲击载荷。发动机启动后应低速运转,待水温升到50℃~60℃再起步。为减少传动机件的冲击,行驶时要正确换挡,对车速表上设有换挡标记的车型,指针临近换挡标记时须及时换入临近高挡。切勿使发动机工作负荷过大,一旦发现发动机动力不足导致运转不平稳时应立即换入较低挡位。要注意选择路面,不要在恶劣的道路上行驶,减少振动和冲击。要避免紧急制动、长时间制动和使用发动机制动。最初200km内,新制动摩擦衬片经磨合方能达到最佳状态。在该阶段内,制动效能略有下降,可适当加大制动踏板力补偿制动效果。

5) 加强维护

认真做好车辆日常维护工作,检查汽车外部各螺栓、螺母和锁销的紧固情况,检查润滑油、制动液的加注情况和轮胎气压,检查蓄电池放电情况和汽车的制动效能。认真检查有关机件的紧固程度和汽车传动系统、行驶系统的温度状况,并消除漏水、漏电、漏气现象。走合期结束后,应结合二级维护对汽车汽车进行全面的检查、紧固、调整和润滑作业,使其达到良好的技术状况。

(十) 汽车在高温条件下的正确使用

1. 高温条件对汽车性能的影响

炎热的夏季,由于气温高、雨量多、灰尘大和热辐射强,使发动机技术状况受到一定程度的影响。导致出现发动机温度过高、充气系数下降、燃烧不正常、润滑油变质、磨损加剧、供油系产生气阻等现象。

(1) 发动机充气系数下降。气温越高,冷却系散热效率越低,所以发动机罩内温度越高,空气密度减小,充气能力下降。导致发动机的功率下降。实验表明在外界气温为32℃~35℃时,若冷却系不沸腾,发动机的最大功率仅是在该转速下所能发出的最大功率的34%~48%,如果气温在25℃时,由发动机罩外吸入空气可使发动机最大功率提高10%。

(2) 燃烧不正常。由于发动机温度高,进气终了的温度也高,使燃烧过程中产生的过氧化物活动能量增强,容易产生爆燃。

(3) 润滑油易氧化变质。在高温条件下,发动机的燃烧室、活塞和活塞环区域以及油底壳是引起机油性质发生变化的主要区域。由于这些区域的温度很高,加剧了润滑油的热分解、氧化和聚合过程。燃烧的废气窜入曲轴箱,不但使油底壳的温度升高,还污染了润滑油。而且温度越高,润滑油的变质越快。

在高温条件下运行的汽车,虽然启动过程磨损减少了,但行驶时间过长,尤其是超载爬坡或高速行驶时,润滑油温度更高。随着黏度的下降,润滑油的油性变差,机油压力降低,也加速了零件的磨损。

(4) 供油系易产生气阻。汽车在炎热的夏天或高原山区行驶时发动机罩内温度很高,油管中的燃油受热气化,出现供油不足,甚至完全中断,致使汽车无法正常行驶。

(5) 轮胎易爆。在炎热的夏季,地面温度高,轮胎因升温而使胎体强度下降。如果汽车超载行驶,容易产生胎面脱落和胎体爆破。轮胎的最高工作速度有统一规定,一般在子午线轮胎的胎侧都注有速度符号。同一规格轮胎可能有不同的速度标志,使用中应正确选用,不可超速行驶。

2. 高温行车的技术措施

（1）加强季节维护。根据夏季气温高的特点，为了保障汽车正常运行的需要，在夏季来临以前，应结合二级维护对汽车进行一次必要的季节检查与调整。首先加强对冷却系统的维护，确保其散热效能的正常发挥。认真做好冷却系的全面检查，重点检查的项目是冷却系的密封情况、风扇运转是否正常及皮带的松紧度、节温器和冷却液的状况。清除冷却系（散热器、水套）的水垢，实验表明：水垢的导热率比铸铁小十几倍，比铅小 10 倍～30 倍。加强冷却系水垢的清除对提高散热能力有重要作用。其次采用黏度高牌号的润滑油并适当缩短换油周期。在炎热的夏季，发动机润滑油温度往往超过 120℃。大型载货（客）汽车变速器和差速器在高负荷连续行驶的条件下的齿轮油的温度也很高，为防止润滑油的早期变质，故应换用夏季厚质齿轮油，并适当缩短换油周期。轮毂轴承换用滴点较高的润滑脂，并应按规定周期进行检查与维护。制动液在高温下也可能产生气阻。在经常使用制动的情况下，制动液温度可达 80℃～90℃，甚至到 110℃。为了保证行车安全，应选用沸点较高的（不低于 115℃～120℃）制动液。第三对采用电子控制汽油喷射发动机，可适当调整发动机的匹配参数，用以提高发动机的充气效率，保证混合气的质量和正常燃烧。最后在夏季行车时，会出现蓄电池过充电、电解液蒸发快、极板损坏等故障，需检查电解液密度和液面高度，电解液的密度应比冬季使用时小些，由于外界气温较高，对于普通铅蓄电池要经常加注蒸馏水，并保持通气孔畅通。另外，应适当调整发电机调节器、减小发电机的充电电流。

（2）防止爆震。为了防止爆震，应根据发动机压缩比选用相应辛烷值的汽油。当使用的汽油牌号低于要求时，可安装爆震限制器或在汽油中加入一定比例的抗爆添加剂。要保持发动机的正常工作温度，适当推迟点火提前角和加浓混合气，调整点火系，增强火花塞的跳火能量，并应及时清除积炭。

（3）防止气阻。对于使用中的汽车，防止气阻的主要措施是在原车的基础上改善发动机的散热和通风状况，以及隔开供油系的受热部分。具体措施有：

① 行车中发生气阻，可用湿布使汽油泵冷却或将汽车开到阴凉处，降温排除。

② 改变膜片式汽油泵的安装位置，由原来靠近排气管后侧处，移至排气管前面通风良好处，并在汽油泵与排气管之间加装一块隔热板，以防汽油泵受高温而影响正常工作。

③ 提高汽油泵的抗气阻能力，可在汽油泵进、出油阀上各加装一个单向油阀弹簧，用以消除气阻。

（4）行车时轮胎防爆。长时间在高温条件下行驶的汽车，极易出现爆胎事故，必须给予充分地重视，并应严格做到以下两点：

① 在运行中应随时注意轮胎的温度和气压，经常检查，保持规定的标准气压。

② 在中午酷热地区行车时，应适当降低行车速度，每行驶 40km～50km 应停车于阴凉地点，待轮胎温度降低后再继续行驶，不得中途采用放气或冷水冲浇轮胎的办法降低气压，以免加速轮胎损坏。

（5）在高温、强烈的阳光、多尘、多雨的条件下长期行车，劳动强度大，驾驶员容易感到疲劳，同时也影响乘客的舒适性。所以应采用相应的措施，如在客车中装设空调设备，在货车上加装遮阳板，加强车厢，驾驶室的通风和防雨。

（十一）汽车在低温条件下的正确使用

1. 汽车在低温条件下使用特点

由于温度低，发动机启动困难、总成磨损严重，燃料、润滑油消耗量增加、橡胶制品强度减弱、行车条件变坏。

1）发动机启动困难

一般气温在 –10℃～–15℃ 范围，启动发动机问题不大，但气温再低时冷车启动有一定困难，而当气温在–40℃时，如不经预热则很难启动发动机。低温启动困难的主要原因是：发动机润滑油和齿轮润滑油的黏度变大，曲轴转动阻力大；燃料的挥发性能力变差，可燃混合气的质量差；蓄电池工作能力低等。

（1）发动机曲轴旋转阻力大。如图 7-10 所示，曲线 1 为发动机启动的最低启动转速，曲线 2 为启动系统能带动发动机旋转的转速，曲线 1 与曲线 2 的交点对应的温度为–22℃，这个温度是发动机启动的最低温度，随着温度的下降，发动机启动的最低转速上升。这是因为随着温度的降低，发动机润滑油的黏度增大，润滑油内摩擦阻力增大，从而增加了曲轴的旋转阻力。

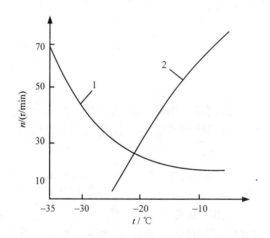

图 7-10 汽油发动机的启动特性

1—发动机启动的最低启动转速；2—启动系统能带动发动机旋转的转速。

（2）低温条件下的燃料汽化性能差，燃料燃烧释放的能量不足以维持发动机顺利启动的必要转速，是导致发动机启动困难的主要原因。随着温度的降低，汽油的蒸发性变差、汽油的黏度和相对密度均增大，温度从 40℃降到–10℃时，汽油的黏度提高约 76%，相对密度提高 6%，这就使汽油的流动性变差，导致汽化不良。

在低温条件下使用的柴油，要求其具有很好的流动性和较低的黏度。柴油黏度增大，引起柴油雾化不良，压缩终了的压力和温度低，燃烧过程变坏，使发动机启动困难。当温度进一步降低时，因燃料含蜡的沉淀物析出，使燃料的流动性逐渐丧失，导致无法启动。

（3）蓄电池在低温条件下输出的功率下降，不能满足启动机的工作要求，影响发动机正常启动的主要因素是启动机的启动转矩和火花塞的跳火能量。

2）汽车总成磨损严重，燃料消耗增加

汽车在低温条件下使用时，各主要总成磨损都比较大，尤其是发动机的磨损更为明显。在发动机使用周期内，50%的气缸磨损发生在启动过程，而冬季启动占启动磨损的60%～70%。主要原因如下：

（1）低温启动时，润滑油黏度大，流动性差，发动机转速低，机油泵不能及时地将润滑油压入各工作表面，使润滑条件恶化。

（2）冷启动时，大部分燃料以液态进入气缸，冲刷了气缸壁的油膜。

（3）汽油的含硫量对气缸壁磨损的影响也很大，这是由于汽油在燃烧过程中产生的硫化物，与凝结在气缸壁上的水滴化合成酸，引起腐蚀磨损。

（4）润滑油被窜入曲轴箱中的燃料稀释，燃料不完全燃烧而形成的碳化物也会同废气一起窜入曲轴箱，污染润滑油。

（5）在低温条件下，由于轴瓦的合金、瓦背与轴颈的膨胀系数不同，使配合间隙变小，而且很不均匀，加速了轴颈与轴瓦的磨损。

3）燃料消耗量增加

在低温使用中，由于发动机升温过程长，工作温度低，摩擦损失大，使发动机输出功率下降，燃料消耗量增加。当发动机冷却液温度自80℃降到60℃时，耗油量增加约3%；降到40℃时增加约12%；降到30℃增加约25%。

4）零部件强度减弱、行车条件变坏

金属材料在低温条件下的物理和力学性能将会变差。例如，-30℃～40℃或更低时，碳钢的冲击韧性急剧下降，硅、锰钢制的零件（钢板弹簧），铸件（气缸盖、飞轮壳、变速器壳和主传动器壳）变脆，锡铝合金焊剂在-45℃或更低时，容易产生裂纹或成粉末状，从接头的地方脱落。汽车上的塑料制品将会出现裂纹，并可能从机体上脱落。在特别严寒的情况下，橡胶轮胎逐渐变脆，受到冲击载荷时容易发生破裂。因此，在冬季行车时，应在汽车起步后的前几千米以低速行驶，并要平稳起步和越过障碍物。

2. 低温条件下行车应采取的主要措施

（1）保温。对汽车发动机保温的目的是使发动机在正常状况下工作及随时可以出车。目前，在严寒地区对发动机保温主要是对汽车发动机和水箱罩采用保温套，在-30℃气温下行驶时，发动机罩内温度可以保持为20℃～30℃。停车后，发动机的冷却速度要比无保温套的减缓6倍。发动机的油底壳除了采用双油底壳保温外，有的还在油底壳外表面封上一层玻璃纤维。

蓄电池的保温，一般采用木质的保温箱。保温箱做成夹层，在夹层中装有保温材料，使蓄电池处于温暖状态。

（2）预热。在寒冷地区，汽车预热方法分为进气预热和发动机预热。汽车采用进气预热装置启动，称为"冷态启动"；采用发动机预热装置启动，称为"热态启动"。一般来说：环境气温低于-25℃时，推荐汽车采用"热态启动"；高于-25℃的低温环境时，推荐采用"冷态启动"。

（3）合理使用燃料和润滑材料。在低温下使用的燃料应具有良好的挥发性、流动性、低含硫量，以利于低温启动和减少磨损。

汽车冬季行车时，应对发动机、变速器、主减速器与转向器换用冬季润滑油，轮毂轴承使用低滴点润滑脂，并换用冬季用制动液，减振器液。目前在严寒地区发动机采用稠化机油，这种油的特点是低温下黏度较低，温度升高后又能保证润滑。

（4）改善混合气的形成。目前，在大多数的汽车发动机上都装用了电子控制汽油喷射系统，使发动机在各种工况下都能获得最佳空燃比的混合气，以求得最佳的动力性、经济性及排放性，提高汽车的使用性能。

（5）防止冷却系冰冻。防止发动机冷却系冰冻，是低温条件下汽车使用的一项重要措施。一般在行车后露天停放时，要及时放水或采用防冻液，后者减轻驾驶员的劳动强度，减少了启动前的准备时间。

（6）低温行车的措施。在寒冷地区的行车时，挡风玻璃容易结霜；特别是在刮风飘雪时，驾驶员的视野变差，操作困难，给安全运行造成隐患。可在挡风玻璃上涂饱和盐水30%加甘油70%的溶液，以降低露水的凝点。由于冰雪路面附着系数小，汽车行驶容易滑溜，可在行车时装用防滑链，并采取"两轻两少"的行车要领，即：轻踩油门，轻打方向；少换挡，少制动。

（十二）汽车在高原或山区条件下的正确使用

1. 海拔高度对发动机动力性和经济性的影响

汽车在山区和高原行驶时，由于海拔高、气压低、空气稀薄、发动机充气量减小。如果行驶于坡度陡而长的地段，发动机冷却系容易"开锅"，并导致动力性与经济性下降，行驶不安全，经常出现其他故障。

（1）海拔高度对发动机动力性的影响。随着海拔升高，气压逐渐降低，空气密度减小，使充气量下降，发动机动力降低。海拔高度每增加1000m，大气压力下降约11.5%，空气密度约减少9%，功率下降10%左右。海拔高度与大气压力、密度、温度及发动机功率的关系见表7-2。海拔高度也影响汽车的加速性能。实验证明每增高1000m，加速时间和加速距离加长50%。海拔每增高1000m，最高车速降低约9%，怠速降低50r/min。

表7-2 海拔高度与大气压力、密度、温度及发动机功率的关系

海拔高度/m	大气压力/kPa	气压比例	空气温度/℃	空气密度/(kg/m³)	密度比	发动机功率/%
0	101.325	1	15	1.2255	1	100
1000	90.419	0.837	8.5	1.1120	0.9074	88.6
2000	79.487	0.7845	2	1.006	0.8215	78.1
3000	70.101	0.6918	−4.5	0.9094	0.7421	68.5
4000	61.635	0.6082	−11	0.8193	0.6685	59.8
5000	54.009	0.533	−17.5	0.7363	0.6008	51.7

（2）海拔高度对发动机经济性的影响。发功机正常工作状况的喷油量和混合气浓度的设定一般是按海拔1000m以下的条件设计的，可是当汽车在高原地区使用时由于空气密度

变化很大，空燃比变小，混合气变浓，就会使发动机的油耗上升。另外在高原山区行驶，由于坡度陡而长，经常用低挡行驶，发动机工作温度高，也会引起油耗增加。

在高原，由于大气压力降低，燃料的蒸发性变好。当大气压力从 101.33 kPa 降至 79.99 kPa（海拔高度约 2000m），相当外界气温上升 8℃～10℃所造成的影响。因此，供油系容易发生气阻和渗漏。

2．高原和山区行车对汽车制动效能的影响

在山区行驶的汽车，由于地形复杂，经常会遇到上坡、下坡、路窄、弯多等情况。影响山区行驶安全的主要问题是汽车制动性能。

在山区行驶，汽车需要经常制动减速，致使摩擦片和制动鼓经常处于发热状态，特别是下长坡时，制动鼓、摩擦片温度可高达 400℃左右。在这种情况下，摩擦片的摩擦因数急剧下降，严重时可能出现制动失效。

气压制动在山区使用时，特别是高原山区，因空气稀薄，空气压缩机供气压力不足，再加上制动次数多，耗气量大，往往不能保证汽车的制动可靠性。

在高原山区行驶的汽车，使用制动频繁，制动器因摩擦而生热，使制动系统温度升高。如使用沸点低的制动液，在高温时由于制动液的蒸发而产生气阻，引起制动失灵。

3．汽车在高原和山区条件下的正确使用

（1）采用辅助制动器。辅助制动器有电涡流、液体涡流和发动机排气制动等几种，前两种辅助制动器由于体积较大，结构复杂，多用于山区或矿用的重型汽车上，又称电力或油力下坡缓行器。发动机排气制动是一种有效而简便的措施，实际上它是在一般发动机制动的基础上，再在发动机排气管内装一个片状阀门，在汽车使用发动机制动的同时将阀门关闭，以增大发动机的排气阻力。

（2）采用矿油型制动液。液压制动的汽车多使用醇型制动液，其极易挥发。在高原使用时，因制动频繁，制动管路容易发生"气阻"现象，致使制动失灵，行车不安全。采用矿油型制动液，具有制动压力传递迅速、制动效果好、不易挥发变稠等特点，制动液消耗也较少。但使用矿油型制动液时必须换用耐矿物油的橡胶皮碗。

（3）制动鼓淋水降温装置。在山区和高原地区下长坡时，为了防止制动鼓过热，保持良好的制动效能，可采用制动鼓淋水降温装置。在下坡之前驾驶员应提前把制动淋水开关打开，使水淋到每个制动鼓上，带走制动时所产生的热量，采用这种方法降温，虽然效果良好，但要根据行车实际情况恰当运用，否则会带来不良后果。

（4）发动机采取良好的冷却与保温措施。由于高寒山区空气稀薄，发动机冷却强度有时和发动机负荷不相适应：低挡爬坡时，发动机易过热，停车时，发动机又很快冷却，因此发动机应采取良好的冷却与保温措施。

（5）改善灯光确保夜间行车安全。加宽汽车大灯照射角度，便于急转弯时可靠照明。大灯最好采用能随转向传动机构同步转动的装置。

（6）汽车在高原和山区使用时，因换挡、制动和转弯次数多，道路崎岖不平，底盘的负荷大，轮胎磨损剧烈，所以维护周期应适当缩短。高原地区的冬季一般兼有寒区的低温特点，因而也要遵照寒冷地区的使用要求加以维护。

（十三）自动挡汽车的合理使用

现在自动挡轿车的应用越来越普及，但很多人对其性能不熟悉，使用不合理，导致出现许多事故。以下分析自动挡轿车使用中的几种常见技巧。

1. 驾驶技巧

为充分发挥自动变速器的性能优势，防止因使用操作不当而造成早期损坏，在驾驶自动变速器的汽车时，应注意以下几点：

（1）在驾驶时，如无特殊需要，不要将操纵手柄在 D 位、S 位、L 位之间来回拨动。特别要禁止在行驶中将操纵手柄拨入 N 位(空挡)或在下坡时用空挡滑行。否则，由于发动机怠速运转，自动变速器内由发动机驱动的油泵出油量减少，而自动变速器内的齿轮等零件在汽车的带动下仍作高速旋转，因此这些零件会因润滑不良而损坏。

（2）挂上挡行驶后，不应立即猛烈地一脚踩油门踏板到底。在行驶中，当自动变速器自动升挡或降挡的瞬间，不应再猛烈地加踩油门踏板。否则，会使自动变速器中的摩擦片、制动带等受到严重损坏。

（3）当汽车还没有完全停稳时，不允许从前进挡换至倒挡，也不允许从倒挡换到前进挡，否则会损坏自动变速器中的摩擦片和制动带。

（4）一定要在汽车完全停稳后才能将操纵手柄拨入停车挡位，否则自动变速器会发出刺耳的金属撞击声，并损坏停车锁止机构。

（5）要严格按照标准调整好发动机怠速，怠速过高或过低都会影响自动变速器的使用效果。怠速过高，会使汽车在挂挡起步时产生强烈的窜动；怠速过低，在坡道上起步时，若松开制动后没有及时加油门，汽车会后溜，增加了坡道起步的难度。

2. 自动挡轿车提速技巧

虽然自动挡车开起来省事省力，不用来回换挡，但也不能像开电动自行车一样只要踩加速踏板和制动踏板就够了，如能了解它的性能并掌握一些操作技巧，可使汽车性能得到最大发挥。

自动变速器的换挡时机主要取决于车速和发动机负荷。加速踏板踩得较深时，发动机负荷较大，变速器处于较低挡位。相同车速下，加速踏板踩得较浅时，发动机负荷较小，变速器可处于较高挡位。因此驾驶员可以运用加速踏板位置的变化在一定程度上控制换挡时机。

（1）装有自动变速器的车辆普遍设置了强制降挡开关。当加速踏板踩到底时，就会触动此开关，变速器会马上强制降低 1 个甚至 2 个挡位，使车辆在需要短距离加速超车时，能够获得良好的加速性。如果希望保持连续加速性能，则可以继续深踩加速踏板，自动变速器会在较高车速时才升入高挡位。

（2）如果希望平稳行驶，则可以在适当时候轻抬加速踏板，变速器就会自动升挡，可获得较好的经济性和宁静的驾驶感觉。这时再轻踩加速踏板继续加速，变速器不会马上退回原挡位。这是设计者为防止频繁换挡而设计的提前升挡、滞后降挡功能。

（3）自动挡轿车急加速时有一个短暂的滞后现象，也就是不能马上就加速，所以驾驶自动挡车转弯时，可在出弯道时提前加速。这也是区别于手动挡车辆转弯时的操作方式。

3. 山区行驶技巧

山路有许多坡道和弯道，上坡时需要较低挡位来提高牵引力，下坡时则需要利用低挡位进行发动机制动。对于自动挡车来说，由于设计的原因，变速器在 D 挡位时车如果在上下坡比较频繁的山路上行驶，会发现自动变速器非常忙，一会儿升挡一会儿降挡。上坡时为了提高输出转矩，自动变速器会自动降挡；当下坡时，由于不需要太大动力，自动变速器则会升挡，以提高车速。其实，这样频繁地升降挡位，对变速器的损害较大。应对策略如下：

（1）如果自动挡车设有较低挡位，如 3、2 或 L 挡位，则可根据山路坡道情况，将挡位锁定在 3 挡或 2 挡上。虽然这样做的结果是燃油消耗可能会高些，但上坡力量强，下坡也较稳定，行车速度并不会因此而减慢，而且还可减轻变速器磨损。

（2）在下长、陡的坡道时，如果你感觉必须不停地用制动的方式来控制车速，那说明你应该降到有发动机制动作用的挡位了，换入有发动机制动功能的挡位控制下坡的车速相对比较安全，因为制动摩擦片长时间工作后会严重发热，从而降低制动性能，甚至会出现制动完全失效的危险状况。

（3）如果你的自动变速器正处于高挡位，要等车速降低后再换入 L 挡位或其他低挡位。切忌在车速很高的情况下从 D 挡位换入 S 挡位或 L 挡位，否则会引起发动机强烈的制动作用，使低挡换挡执行元件受到较剧烈的摩擦而损坏。应在车速下降以后再从高挡位换入低挡位。另外，在换入 L 挡位后，不要猛踩加速踏板，否则容易使发动机的转速过高，造成自动变速器中的摩擦片磨损加剧和自动变速器 ATF 油油温过高。

4. 遇到故障

当自动变速器轿车抛锚时不可推车启动，因为此时发动机不工作，自动变速器油泵就不工作，ATF 油没有油压，变速器内部的换挡执行元件不工作，变速器内部处于空挡，推车动力无法传动发动机，而且没有 ATF 油的润滑作用，变速器内部行星齿轮机构磨损也大大加剧。

自动变速器轿车不可熄火滑行，因为熄火后油泵就不工作了，变速器内部就无 ATF 油的润滑作用，而车辆还在行驶，自动变速器内的齿轮等零件在汽车的带动下仍作高速旋转，因此这些零件会因润滑不良而损坏。

自动变速器轿车不可长距离着地牵引，原因同上，前驱的自动变速器轿车抛锚后最好是抬起前轮拖运车辆，如果是四驱的自动变速器轿车抛锚，则要将整个车辆放置在拖车上运走。

（十四）汽车在雨、雪、雾天和夜间的合理使用

1. 雨天行车

首先应了解雨天时路面的附着系数较低，大概是干燥路面的二分之一，也就是在雨天时，车轮的抓地力是平常的一半，如果驱动力和转向力没有变化，那么它们之和很容易超过抓地力，结果就是车轮打滑，后果很严重。

（1）降速行驶。雨天不要开快车，更不要猛转弯，一定要以比平常低的速度行驶。

（2）打开前、后雾灯。雨大时即使在白天也要开灯，最好打开前、后雾灯，甚至示宽灯。

（3）不要强行超车。雨中行车，要随时注意前车的行驶速度和方向，绝不可因前车速度慢而强行超车。尤其是在高速公路上，由于各车道的车速相对较高，驾驶员的视角变窄，加上路面湿滑，强行越线超车时，稍动方向就很容易造成车轮打滑，极易造成与其他车辆发生刮蹭。

（4）镇定应对危机。一旦车轮打滑失控，要保持镇定，先别踩制动踏板，也别乱打转向盘，而应及时松开加速踏板，汽车往哪滑，你就往哪打转向盘，待车轮重新抓地，马上回归正确方向。

（5）当突然发现前方有积水路面时，如车速较低，可安全避让。如车速较高，不要强行猛打转向盘避让，以防侧滑。**当不得已行驶在积水路面上时，不要打转向盘，不要踩制动踏板，更不能急加速，而是应扶好转向盘继续前进，否则车辆很可能发生侧滑。**

2. 雪地行车

冰雪路面的附着系数是柏油路面的1/3，因此驱动力很容易大于附着力而使车轮打滑。为了避免此现象，应从起步时开始，就要注意使用比平常更高的挡位来驾驶，以减小发动机的转矩输出。

（1）在较滑的冰雪路面上起步时，要使用2挡。如果自动变速器上标有雪地模式，要按下此按钮，它的作用就是让变速器以更高挡位行驶。在高挡位时，发动机的转速较高，但输出的转矩较小，比较利于防止车轮打滑。

（2）行驶中应尽量保持高挡位，不要总换挡，而是要匀速、平稳行驶。

（3）不要猛加速，也不要一踩一抬地操控加速踏板，而应缓慢地轻踩加速踏板。

（4）转弯前就完成降速、换挡工作，在转弯时只掌握好转向盘即可，切忌在弯中打转向盘或踩制动踏板。

注：冰雪路面上行车时，制动距离相对较长，一般是平常的三倍多，因此跟车距离要相对远些。当道路被冰雪覆盖时，尽量不要驾车出行，可改用其他交通工具。这可能是避免事故的最佳办法了。

在冰雪路面上紧急制动，一般都会导致车辆侧滑失控。因为当车轮制动时，由于路面附着力较小，车轮很容易停止转动，但此时由于车辆的惯性作用，汽车还要前进一段距离，车轮就会产生滑动。而在冰雪路面上，滑动摩擦系数比柏油路面更小，更容易使车轮完全失去抓地力，从而导致车辆方向失控。在冰雪路面上行车时，可利用发动机制动来控制车辆减速。发动机制动就是在不脱挡、不踩离合器（手动挡车）的情况下，完全抬起加速踏板，使发动机转速立即下降，迫使汽车"推着"发动机运转，驱动轮转速迅速降低，从而使车辆减速。需要制动停车时，也要先用发动机制动将车速降下来，再轻踩制动踏板停车，千万不可猛踩制动踏板。在冰雪路面上行车，能不踩制动踏板就不踩。转向时要先利用发动机制动来减速，适当加大转弯半径并慢打转向盘。转向盘的操作要匀顺平缓，不然也会发生侧滑，使车尾向外侧甩出。转弯产生侧滑的原因，是由于转向过猛，转向轮横向滑移，造成车辆前部阻力突然加大，车辆在惯性的作用下，车尾便向外侧甩出。

冰雪路面行车还可以使用防滑链，但防滑链只能安装在汽车驱动轮上，在驱动轮上装防滑链是提高车轮与路面附着系数的有效措施。防滑链的形式主要取决于路面状况和汽车行驶系结构。防滑链有普通防滑链和履带链,普通防滑链是带齿的(圆形、V 形或刀形的)链带,用专门锁环装在轮胎上。轮胎应在装上防滑链后再充气,使其拉紧,防止行车时出现响声。带齿的防滑链在冰雪路面和较薄松软层的土路上有良好的通过性。在黏土路上行驶时,当链齿塞满土时,使用效果则显著下降。履带链能保证汽车在坏路上,甚至驱动轮陷入土壤或深雪地时仍具有较强的通过性能,并还具有防侧滑的能力。

注:安装防滑链后,法律允许的车辆最高速度为 50 km/h。

防滑链的缺点是链条较重,拆装不方便,更重要的是带上防滑链,其动力性和经济性均下降,在硬路面上行驶时冲击大,使轮胎和后桥磨损增大,因而仅在特殊困难的道路行驶时使用,在没有积雪的路段行驶时应拆下链条,因为这个时候防滑链不再有任何意义,只会增加轮胎承受的负荷,并且链条也加剧磨损。

车辆稳定行驶系统(ESP)对安全行车非常有帮助,它也是目前最顶级的电控主动安全系统,可以纠正车辆在转弯时发生转向不足或转向过度的现象,防止车辆发生侧滑。但是,在使用防滑链时或在很厚的积雪上行驶或在沙地和砂砾上行驶时,必须关掉才可以确保汽车正常行驶。由于车轮与路面之间多了一层防滑链,防滑链在行车中会发生一定的滑动,或者说车轮会产生一定的滑动。而 ESP 就是纠正滑动的,它的职责就是防止车轮滑动。因此,如果仍然开启 ESP,那么车辆可能就无法前进。当汽车行驶在较厚的积雪上时,由于积雪有一定厚度,当车轮压在积雪上时,车轮一开始虽然会有一定的滚动,但车轮并不会马上前进,实际上相当于产生了一定的滑动。如果有防止滑动的 ESP 在工作,那么汽车在较厚的积雪上就很难前进。在沙地和砂砾上行驶,道理一样。总之,凡在必须产生一定滑动才会前进的路面上,都要先关闭 ESP 功能。

3. 雾天行车

雾天行车视野不佳是发生交通事故的主要原因。因此,雾天驾驶最重要的首先是要与前车保持足够的安全车距,不要跟得太紧,更不要随便超车。

(1)降车速。即便是在高速公路上,时速也尽量不要超过 100km/h。要尽量靠路中间行驶,不要沿着路边行车,以防不小心落入路侧的排水沟,或者与路边临时停车等待雾散的车相撞。

(2)慢超车。如果发现前方车辆停靠在右边,不可盲目绕行,要考虑到此车是否在等让对面来车。超越路边停放的车辆时,要在确认其没有起步的意图而对面又无来车后,适时鸣喇叭,从左侧低速绕过。

(3)跟车走。雾中行车时,如能跟着一辆车走,后车只需通过观察前车尾灯即可判断前方情况,可以省心些。

(4)鸣喇叭。可通过鸣喇叭的方式提醒行人和车辆注意自己。听到其他车的喇叭声,应当立刻鸣笛回应,示意自己车辆位置。

(5)开雾灯。打开前后雾灯、尾灯、示宽灯和近光灯,利用灯光来提高能见度。雾天行车不要使用远光灯,因为远光灯射出的光线容易被雾气漫反射,会在车前形成白茫茫一片,开车的人反而什么都看不见。更有一些不讲道德的大车驾驶员碰到小车驾驶人用远光晃人的情况,常会不管不顾地冲过去别对方一下,最后吃亏的只能是小车。

(6)巧除霜。大雾时,被水气凝结的风窗玻璃会影响驾驶视线,可以使用雨刮器除去水汽。另外，由于驾驶室内外温差较大，风窗玻璃内侧面上常常会蒙上一层薄薄的雾，阻挡视线，可使用空调的除雾挡位快速除雾，或将车窗打开一条缝，使车内外空气流通，温度保持一致，可避免风窗玻璃内凝结雾气。切忌边走边擦。

4. 夜间行车

夜间行车相对比白天更危险，只有提高警惕，并掌握一些夜间驾驶的技巧及注意事项，才可确保安全。首先做好夜间行车准备工作，在出行前驾驶员须检查所驾驶车辆的照明信号灯具是否完好有效。夜间行车到交叉路口时，由于无法看到侧面来车情况，无论是否有车辆，都要遵守信号灯指示。在无信号灯路口，可根据侧向路来车灯光的照射，预测对方车行驶情况。如路口内有对方车远光灯照射的散射光，可判断车距交叉路口尚远；如在路口拐角处树梢上有明亮的光线，则表明侧面来车较近，应做好让行的准备。有多条行车道的道路，尽量行驶在中间车道上，防止突然窜出的行人或非机动车。降低车速行驶，永远使制动距离小于驾驶员可视的距离。

夜间行车总能遇到不遵守规矩者，在会车时还开着远光灯，尤其是大货车，其远光灯强度更高，很容易导致目眩。目眩就是俗称的"眼花"，让你一时看不清前方情况，此时你就如同盲人骑瞎马，非常危险。对付目眩的措施分别是：

（1）会车时对方汽车开远光灯。在夜间会车时，在会车之前就应该时刻做好防目眩的准备，尤其是看到对面过来的是大货车，更应如此。会车前提前记住前方道路情况，一旦被远光灯照射目眩后，还可凭记忆了解前方道路情况，不至于不知所措。

（2）在会车时如受到对面车灯照射目眩，不要盯住对方车灯看，尽量往自己前方近处看，用遮光板遮挡也会有一定效果。

（3）被对面远光灯光严重照射后，如果一时无法看清夜间路况，选择停车休息也许会更好些。

（4）后方车开远光灯照射是导致目眩的第二种原因。后方车辆如开远光灯，可经过你车的车内后视镜发生反射，也会导致目眩。此时为避免光线的刺激，可变换车内后视镜的角度，减小目眩感，等后方远光灯消失后再将车内后视镜角度调回来，或使用防眩目的后视镜。

（5）车内光源，如前排阅读灯，是导致自眩的第三种原因。行车中，尽量不要开车内的前排阅读灯，此时很容易导致驾驶员看不清前方路况。

（十五）汽车应急救护措施

当汽车遭遇到以下危险情况无法正常行驶时，可因地制宜采取一些特殊应急措施。

1. 遭遇积水

汽车应避免涉水，即使你的车是SUV，遇到溪水时也要尽量避开，毕竟汽车是为在公路上奔跑而设计的，它不是水陆两用车。汽车涉水时，要保证发动机运转正常，转向和制动机构灵敏，挂低速挡平稳开进水中，避免猛踩加速踏板或猛冲，以防止水花溅入发动机而熄火。行车中要稳住加速踏板，一鼓作气通过水面，尽量避免中途换挡或急转弯，遇水底有泥沙时，更要注意做到这一点。如水底有流沙、车轮打滑空转时，要马上停车，不可勉强通过，更不能半联动地猛踩加速踏板。要在发动机不熄火的情况下，组织人将车推出去，避免越陷越深。行驶中要尽量注视远处固定目标，双手握住转向盘向前直行，切不可注视水流或浪花，以免晃乱视线产生错觉，使车辆偏离正常路线而发生意外。多车涉水时，绝不能同时下水，一要等前车到达对岸后，后车再下水，以防止前车因故障停车，迫使后车也停在水中而进退两难。

  水多深时车辆不能通过呢？如果水位抵达保险杠时，要谨慎通过，因为有些车辆的进气口位于保险杠附近，过积水时可能因发动机进水而导致严重损坏；如果水位抵达前照灯，应避免通过，如果非要强行通过，请解开安全带，打开车窗，准备随时跳车逃生。

  2013年7月8日晚，河北邢台沙河下起了暴雨。一辆轿车在通过沙河南环一处地下桥时被淹没，待消防官兵将其救上来时，车上的三人已经全部罹难，其中有一名11岁的小女孩，听来不禁令人扼腕叹息，那么当车辆被淹没或落入水中后应如何自救呢？首先要调整好姿态与心理，准备承受落水的巨大冲击力，不要急于解开安全带，第一时间迅速开窗，只有打开窗，让水迅速流进车内，等车内充满了水，车门两侧压力相等，才能打开车门，如果第一时间无法开窗，或者只能开到一半，就必须使用物品打破车窗，如汽车头枕下的尖锐插头等。开窗后保持镇静，保持体力憋气，不要挣扎惊慌，汽车会在1min~2min内灌满水，此时立刻解开安全带，打开车门，以最快的速度游到水面，具体步骤见图7-11。

图 7-11　汽车落水自救功略

注意：切不可在车内打电话求救，浪费宝贵时间，因为此刻打给谁也无济于事。

2. 遭遇黑冰

什么是黑冰？当雨水或融雪冻结并在路面形成看不见的薄冰层，就是黑冰。其实称作暗冰可能更合适，因为它们就是"看不见的冰层"，很滑，但驾驶人又看不见，可以想象它的危险有多大。

（1）如何感觉遇到了黑冰？如果打转向盘突然感觉很轻，或车轮噪声突然消失，那就可能已在黑冰上了。黑冰一般是一块一块的，驶过黑冰后，你就会又感觉到车轮行驶在正常路面上的抓地力了。

（2）遇到黑冰怎么办？如果感觉遇到了黑冰，不应进行制动、转向等，可轻抬加速踏板，而且应扶稳转向盘，保持汽车行驶方向的稳定性，让汽车自然驶过。

（3）在黑冰上侧滑怎么办？如果在黑冰上发生侧滑现象，首先是消除引起侧滑的原因，如果是制动太猛，应松开制动踏板；如果是加速太猛，则应抬起油门踏板，然后往侧滑方向稍打一点转向盘，待侧滑消失后再往安全方向打转向盘，驶出危险地带。

为了更好地避开黑冰，在融雪天尽量不要靠路边行走，而是应走前面车辆走过的车辙。在冰雪路面上尽量靠车道中间行走，不要随便制动、加速和打转向盘。

3. 遭遇爆胎

现代的轮胎制造技术越来越先进，行驶中突然爆胎的几率越来越小，但高速公路上的交通事故主要还是因突然爆胎引起的。爆胎的主要原因有三个：轮胎气压不足、轮胎气压过高或被尖锐物刺穿。最后一个原因驾驶人无法控制，但前两个原因则完全可以避免。如果轮胎气压不正常，当在高速公路上制动时，实际上也是利用轮胎与路面之间强大的摩擦力来实现，此时轮胎会因受强烈挤压而严重变形，很容易导致轮胎破裂。因此在出车前及行车途中要多观察轮胎气压的情况。

爆胎时汽车的方向会突然发生变化，因此在高速公路上行驶时最好始终用双手来操纵转向盘。若是后轮胎突爆，车辆会出现较大颤动，但轮胎倾斜度不会太大，方向也不会出现大的摆动。这时，应轻踩制动，让汽车缓缓停下。若前轮胎突爆，车辆会马上跑偏或出现严重摇摆现象。此时，不要惊慌，应双手用力控制住转向盘，放松加速踏板，让汽车沿原行驶方向继续行驶一段路程，使之自行停车。不论哪个轮胎突然爆裂，都不要猛踩制动，否则有可能导致翻车事故。**牢记：方向第一、制动第二。**当感觉爆胎时，掌握正确的方向为第一重要，而不要急于制动，否则4个车轮承受的力量会更加失衡，严重时可导致翻车等事故。

4. 遭遇汽车自燃

不幸遭遇汽车自燃，如何处理能减少损失呢？教你8个步骤。一，发觉车辆有自燃征兆（如有较重异味或不明烟雾等）时，应马上停车熄火，并立即离开驾驶室。二，如果驾驶室门无法打开，则从挡风玻璃处逃离。三，如果着火范围较小，可用车上现有物品进行覆盖，着火面积较大又无灭火器时，应用路旁的沙土进行覆盖，并试图向过往车辆司机索取灭火器材。四，如果火情危及车上货物时，应在扑救的同时迅速把货物从车上卸下。五，若汽车失火危及周围群众或引起更大灾害时，在灭火的同时，汽车必须驶至安全区域。六，在救火时应避免张嘴呼吸、高声呐喊以免烟火灼伤呼吸道。七，假如汽车在加油过程中失火，要立即停止加油，迅速将车开出加油站，用灭火器或衣服等将油箱上的火焰扑灭。八，如果发现发动机引擎盖下有烟或有火光等异常现象，传统说法是：这时不可打开引擎盖，因为此时火势仍然控制在引擎盖下燃烧，没有形成热对流，燃烧较缓慢有利于扑救。但现在的汽车设计使发动机舱与外面的空气是连通的，在确认火势非常小，或只看见冒烟而没有火苗的情况下是可以打开引擎盖的，只要开得不是太大，不会出现增大火势的情况。将引擎盖打开，可以帮助驾驶员快速找到着火点，进行灭火。因此当车自燃时，正确的做法是：一只手打开发动机舱盖，但不要开得太大，动作轻柔一点，并马上寻找着火点，之后迅速用灭火器喷射灭火。如果火势较大，超过3min还无法控制火势，就要及时撤离到安全位置，生命第一。

对于私家车而言，灭火器并不是强制配备的物品，不过，大部分车主在购车时都会购买灭火器，但是，买了灭火器，车主却很少对灭火器进行维护。有的灭火器已经过期失效，有的灭火器藏在后备箱的某个角落，连车主自己都不清楚放在哪里了。一旦发生火灾，找了半天也不一定能找出来，贻误灭火的最好时机。

灭火器要定期维护，如果压强不够，要及时更换和充装。另外，灭火器最好不要放在后备箱，现在有些车型的驾驶员座位下面，完全可以放置一个小型灭火器，让汽修店在座位下面安装一个固定架,把灭火器固定在里面就可以了,万一需要灭火,随手就能拿起来。如果座位下没有空余的地方,必须要放在后备箱,也应该放置在一个固定的地方。在后备箱的一个角落,加装一个固定装置就可以了。

5. 遭遇突然熄火

1) 手动挡车突然熄火

现在发动机的性能都比较可靠了,很少因车辆的原因而出现突然熄火现象,一般都是由于驾驶者操作不当引起的,尤其是手动挡车,如果"油离配合"不好,或者说动力不足时,很容易被"憋灭"熄火。发动机突然熄火时首先不要惊慌,以免导致更大错误。

(1) 如果是在行车中突然熄火,千万不可完全关掉点火开关,否则转向盘会被锁死,也就是转向盘不能再转动,而此时汽车还在前进,其后果不堪设想。

(2) 手动挡车在行驶中突然熄火后,可踩离合器踏板,换2挡,然后猛抬离合器踏板,发动机便会自动重新启动。

(3) 如果是在过障碍、上坡、上马路牙子等低速行驶时突然熄火,一般是由于动力不足造成的。此时最好将车停住,拉驻车制动器,挂空挡,重新启动即可。

注:发动机熄火后,制动助力和转向助力都没有了,此时制动需要更大的操纵力量来控制汽车。

2) 自动挡车突然熄火

自动挡车没有离合器,因此它很少有自己突然熄火的,但不排除由于机械故障而导致中途意外熄火。遇到这种情况,应沉着冷静,如果是新手,或对此一点经验也没有,或一时不知道如何办是好,那最好的办法就是打转向灯靠边停车。在靠边停车前不要试图扭动钥匙重新启动,否则很容易导致转向盘锁死。如果前方道路没有情况,则可以在不停车的情况下重新启动。具体做法是:把变速杆迅速推入空挡(N),点火开关转到启动(START)位置,重新启动。启动成功后,再迅速把变速杆移入D挡位,即可正常行驶。此时注意,不要因惊慌导致用力过猛将变速杆推入倒挡位(R),那将严重损害自动变速器。如果尝试两次后发动机仍无法启动,说明故障比较严重,或由于车辆设计原因限制二次启动,这时就应该果断地靠边停车。

6. 遭遇交通事故

当遇到交通事故时:首先应注意保护自己,你的存在对需要被急救的伤员更有利;其次应及时报警、联络120;最后,应在车祸现场后方50m处竖起三角警示牌,防止发生二次车祸。

(1) 请求他人支援。无法自行处理时,一定要向旁人求救,及时联络救护。

(2) 确保伤者安全。原则上尽量不要移动伤者。但若出事地点太危险,应小心地将伤者搬移至安全场所。

(3) 检查伤员。可查看伤员的意识、呼吸、脉搏,千万不要扭曲伤者身体,因为车祸时常伤及颈部骨头及神经,扭曲伤者身体可能危害更大。

(4) 制止出血。自伤口大量喷出的动脉血或者是滴滴答答大量流出的静脉血,都可能造成生命危险,此时需尽快进行止血。要用干净的衣服压住伤口,利用直接压迫法来防止大出血。若伤者意识清醒、没有大出血，只要等待救护车来即可。

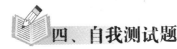
四、自我测试题

（一）判断题

1．车辆在举升器上的工作完成后，还要进行道路测。（   ）
2．车辆的保养维护作业完成后，要对车辆内部和外部进行清洁。（   ）
3．除蜡清洗的目的是除掉残留在车身表面的抛光剂和油分，为上蜡保护做好准备。（   ）
4．洗车要在阳光直射下进行，这样车表水分蒸发的速度快。（   ）
5．蒸汽洗车节水但不节能。（   ）
6．汽油喷射系统高效清洁剂能随燃油流动，自动清除、溶解燃油系统中的胶质、积炭等有害物质，使用时按说明书要求的用量直接加入油箱内即可。（   ）
7．发动机电器电路部分包括点火线圈、分电器及各种电路线束等，这些部件的清洁必须采用特定护理产品进行清洁。（   ）
8．清洗轮毂时须特别小心，其表面有保护漆，通常应选用碱性清洁剂。（   ）
9．车辆超载，会使车辆发动机及轮胎负荷增大，加剧零部件磨损、变形、损坏，缩短车辆的使用寿命，使车辆的转向、制动性能受到很大影响，极易造成交通事故。（   ）
10．汽车在走合期内的零件磨损速度最慢。（   ）

（二）单项选择题

1．下列哪一项不属于车表污垢的组成（   ）
　　A．外部沉积物　　　B．积炭　　　C．锈蚀物　　　D．附着物
2．关于车身静电去除清洗说法错误的是（   ）
　　A．车辆在行驶过程中由于摩擦而产生强烈的静电层。
　　B．静电对灰尘和油污的吸附能力强，一般用水不能彻底清除，必须用专用的清洗剂。
　　C．如果车身静电没有彻底清除掉就上蜡，时间不长车蜡就会脱落。
　　D．汽车美容护理用品中有专门用于清除车身静电的产品，如汽车专用清洁香波，这种清洗用品的pH值为8.0，是一种弱碱性的车身清洁剂。
3．关于车窗玻璃外表面的清洗说法错误的是（   ）
　　A．汽车使用久了，会在玻璃的外表面形成一层交通膜，用水清洗不但费力而且清洁不彻底。
　　B．清洁玻璃前应先将上面粘附的污渍、焦油或沥青等用橡皮或金属刮刀除去。
　　C．先用玻璃清洁剂进行擦洗，除去表面的灰尘及交通膜，然后涂上风窗玻璃抛光剂，稍待片刻，再用干净的棉布擦拭。
　　D．用干净的棉布做直线运行擦拭才正确，直到将玻璃擦亮为止。

4．下列哪一项不属于汽车在走合期内的特点（　　）
  A．磨损速度快　　　　　　　　　　B．油耗量高，经济性差
  C．行驶故障少　　　　　　　　　　D．润滑油易变质
5．低温行车时可采取"两轻两少"的行车措施，即（　　）
  A．轻踩刹车，轻打方向；少换挡，少加速。
  B．轻踩刹车，轻踩油门；少换挡，少转向。
  C．轻踩油门，轻打方向；少换挡，少制动。
  D．轻踩油门，轻踩刹车；少换挡，少转向。

（三）简答题
1．车辆复位的含义是什么？
2．洗车的流程是什么？目前有哪些新型洗车方法？
3．发动机润滑系统如何清洁护理？
4．发动机燃油系统如何清洁护理？
5．车辆走合期的含义和使用注意事项是什么？
6．零件的磨损规律是什么？
7．炎热的季节如何正确使用汽车？
8．寒冷的季节如何正确使用汽车？

项目八 汽车年度检测与审验

一、项目描述

为确保车辆运行安全和技术状况良好，必须对在用车辆进行技术检测。在用车辆的技术检测分为自检和强制性检测。车辆所属单位的自检，以确保车辆具有良好动力性、经济性和安全性为主要目的；车辆管理部门对在用车辆进行的强制性检验，是通过检查其是否符合国家规定的技术条件，以确定被检车辆的技术状况是否满足运行安全和营运的基本要求。本项目通过对强制性检验中的汽车侧滑性能、制动性能、车速表、前照灯、尾气排放、噪声、动力性能和燃油经济性的检测，使学生达到以下要求：

1. 知识要求

（1）掌握车辆年度检测及审验的相关知识；

（2）掌握汽车相关性能检测的方法和仪器；

（3）熟悉国家检测标准的相关规定。

2. 技能要求

（1）能够描述汽车各主要性能检测的任务；

（2）能够根据汽车检测规范完成性能检测的作业；

（3）能够分析汽车性能检测不合格的原因并能进行调整。

3. 素质要求

（1）重视劳动保护与安全操作；

（2）注意环境保护；

（3）培养团队协作精神。

二、项目实施

任务一 汽车侧滑性能检测

1. 训练内容

（1）侧滑检验台的操作；
（2）检测车辆的侧滑量；
（3）完成并填写学习工作单的相关项目；
（4）学习汽车车轮侧滑检测的相关知识。

2. 训练目标

（1）能够根据汽车侧滑的检测流程完成侧滑的检测；
（2）能够了解和掌握国家标准对汽车侧滑性能检测的有关规定；
（3）能够分析车轮侧滑检测不合格的原因并能进行调整。

3. 训练设备

常用工具一套、汽车安全检测线一条、完好的待检汽油车一辆。

4. 训练步骤

侧滑试验台的型号、结构形式、允许轴重不同，其使用方法也有所区别。在使用前一定要认真阅读使用说明书，以掌握正确的使用方法。侧滑试验台的一般使用步骤如下：

（1）拔掉滑动板的锁止销钉，接通电源，注意指示仪表的指针应指示"零"位置。

（2）汽车以 3km/h～5km/h 的低速垂直侧滑板驶向侧滑试验台，使前轮平稳通过滑动板，注意此时严禁转动转向盘或制动。

（3）当前轮从滑动板上完全通过时，察看指示仪表，读取最大值，注意记下滑动板的运动方向，即区别滑动板是向内还是向外滑动。（记录时，应遵循如下约定：滑动板向外侧滑动，侧滑量记为负值，表示车轮向内侧滑动（即 IN）；滑动板向内侧滑动，侧滑量记为正值，表示车轮向外侧滑动（即 OUT）。

（4）检测结束后，切断电源并锁止滑动板。

对于后轮有定位的汽车，仍可按上述方法检测后轴的侧滑量，从而诊断后轴的定位值是否失准。

任务二 汽车制动性能检测

1. 训练内容

（1）滚筒式制动试验台的操作；
（2）检测车辆的制动力；
（3）完成并填写学习工作单的相关项目；

（4）学习汽车制动性能的相关知识。

2．训练目标

（1）能够根据汽车制动性能检测的规范完成制动性能检测的作业；

（2）能够了解和掌握国家标准对汽车制动性能检测的有关规定；

（3）能够分析汽车制动性能检测不合格的原因并能进行调整。

3．训练设备

常用工具一套、汽车安全检测线一条、完好的待检汽油车一辆。

4．训练步骤

滚筒式制动试验台主要由制动力承受装置、驱动装置、制动力检测装置和制动力指示装置组成。制动力的诊断参数标准是以轴制动力占轴荷的百分比为依据的，因此必须在测得轴荷及轴制动力后才能评价轴制动性能，所以，测力式滚筒制动试验台需要配备轴重计或轮重仪，有些制动试验台本身带有内置式轴重测量装置。另外，有些试验台在两滚筒之间装有直径较小的第三滚筒，其上带有转速传感器，其作用是一旦检测时车轮制动抱死，其上的转速传感器送出的电信号可使滚筒立即停转，防止轮胎剥伤。

1）检测前的准备

（1）将制动试验台指示与控制装置上的电源开关打开，按使用说明书的要求预热至规定时间；

（2）如果指示装置为指针式仪表，检查指针是否在零位，否则应调零；

（3）检查并清洁制动试验台滚筒上沾有的泥、水、砂、石等杂物；

（4）核实汽车各轴轴荷，不得超过制动试验台允许载荷；

（5）检查并清除汽车轮胎粘有泥、水、砂、石等杂物；

（6）检查汽车轮胎气压是否符合规定，否则应充气至规定气压；

（7）按需要装上液压制动踏板力计（图8-1）；

（8）升起制动试验台举升器。

图8-1 按需要装上液压制动踏板力计

2）检测步骤

滚筒式制动试验台的检测过程如图8-2所示。

待测车辆前轮和后轮分别驶过地磅可称出前轴、后轴的重量，然后车辆继续向前驶入制动试验台，当待检车辆的前轴停放于试验台滚筒上时启动电动机，使滚筒带动车轮转动，试验台可测出车轮阻滞力，然后用力踩下制动踏板，使前轴制动，试验台测得前轴制动力，一般在1.5s～3.0s后或第三滚筒（如带有）发出信号后，制动试验台滚筒自动停转，然后车辆向前行驶。当车辆的后轴停放于试验台滚筒上时启动电动机，使滚筒带动车轮转动，然后用力踩下制动踏板，使后轴制动，试验台测得后轴制动力，试验台自动打印检测结果。

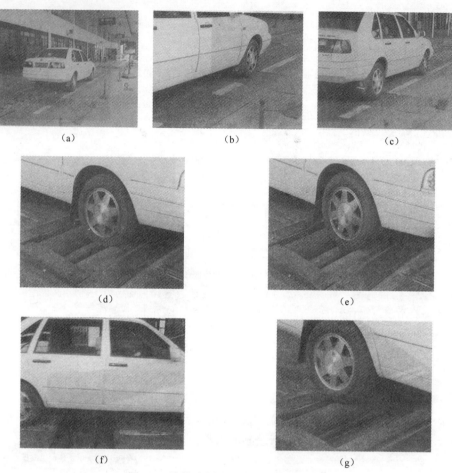

图 8-2 滚筒式制动试验台的检测过程

（a）前轴称重；（b）后轴称重；（c）车辆向前驶入制动试验台；（d）测车轮阻滞力；（e）测量前轴制动力；（f）待检车辆向前行驶；（g）车辆后轴停放于试验台滚筒上。

任务三 汽车车速表检测

1. 训练内容

（1）滚筒式制动试验台的操作；

（2）检测车辆的制动力；

（3）完成并填写学习工作单的相关项目；

（4）学习汽车制动性能的相关知识。

2. 训练目标

（1）能够根据汽车车速表检测的规范完成车速表检测的作业；

（2）能够了解和掌握国家标准对汽车车速表检测的有关规定；

（3）能够分析汽车车速检测不合格的原因并能进行调整。

3. 训练设备

常用工具一套、汽车安全检测线一条、完好的待检汽油车一辆。

4. 训练步骤

因形式、牌号不同，不同的车速表试验台其使用方法也不同。因此在使用前一定要认真阅读试验台《使用说明书》，按《使用说明书》的规定正常使用。一般的使用方法如下：

1) 检测前准备

（1）试验台准备。

① 滚筒处于静止状态下，检查指示仪表的零点位置，若有偏差应予以调整。

② 检查滚筒是否沾有油、水、泥等杂物，若有应予以清除。

③ 检查举升器动作是否自如，有无漏气（或漏油）部位。否则应予以修理。

④ 检查导线的连接情况。如有接触不良或断路应予以修复。

（2）被检车辆准备。

① 按制造厂的规定调整好轮胎气压。

② 清除轮胎上沾有的水、油、泥和嵌入花纹沟槽内的石子等杂物。

2) 检测过程

车速表检测过程如图 8-3 所示。待检车辆开上车速表试验台，使车辆的驱动轮停放在测试滚筒的中间位置，降下举升器，待汽车的驱动轮在滚筒上稳定后，挂入最高挡，松开驻车制动器，踩下加速踏板使驱动轮带动滚筒平稳地加速运转，当车速表显示 40km/h 时读出试验台速度指示仪表的值，测试结束后缓慢踩制动踏板使滚筒停转，然后升起举升器将车辆驶出试验台。

(a) 被检车辆开上车速表试验台

(b) 车辆驱动轮停放位置

(c) 驱动轮带动滚筒运动

(d) 读数时刻

(e) 缓慢踩制动踏板使滚筒停转

(f) 升起举升器车辆驶出试验台

图 8-3 车速表检测过程

3）检测结果分析

根据测得数据对照有关标准进行结果分析。

GB 7258—2004《机动车运行安全技术条件》规定，车速表允许误差范围为−5%～20%，即：当车速表试验台速度指示值为 40km/h 时，车速表的指示值应为 40km/h～48km/h；当车速表指示值为 40km/h 时，车速表试验台的速度指示值应为 32.8km/h～40km/h。超出上述范围车速表的指示为不合格。

4）车速表使用注意事项

（1）检查汽车的轴荷，以保证待检汽车轴荷在试验台允许范围内。

（2）对于前轮驱动的汽车，驶上试验台时应在低速情况下操纵方向盘确保汽车处于直驶状态，然后再加速到检测车速。切忌汽车上试验台就迅速加速。

（3）对电机驱动型车速表试验台，在不用驱动装置进行测试时，务必分离离合器，使滚筒与电动机脱开。

任务四　汽车前照灯检测

1. 训练内容

（1）前照灯校正仪的操作；

（2）检测汽车前照灯发光强度和光轴偏斜量；

（3）完成并填写学习工作单的相关项目；

（4）学习汽车前照灯检测的相关知识。

2. 训练目标

（1）能够根据汽车前照灯检测的规范完成制动性能检测的作业；

（2）能够了解和掌握国家标准对汽车前照灯检测的有关规定；

（3）能够分析汽车前照灯检测不合格的原因并能进行调整。

3. 训练设备

常用工具一套、汽车安全检测线一条、完好的待检汽油车一辆。

4. 训练步骤

1）检测前的准备

（1）前照灯检测仪的准备。在不受光的情况下，调整光度计和光轴偏斜量指示计是否对准机械零点。若指针失准，可用零点调整螺钉调整。

检查聚光透镜和反射镜的镜面上有无污物。若有，可用柔软的布料或镜头纸擦拭干净。

检查水准器的技术状况，若水准器无气泡，应进行修理或更换。若气泡不在红线框内时，可用水准器调节器或垫片进行调整。

检查导轨是否沾有泥土等杂物。若有，则清扫干净。

（2）被检车辆的准备。清除前照灯上的污垢。轮胎气压应符合汽车制造厂的规定。前照灯开关和变光器应处于良好状态。汽车蓄电池和充电系统应处于良好状态。

2）检测步骤

用投影式前照灯检测仪检测发光强度和光轴偏斜量的步骤如图 8-4 所示。

（a）待检车辆沿引导线居中驶入检测仪规定的距离 3m 处停车

（b）开启前照灯远光灯

（c）将检测仪推到左前照灯的前方检测左远光灯

（d）开启前照灯近光灯检测左近光灯

（e）从光轴刻度盘上读取光轴偏斜量

（f）从光度计上读取发光强度

（g）用同样方法检测右前照灯

（h）检测结束后关闭检测仪电脑，检测仪回位

图 8-4 用投影式前照灯检测仪的检测发光强度和光轴偏斜量的过程

任务五　汽车尾气排放检测

1. 训练内容

（1）不分光红外线气体分析仪的使用与滤纸式烟度计的使用；
（2）用怠速法和双怠速法分别检测汽油车的尾气排放；
（3）用滤纸式烟度计检测柴油机的尾气排放；
（4）完成并填写学习工作单的相关项目；
（5）学习汽车尾气检测的相关知识。

2. 训练目标

（1）能够根据汽车尾气检测的规范，完成尾气检测的作业；

(2) 能够了解和掌握国家标准对汽车尾气检测的有关规定；
(3) 能够分析汽车尾气检测不合格的原因并能进行调整。

3. 训练设备

常用工具一套、汽车安全检测线一条、完好的待检汽油车一辆、完好的待检柴油车一辆。

4. 训练步骤

1) 怠速法检测

这种方法对汽油车在怠速运行时排气中的 CO 和 HC 浓度进行监测，其测量步骤如下：

（1）使发动机运行至规定的热状态，将发动机怠速转速和点火正时调整至规定值，并确保排气系统无泄漏。

（2）发动机空转，离合器处于接合状态，变速器置于空挡位置，加速踏板松开，采用化油器的供油系统应使其阻风门全开。

（3）发动机由怠速工况加速到 0.7 倍的额定转速，维持 60s 后降至怠速。

（4）发动机降至怠速状态后，将取样探头插入排气管中，深度等于 400mm，并固定于排气管上。

（5）发动机在怠速状态，维持 15s 后开始读数，读取 30s 内的最高值和最低值，其平均值即为测量结果。

（6）若为多排气管时，取各排气管测量结果的算术平均值。

怠速测量法的检测仪器可采用不分光红外气体分析仪，其检测的 CO、HC 浓度应符合排放标准的要求，否则为不合格。

2) 双怠速法检测

我国采用的双怠速测量法是参照国际标准化组织 ISO 3929 中制定的双怠速排放测量程序进行的，其测量步骤如下：

（1）必要时在发动机上安装转速计、点火正时仪、发动机冷却液和机油测温计等测试仪器。

（2）发动机由怠速工况加速到 0.7 倍的额定转速，维持 60s 后降至高怠速（即 0.5 倍的额定转速）。

（3）发动机降至高怠速状态后，将取样管插入排气管中，深度等于 400mm，并固定于排气管上。

（4）发动机在高怠速状态维持 15s 后开始读数，读取 30s 内的最低值及最高值，其平均值即为高怠速排放测量结果。

（5）发动机从高怠速降至怠速状态，在怠速状态维持 15s 后开始读数，读取 30s 内的最低值及最高值，其平均值即为怠速排放测量结果。

（6）若为多排气管时，分别取各排气管高怠速排放测量结果的平均值和怠速排放测量结果的平均值。

怠速和高怠速检测的 CO、HC 浓度应分别符合排放标准的要求，否则为不合格。

3）柴油车自由加速滤纸烟度的检测方法

我国对于 2001 年 1 月 1 日以前上牌照的在用柴油车，采用自由加速滤纸烟度法测量烟度，其检测规范如图 8-5 所示。检测通常在汽车上进行，其检测步骤如下：

（1）将取样探头固定于排气管内，插入深度为 300mm，并使探头中心线与排气管中心线平行。

（2）使发动机在怠速工况（离合器处于接合位置，加速踏板与手油门处于松开位置；变速器处于空挡位置；具有排气制动装置的发动机的蝶形阀处于全开位置）下运转。

（3）将加速踏板急速踏到底，维持 4s 后松开，如此重复三次，以吹净排气系统的沉积物。

（4）取样测量。将加速踏板急速踏到底，维持 4s 后松开，并按照图 8-5 所示的规定循环测量四次，取后三次读数的算术平均值作为所测的烟度值。

（5）当汽车发动机黑烟冒出排气管的时间和抽气泵开始抽气的时间不同步时，应取最大烟度值作为所测的烟度值。

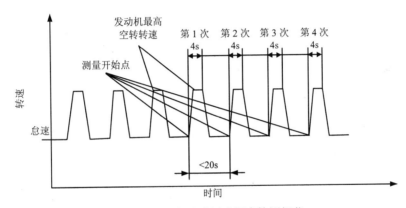

图 8-5　自由加速滤纸式烟度检测规范

用滤纸烟度计所测的烟度值不得超过标准中的允许限值，否则为不合格。

我国对于 2001 年 1 月 1 日以后上牌照的在用柴油车，使用不透光度计，采用自由加速法检测柴油车排出的可见污染物。其检测方法是：车辆处于规定的热状态，排气系统装有消声器并且不得有泄漏，在发动机怠速时，按规定的要求插入不透光度计取样探头，迅速但不猛烈地踏下加速踏板，使喷油泵供给最大油量。在发动机达到调速器允许的最大转速前，保持此位置，一旦达到最大转速，立即松开加速踏板，使发动机恢复至怠速，不透光度计恢复到相应的状态。重复测量 6 次，记录不透光度计的最大数值，若读数值连续四次均在 0.25m^{-1} 的带宽内，并且没有连续下降趋势，则记录值有效，其中四次测量结果的算术平均值即为该车的排放结果。

任务六　汽车噪声检测

1．训练内容

（1）声级计的使用；

（2）汽车噪声的测量；

（3）完成并填写学习工作单的相关项目；

（4）学习汽车噪声检测的相关知识。

2. 训练目标

（1）能够根据汽车噪声检测的规范完成汽车噪声检测的作业；

（2）能够了解和掌握国家标准对汽车噪声检测的有关规定；

（3）能够分析汽车噪声检测不合格的原因并能进行调整。

3. 训练设备

常用工具一套、汽车安全检测线一条、完好的待检汽油车一辆。

4. 训练步骤

1）车外噪声的测量

（1）测量的基本条件。

① 测量仪器应采用精密声级计或误差不超过 2dB 的普通声级计。

② 测量场面地应平坦而空旷，在测试中心以 25m 为半径的范围内，不应有大的反射物，如建筑物、围墙等。

③ 测试场地跑道应有 20m 以上的平直、干燥的沥青路面或混凝土路面。路面坡度≤0.5%。

④ 本底噪声（包括风噪声）应比所测车辆噪声至少低 10dB，并保证测量不被偶然的其他声源所干扰。本底噪声是指测量对象噪声不存在时，周围环境的噪声。

⑤ 为避免风噪声干扰，可采用防风罩，但应注意防风罩对声级计灵敏度的影响。

⑥ 声级计附近除测量者外，不应有其他人员，如不可缺少时，则必须在测量者背后。

⑦ 被测车辆不载重，测量时发动机应处于正常使用温度。车辆带有的其他辅助设备若是噪声源，测量时是否开动，应按正常使用情况而定。

⑧ 测量场地及测点位置如图 8-6 所示。测试时话筒位于 20m 跑道中心点 O 两侧，各距中心线 7.5m，距地面高度 1.2m，并用三角架固定，话筒应与地面平行，其轴线垂直于车辆行驶方向。

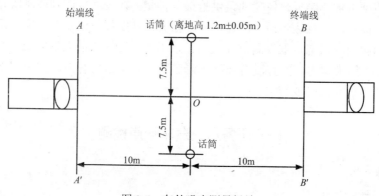

图 8-6 车外噪声测量场地

(2) 加速行驶车外噪声测量方法。

① 为保证测量结果的可比性和重复性，要求各车辆按规定条件稳定地到达始端线：前进挡位为 4 挡以上的车辆用第 3 挡，前进挡位为 4 挡或 4 挡以下的车辆用第 2 挡；发动机转速为其标定转速的 3/4，此时若车速超过了 50km/h，那么车辆应以 50km/h 的车速稳定地到达始端线；对于采用自动变速器的车辆，在试验区间使用加速最快的挡位；辅助变速装置不应使用；在无转速表时，可以控制车速进入测量区，以所定挡位相当于 3/4 标定转速的车速稳定地到达始端线。

② 从车辆前端到达始端线开始，立即将加速踏板踏到底或节气门全开，直线加速行驶，当车辆后端到达终端线时，立即停止加速。车辆后端不包括拖车以及和拖车连接的部分。

本测量要求被测车辆在后半区域发动机达到标定转速。若车速达不到这个要求，可延长 O 至终端线的距离为 15m，若仍达不到这个要求，则车辆使用挡位要降低一挡。若车辆在后半区域超过标定转速，可适当降低到达始端线的转速。

③ 声级计用 A 计权网络、"快"挡进行测量，读取车辆驶过时的声级计表头最大读数。

④ 同样的测量往返进行 1 次。车辆同侧两次测量结果之差应不大于 2dB，并把测量结果记入规定的表格中。取每侧 2 次声级计读数平均值中的最大值作为被测车辆的最大噪声级。若只用 1 个声级计测量，同样的测量应进行 4 次，即每侧测量 2 次。

(3) 匀速行驶车外噪声测量方法。

① 车辆用常用挡位，加速踏板保持稳定，以 50km/h 的车速匀速通过测量区域。

② 声级计用 A 计权网络、"快"挡进行测量，读取车辆驶过时声级计表头的最大读数。

③ 同样的测量往返进行 1 次，车辆同侧两次测量结果之差不应大于 2dB，并把测量结果记入记录表中。若只用 1 个声级计测量，同样的测量应进行 4 次，即每侧测量 2 次。

2）车内噪声的测量

(1) 车内噪声测量条件。

① 测量跑道应有试验需要的足够长度，应是平直、干燥的沥青路面或混凝土路面。

② 测量时风速（指相对于地面）应不大于 3m/s。

③ 测量时车辆门窗应关闭，车内其他辅助设备若是噪声源，测量时是否开动，应按正常使用情况而定。

④ 车内本底噪声比所测的车内噪声至少应低 10dB，并保证测量不被偶然的其他声源所干扰。

⑤ 车内除驾驶员和测量人员外，不应有其他人员。

(2) 车内噪声测点位置。车内噪声测量通常在人耳附近布置测点，话筒朝向车辆前进方向。驾驶室内噪声测点位置如图 8-7 所示；客车室内噪声测点可选在车厢中部及最后一排座的中间位置，话筒高度可如图 8-7 所示。

(3) 测量方法。测量时，车辆以常用挡位 50km/h 以上的不同车速匀速行驶，用声级计"慢"挡测量 A、C 计权声级，分别读取表头指针最大读数的平均值，测量结果记于记录表中。若需做车内噪声频谱分析，可用频谱分析仪进行检测。

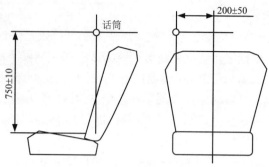

图 8-7　车内噪声测点位置

3）驾驶员耳旁噪声的测量

噪声测量点位置如图 8-7 所示，检测时，将变速器置于空挡，使车辆处于静止，而发动机则在额定转速状态运转，声级计用 A 计权网络、"快"挡进行测量，读取声级计的读数。

4）汽车喇叭声级的测量

汽车喇叭声级的测点位置如图 8-8 所示，检测时应注意不被偶然的其他声源峰值所干扰。测量次数定在 2 次以上，并监听喇叭声音是否悦耳。

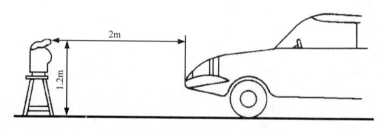

图 8-8　汽车喇叭声级的测点位置

任务七　汽车动力性能检测

1. 训练内容

（1）底盘测功试验台的使用；

（2）汽车驱动轮输出功率检测；

（3）完成并填写学习工作单的相关项目；

（4）学习汽车动力性检测的相关知识。

2. 训练目标

（1）能够根据汽车动力性能检测的规范完成汽车动力性能的作业；

（2）能够了解和掌握国家标准对汽车动力性检测的有关规定；

（3）能够分析汽车动力性能检测不合格的原因。

3. 训练设备

常用工具一套、汽车底盘测功试验台、完好的待检汽油车一辆。

4. 训练步骤

1）检测前的准备

（1）底盘测功试验台的准备。使用试验台之前，按厂家规定的项目对试验台进行检查、调整、润滑，在使用过程中，要注意仪表指针的回位、举升器工作的导线的接触情况。发现故障，及时清除。

（2）被检汽车的准备。汽车开上底盘测功试验台以前，调整发动机供油系及点火系至最佳工作状态；检查、调整、紧固和润滑传动系、车轮的连接情况；清洁轮胎，检查轮胎气压是否符合规定；必须运行走热汽车至正常工作温度。

2）检测方法

测功试验时，应选择几个有代表性的工况测试汽车驱动轮的输出功率或驱动力，如发动机额定功率所对应的车速（或转速），发动机最大转矩所对应的车速（或转速），汽车常用车速或经济车速，或根据交通管理部门的要求选择检测点。具体检测方法如下：

（1）通试验台电源，并根据被检车辆驱动轮输出功率的大小，将功率指示表的转换开关置于低挡或高挡位置。

（2）操纵手柄（或按钮），升起举升器的托板。

（3）将被检汽车的驱动轮尽可能与滚筒成垂直状态地停放在试验台滚筒间的举升器托板上（图 8-9）。

（4）操纵手柄，降下举升器托板，直到轮胎与举升器托板完全脱离为止。

（5）用三角块抵住位于试验台滚筒之外的一对车轮的前方（图 8-10），以防止汽车在检测时从试验台滑出去，将冷却风扇置于被检汽车正前方，并接通电源。

图 8-9　被检汽车的驱动轮停放在底盘测功试验台的滚筒间

图 8-10　用三角块抵住位于试验台滚筒之外的一对车轮的前方

（6）检测发动机额定功率和最大转矩转速下的输出功率或驱动力时，将变速器挂入选定挡位，松开驻车制动，踩下加速踏板，同时调节测功器制动力矩对滚筒加载，使发动机在节气门全开情况下以额定转速运转。待发动机转速稳定后，读取并打印驱动车轮的输出功率（或驱动力）值、车速值。在节气门全开情况下继续对滚筒加载，至发动机转速降至最大转矩转速稳定运转时，读取并打印驱动力（或输出功率）值、车速值。

如需测出驱动车轮在变速器不同挡位下的输出功率或驱动力，则要依次挂入每一挡按上述方法进行检测。当发动机发出额定功率，挂直接挡，可测得驱动车轮的额定输出功率；当发动机发出最大转矩，挂 1 挡，可测得驱动车轮的最大驱动力。

发动机全负荷选定车速下输出功率或驱动力的检测，是在踩下加速踏板的同时调节测功器制动力矩对滚筒加载,使发动机在节气门全开情况下以选定的车速稳定运转进行的。发动机部分负荷选定车速下输出功率或驱动力的检测与此相同,只不过发动机是在选定的部分负荷下工作的。

当使用汽车底盘测功试验台测功时,将"速度给定"旋钮置于选定的速度刻线上,"功能选择"旋钮置于"恒速"上,在逐渐增大节气门到所需位置的同时,控制装置能自动调控激磁电流,使汽车在选定的车速下恒速测功。如果手动调控激磁电流,须将"功能选择"旋钮置于"恒流"上,然后手动旋转"电流给定"旋钮即可增大或减小激磁电流,并在旋钮给定位置上供给恒定的激磁电流。

(7) 全部检测结束,待驱动轮停止转动后,移开风扇,去掉车轮前的三角架,操纵手柄举起举升器的托板,将被检汽车驶离试验台。

3) 注意事项

(1) 超过试验台允许轴重或轮重的车辆一律不准上试验台进行检测。

(2) 检测过程中,切勿拨弄举升器托板操纵手柄,车前方严禁站人,以确保检测安全。

(3) 检测额定功率和最大扭矩相应转速工况下的输出功率时,一定要开启冷却风扇并密切注意各种异响和发动机的冷却水温。

(4) 走合期间的新车和大修车不宜进行底盘测功。

(5) 试验台不检测期间,不准在上面停放车辆。

滚筒式底盘测功试验台,除能检测驱动车轮的输出功率或驱动力外还能检测车速表指示误差,行驶油耗量等。

在测得驱动车轮输出功率后,立即踩下离合器踏板,利用试验台对汽车的反拖还可测得传动系消耗功率。将测得的同一转速下的驱动车轮输出功率与传动系消耗功率相加,就可求得这一转速下的发动机有效功率。

除上述测试项目外,凡需要汽车在运行中进行的检测与诊断项目,只要配备所需的检测设备,均可在滚筒式底盘测功试验台上进行。例如,检测各种行驶工况下的废气成分或烟度,检测点火提前角或供油提前角,诊断各总成或系统的噪声与异响(包括经验诊断法),观测汽油机点火波形或柴油机供油波形,检测各总成工作温度和各电气设备的工作情况等。

任务八 汽车燃料经济性检测

1. 训练内容

(1) 油耗仪的使用;

(2) 燃料消耗量道路试验;

(3) 完成并填写学习工作单的相关项目;

(4) 学习汽车燃料经济性检测的相关知识。

2. 训练目标

(1) 能够根据汽车经济性检测的规范完成汽车经济性的作业;

(2) 能够了解和掌握国家标准对汽车经济性检测的有关规定;

(3) 能够分析汽车经济性检测不合格的原因。

3. 训练设备

常用工具一套、车用油耗仪、完好的待检汽油车一辆。

4. 训练步骤

1）基本试验条件

试验前，应对试验的车辆进行磨合，乘用车至少应行驶 3000km；试验时，试验车辆必须进行预热行驶，使发动机、传动系及其他部分预热到规定的温度状态。轮胎充气压力应符合该车技术条件的规定。装载质量除有特殊规定外，乘用车试验质量为装备质量加上 180kg，当车辆的 50%载质量大于 180kg 时，则车辆的试验质量为装备质量加上 50%的载质量；商用车试验质量为 M2、M3 类城市客车为装载质量的 65%，其他车辆为满载，装载物应均匀分布且固定牢靠，试验过程中不得晃动和颠离；不应因潮湿、散落等条件变化而改变其质量，以保证装载质量的大小、分布不变。

试验道路应为清洁、干燥、平坦的，用沥青或混凝土铺成的直线道路，道路长 2km～3km，而宽不小于 8m，纵向坡度在 0.1%以内。试验应在无雨无雾，相对湿度小于 95%，气温 0℃～40℃，风速不大于 3m/s 的天气条件下进行。

2）模拟城市工况循环燃料消耗量试验

在底盘测功机上进行，轿车二十五工况循环试验如图 8-11 所示。

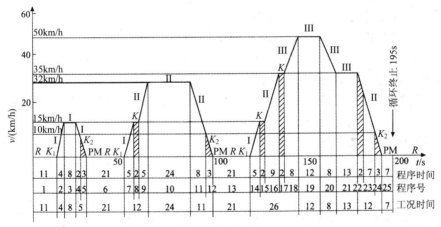

图 8-11 轿车二十五工况循环试验

（1）测试汽车固定于底盘测功机即滚筒试验台上，如图 8-12 所示。从动轮置于固定台面，驱动轮置于滚筒上。

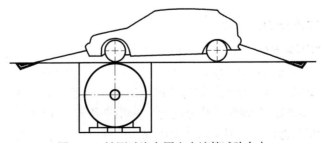

图 8-12 被测试汽车固定在滚筒试验台上

(2)启动发动机挂挡行驶,汽车便驱动滚筒旋转。按照规定的试验循环测定多工况燃油消耗量。

3)等速行驶燃料消耗量试验

等速行驶燃料消耗量试验既可在测功机上进行,也可在道路上进行。

(1)道路试验。

① 试验用道路状态应良好,任意的两点之间的纵向坡度不应超过 2%。路面干燥,可以有湿的痕迹,但不得有积水。道路长度 2km 以上,可以是封闭的环形路(测量路程必须为完整的环形路),也可以是平直路(试验在两个方向上进行)。

② 平均风速小于 3m/s,阵风不应超过 5m/s。

③ 在第一次测量之前,车辆应进行充分的预热,并达到正常工作条件。在每次测量之前,车辆应在试验道路上以尽可能接近试验速度的速度(该速度在任何情况下与试验速度相差不得大于±5%)行驶至少 5km,以保持温度稳定。

④ 在测量燃料消耗量时,若速度变化超过±5%,冷却液、机油和燃油温度变化不应超过±3℃。

⑤ 选用常用挡位(一般为最高挡)以 20km/h、30km/h 等 10km/h 的整倍数车速等速驶过测量路段,至少测定 5 个试验车速。

⑥ 以试验车速为横坐标,燃料消耗量为纵坐标,绘制等速行驶燃料消耗量散点图,根据散点图绘制等速行驶燃料消耗量的特性曲线。

(2)底盘测功机试验。车辆固定如图 8-12 所示。

① 试验室的条件应能保证车辆在润滑油、冷却液和燃油的温度同在道路上用同一速度行驶时的温度范围相一致的正常运行条件下进行试验。

② 车辆的纵向中心对称平面与滚筒轴线垂直;车辆的固定系统不应增加驱动轮的载荷。

③ 车辆达到试验温度时,就应以接近试验速度的速度在测功机上行驶足够长的距离,以便调节辅助冷却装置来保证车辆温度的稳定性。该阶段持续时间不得低于 5min。

④ 测量行驶距离不应少于 2km。

⑤ 试验时,速度变化幅度不大于 0.5km/h。

⑥ 至少应进行 4 次测量。

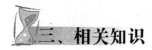

三、相关知识

(一)汽车的年度检测及审验

《中华人民共和国道路交通安全法》规定:"申请机动车登记时,应当接受对该机动车的安全技术检验";"对登记后上道路行驶的机动车,应当依照法律、行政法规的规定,根据车辆用途、载客载货数量、使用年限等不同情况,定期进行安全技术检验"。中华人民共和国交通部《汽车运输业车辆技术管理规定》要求:"各省、自治区、直辖市交通厅(局)应建立运输业车辆检测制度。根据车辆从事运输的性质、使用条件和强度以及车辆老旧程度等，进行定期或不定期检测，确保车辆技术状况良好，并对维修车辆实行质量监控"；并规定："经认定的汽车综合性能检测站在车辆检测后，应发给检测结果证明，作为交通运输管理部门发放或吊扣营运证依据之一和确定维修单位车辆维修质量的凭证"。因此，机动车辆必须按照车辆管理部门的规定定期进行检验（一般一年一次，也有一年二次或数次的），其中营运车辆还必须根据交通运输管理部门制定的车辆检测制度，对车辆的技术状况进行检测诊断。

根据车辆参加检验的时间要求，可分为年检和临时性检验两类。

1. 年检

年检指按照车辆管理部门规定的期限对在用车辆进行的定期检验，或根据交通运输管理部门制定的车辆检测制度对营运车辆进行的定期检测。

车辆年检的目的是检验车辆的主要技术性能是否满足 GB 7258—2004《机动车运行安全技术条件》和 GB 18565—2001《营运车辆综合性能要求和检验方法》的规定，督促车属单位对车辆进行维修和更新，确保车辆具有良好的技术状况，消除事故隐患，确保行车安全；同时，使车辆管理部门全面掌握车辆分类和技术状况的变化情况，以便加强管理。

2. 临时性检验

临时性检验指除对车辆年检和正常检验之外的车辆检验。车辆临时性检验的内容与年检基本相同，其目的是评价车辆性能是否满足 GB 7258—2004《机动车运行安全技术条件》和 GB 18565—2001《营运车辆综合性能要求和检验方法》的要求，以确定其能否在道路上行驶，或车辆技术状况是否满足参加营运的基本要求。

（1）在用车辆参加临时性检验的范围有：

① 申请领取临时号牌（如新车出厂、改装车出厂）的车辆。

② 放置很长时间，要求复驶的车辆。

③ 遭受严重损坏，修复后准备投入使用的车辆。

④ 挂有国外、港澳地区号牌，经我国政府允许，可进入我国境内短期行驶的车辆。

⑤ 车辆管理部门认为有必要进行临时检验的车辆（如春运期间、交通安全大检查期间）。

（2）营运车辆在下述情况下，应按交通运输管理部门的规定，参加临时性检测：

① 申请领取营运证的车辆。

② 经批准停驶的车辆恢复行驶前。

③ 经批准封存的车辆启封使用时。

④ 改装和主要总成改造后的车辆。

⑤ 申请报废的车辆。

⑥ 其他车辆检测诊断服务。

3. 根据检测项目和检测目的，车辆年检和审验的类别

（1）安全性能检测。安全性能检测以涉及汽车安全与环保的项目为主要检测内容。对汽车实行定期和不定期的安全性能检测诊断，目的在于确保汽车具有符合要求的外观、良好的安全性能和符合污染物排放标准的排放性能，以强化汽车的安全管理。

（2）综合性能检测。综合性能检测指对汽车的安全性、动力性、经济性、可靠性、噪声和废气排放状况等进行的全面检测。对汽车实行定期和不定期的综合性能检测诊断，目的是

在不解体情况下，确定运输车辆的工作能力和技术状况，对维修车辆实行质量监督，以保证运输车辆的安全运行，提高运输效能及降低消耗，使运输车辆具有良好的经济效益和社会效益。

（3）汽车故障检测。对故障汽车进行检测诊断，目的是在不解体（或仅卸下个别小件）情况下，查出故障的确切部位和产生的原因，从而确定故障的排除方法，提高排除汽车故障的效率，使汽车尽快恢复正常使用。

（4）汽车维修检测诊断。维修检测以汽车性能检测和故障诊断为主要内容。其目的是对汽车维修前进行技术状况检测和故障诊断，据此确定附加作业和小修项目以及是否需要大修，同时对汽车维修后的质量进行检测。

根据交通部《汽车运输业车辆技术管理规定》的要求，汽车定期检测诊断应结合维护定期进行，以此确定维护附加项目，掌握汽车技术状况变化规律；并通过对汽车的检测诊断和技术鉴定，确定汽车是否需要大修，以实行视情修理；同时，在汽车维修过程中，利用设置在某些工位上的诊断设备，可使检测诊断和调整、维修交叉进行，以提高维修质量；对完成维护或修理的车辆进行性能检测和诊断，并对维修质量进行检验。

（5）特殊检测。特殊检测指为了不同的目的和要求对在用车辆进行的检验。在检验的内容和重点上与上述各类检测有所不同，故称为特殊检测。主要包括：

① 改装或改造车辆的检测。为了不同的使用目的，在原车型底盘的基础上改制成其他用途的车辆后，因其结构和使用性能变更较大，车辆管理部门在核发号牌及行车执照时，应对其进行特殊检验。

包括：汽车主要总成改造后的车辆的检测；有关新工艺、新技术、新产品，以及节能、科研项目等的检测、鉴定。

② 事故车辆的检测。对发生交通事故并有损伤的车辆进行检测：一方面是为了分析事故原因，分清事故责任；另一方面是为了查找车辆的故障，确定汽车的技术状况，以保证再行车的安全。

③ 外事车辆的检验。为保证参加外事活动车辆的技术状况，防止意外事故发生，必须对车辆的安全性能和其他有关性能进行检验。

④ 其他检测。接受公安、商检、计量、保险等部门的委托，进行有关项目的检测。

4．汽车检测诊断的方法及特点

汽车诊断是由检查、分析、判断等一系列活动完成的。从完成这些活动的方式看，汽车诊断主要有三种基本方法：一是传统的人工经验诊断法；二是利用现代仪器设备诊断法；三是自诊断法。

（1）人工经验诊断法。人工经验诊断法是通过路试和对汽车或总成工作情况的观察，凭借诊断人员丰富的实践经验和一定的理论知识，利用简单工具以及眼看、手摸、耳听等手段、边检查、边试验、边分析，进而对汽车技术状况进行定性分析或对故障部位和原因进行判断的诊断方法。该诊断方法不需要专用仪器设备，可随时随地应用，但其缺点在于诊断速度慢，准确性差，并要求诊断者具有丰富的实践经验和较高的技术水平。

（2）现代仪器设备诊断法。现代仪器设备诊断法是在人工经验诊断法的基础上发展起来的诊断方法。该法可在不解体情况下，利用建立在机械、电子、流体、振动、声学、光学等技术基础上的专用仪器设备，对汽车、总成或机构进行测试，并通过对诊断参数测试值、变化特性曲线、波形等的分析判断，定量确定汽车的技术状况。采用微机控制的专用仪器设备能够自动分析、判断、打印诊断结果。现代仪器设备诊断法的优点是诊断速度快、准确性高、能定量分析；缺点是投资大、占用固定厂房等。

（3）自诊断法。自诊断法是利用汽车电控单元的自诊断功能进行故障诊断的一种方法。其基本原理是利用监测电路检测传感器、执行器及微处理器的各种实际参数，并与存储器中的标准数据比较，从而判断系统是否存在故障。当确定系统有故障存在时，电控单元把故障信息以故障码的形式存入存储器，并控制警示灯发出警示信号。把该故障码从存储器中提取出来，然后查阅相应的"故障码表"便可确定故障的部位和原因。

初期的汽车诊断技术是以人工经验诊断法为主的，仪器设备诊断法和自诊断法则是在传统的人工经验诊断法的基础上伴随着现代科学技术的进步而发展起来的。许多检测诊断设备就是沿着人工经验诊断的思路研制开发的，即使先进的汽车专家诊断系统，也是把人脑的分析、判断通过计算机语言转化成计算机的分析判断；自诊断法对于电子控制的汽车各大系统的监控和诊断非常准确有效，随着计算机控制技术的发展和在汽车上的广泛应用，自诊断法的优势将更为突出。因此，在汽车诊断技术的发展过程中，其基本诊断方法并不是相互独立的，而是相辅相成的。

5. 汽车年检费用

据江苏省物价局通告，从 2012 年 1 月 1 日起，江苏省取消或停止了 16 项收费，其中就包括社会广泛关注的机动车年检费。

此次收费清理的项目中，交管部门收取的机动车安全技术检验费被取消。这项收费相当于过去人们常去车管所缴纳的年检费，但是取消的原因并不是因为收费"违规"，而是因为汽车检验主体，已经由社会化的检验机构（汽车检测站）代替，转为了经营性收费。2012 年 1 月 1 日起，机动车年检费由两部分构成：一部分是安全技术检验费，汽油车不得超过 92 元，柴油车不得超过 88 元；另一部分是尾气检测费，各地可按照不高于 65 元/车次的标准制定。

（二）汽车检测站

汽车检测站是综合利用检测诊断技术从事汽车检测诊断工作的场所，是综合运用现代检测技术，对汽车实施不解体检测、诊断的机构。它具有现代化的检测设备和检测方法，能在室内检测出车辆的各种参数并诊断出可能出现的故障，为全面、准确评价汽车的使用性能和技术状况提供可靠的依据。汽车检测和审验工作就是在这些具有若干必需的技术装备并按一定工艺路线组成的汽车检测站进行的。

1. 检测站的类型

根据检测站的服务对象和检测内容，可分为汽车安全环保检测站、汽车综合性能检测站和汽车维修检测站三类。

1）汽车安全环保检测站

根据国家质量检验检疫总局第 87 号令（自 2006 年 5 月 1 日起施行）《机动车安全技术检验机构管理规定》，汽车安全环保检测站是指在中华人民共和国境内，依法接受委托，从事机动车安全技术检验，并向社会出具公正数据的机构，机动车安全技术检测是指根据《中华人民共和国道路交通安全法》及其实施条例规定，按照国家机动车安全技术标准和规程等技术规范要求，对在道路上行驶的机动车进行检验检测的活动。

汽车安全环保检测站根据国家有关法规，定期检测车辆与安全和环境保护有关的项目，一般对反映汽车行驶安全和对环境污染程度的规定项目进行总体检测，并把检测结果与国家有关标准比较，给出"合格"与"不合格"的检测结果，而不进行具体故障的诊断和分析。

汽车安全环保检测站主要承担下列检测任务：汽车申请注册登记时的初次检验；汽车定期检验；汽车临时检验；汽车特殊检验，包括事故车辆、外事车辆、改装车辆和报废车辆等的技术检验。

2）汽车综合性能检测站

根据GB/T 17993—2005《汽车综合性能检测站能力的通用要求》，汽车综合性能指"在用汽车动力性、安全性、燃料经济性、使用可靠性、排气污染物和噪声以及整车装备完整性与状态、防雨密封性等多种技术性能的组合"。汽车综合性能检测站指"按照规定的程序、方法，通过一系列技术操作行为，对在用汽车综合性能进行检测（验）评价工作并提供检测数据、报告的社会化服务机构"。汽车综合性能检测站能对汽车的安全性、可靠性、动力性、经济性、噪声和废气排放状况等进行全面的检测，可代表交通运输管理部门对车辆的技术状况和维修质量进行监控，保证车辆运行安全，提高运输效率，降低运行消耗。汽车综合性能检测站的服务功能为：

（1）依法对营运车辆的技术状况进行检测。

（2）依法对车辆维修竣工质量进行检测。

（3）接受委托，对车辆改装（造）、延长报废期及其相关新技术、科研鉴定等项目进行检测。

（4）接受交通、公安、环保、商检、计量、保险和司法机关等部门、机构的委托，为其进行规定项目的检测。

3）汽车维修检测站

汽车维修检测站是为汽车维修服务的检测站，其任务是：对二级维护前的汽车进行技术状况检测和故障诊断，以确定附加作业和小修项目；对大修前的汽车或总成进行技术状况检测，以确定其是否达到大修标志需要大修，对维修后的汽车进行技术检测，以监控汽车的维修质量。

2. 汽车检测站的组成和工位布置

图8-13为安全环保检测线和综合检测线示意图。安全环保检测线一般由外观检查（人工检查）工位（P）、侧滑制动车速表工位（A.B.S）、灯光尾气工位（H.X）三个工位组成；综合检测线由发动机测试及车轮平衡工位、底盘测功工位、外观检查组成及前轮定位。

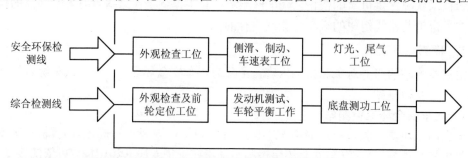

图8-13 安全环保检测线和综合检测站平面布置示意图

3. 检测站工艺路线流程

对于一个独立而完整的检测站，汽车进站后的工艺路线如图8-14所示。

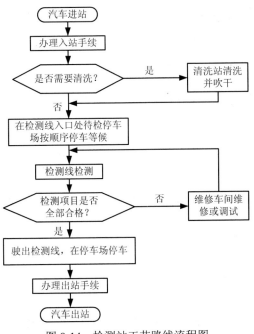

图 8-14 检测站工艺路线流程图

4．检测线工艺路线流程

检测线的工位布置是固定的，进线检测的汽车按工位顺序流水作业。

以全自动安全环保检测线为例，其工艺路线流程如图 8-15 所示。

以三工位全能综合检测线为例，其工艺路线流程如图 8-16 所示。

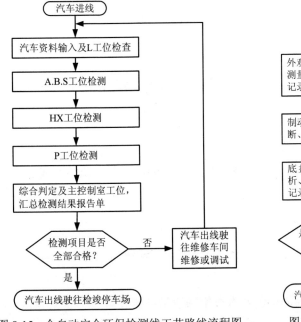

图 8-15 全自动安全环保检测线工艺路线流程图

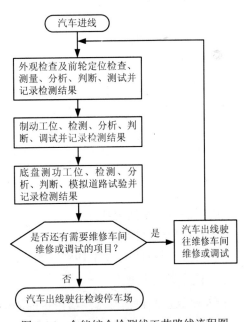

图 8-16 全能综合检测线工艺路线流程图

（三）汽车年检及审验的内容

汽车检测及审验的类型和目的不同，其检测内容也不同。

1. 汽车安全环保检测

汽车安全环保检测以涉及汽车行驶安全及环保的项目为主要检测内容。根据检测手段的不同，一般分为外检和有关性能的检测。

（1）外检。外检通过目检和实际操作来完成，其主要内容有：

① 检查车辆号牌、行车执照有无损坏、涂改、字迹不清等情况，校对行车执照与车辆的各种数据是否一致。

② 检查车辆是否经过改装、改型、更换总成，其更改是否经过审批及办理过有关手续。

③ 检查车辆外观是否完好，连接件是否紧固，是否有漏水、漏油、漏气、漏电等现象。

④ 检查车辆整车及各系统是否满足 GB 7258—2004《机动车运行安全技术条件》所规定的基本要求。

（2）性能检测。对汽车有关性能的检测，利用专用汽车检测设备对汽车进行规定项目的检测来完成。根据公安部 GA 468—2004《机动车安全检验项目和方法》的规定，可分为以下 6 项：

① 转向轮侧滑；
② 制动性能；
③ 车速表误差；
④ 前照灯性能；
⑤ 尾气排放；
⑥ 喇叭声级和噪声。

2. 汽车综合性能检测

根据中华人民共和国交通部《汽车运输业车辆技术管理规定》和 GB 18565—2001《营运车辆综合性能要求和检验方法》，汽车综合性能检测的主要内容包括：

① 汽车的安全性（制动、侧滑、转向、前照灯等）；
② 可靠性（异响、磨损、变形、裂纹等）；
③ 动力性（车速、加速能力、底盘输出功率、发动机功率、转矩、供给系统、点火系统状况等）；
④ 经济性（燃油消耗）；
⑤ 噪声和废气排放状况。

其具体检测项目见 JT/T 198—2004《营运车辆技术等级划分和评定要求》。

3. 汽车维修检测

汽车维修检测包括汽车二级维护前的检测和汽车维修质量检测。

（1）汽车二级维护前的检测。汽车进行二级维护前，应进行技术状况检测和故障诊断，据此确定二级维护附加作业和小修项目以及是否需要大修。其主要检测有以下内容。

① 汽车基本性能：最高车速、加速性能、燃油消耗量、制动性能、转向轮侧滑量、滑行能力等。

② 发动机技术状况：气缸压力、机油压力、工作温度、点火系统技术状况、机油质量、发动机异响等。

③ 底盘技术状况：离合器工作状况；变速器、主减速器、传动轴技术状况（密封、工作温度、异响等）；车轮、悬架技术状况；车架有无裂伤及各部件铆接状况等。

④ 车辆外观状况检查：车辆装备是否齐全，车身有无损伤，车轴及车架有无断裂、变形及有无"四漏"现象等。

（2）维修质量检测。维修质量检测指汽车维修竣工后进行的汽车二级维护质量检测、汽车或发动机大修质量检测。

汽车二级维护质量检测主要有以下内容。

① 外观检查：车容是否整齐，装备是否齐全，有无"四漏"现象等。

② 动力性能检测：发动机功率或气缸压力，汽车的加速性能，滑行能力。

③ 经济性能检测：燃油消耗量。

④ 安全性能：转向轮定位和侧滑量，转向盘自由转动量，制动性能，前照灯发光强度及光束照射位置，车速表误差，喇叭声级及噪声等。

⑤ 尾气排放：汽油车怠速污染物（CO, HC）排放，柴油车自由加速烟度排放。

⑥ 异响：发动机和底盘各总成有无异常声响。

汽车或发动机修理质量的检测应根据 GB/T 3798.1—2005《汽车大修竣工出厂技术条件》第 1 部分：载客汽车、GB/T 3798.2—2005《汽车大修竣工出厂技术条件》第 2 部分：载货汽车、GB 3799.1—2005《商用汽车发动机大修竣工出厂技术条件》第 1 部分：汽油发动机和 GB/T 3799.2—2005《商用汽车发动机大修竣工出厂技术条件》第 2 部分：柴油发动机进行。

（四）汽车年检及审验标准

1. 汽车检测诊断标准的分类

根据来源可把检测诊断标准分为三类：

（1）国家标准。国家标准指由国家机关制定和颁布的可用于汽车检测诊断的技术标准。这类标准主要涉及汽车行驶安全性和对环境的影响，以及汽车技术状况评价中具有共性的检测项目。汽车检测诊断中常用国家或行业标准、规定主要有：

GB 7258—2004《机动车运行安全技术条件》；

GB 18565—2001《营运车辆综合性能要求和检验方法》；

JT/T 198—2004《营运车辆技术等级划分和评定要求》；

GB/T 18344—2001《汽车维护、检测、诊断技术规范》；

GB/T 12545.1—2001《乘用车燃料消耗量试验方法》；

GB/T 12545.2—2001《商用车燃料消耗量试验方法》；

GB 12676—1999《汽车制动系统结构、性能和试验方法》；

GB/T18276—2000《汽车动力性台架试验方法和评价指标》；

GB 1494—2002《声学　汽车加速行驶车外噪声限值及测量方法》；

GB/T 14365—1993《声学　机动车辆定置噪声测量方法》；

GB 18285—2005《点燃式发动机汽车排气污染物排放限值及测量方法（双怠速法及简易工况法）》；

GB 3847—2005《车用压燃式发动机和压燃式发动机汽车排气烟度排放限值及测量方法》；

GB 14763—2005《装用点燃式发动机重型汽车燃油蒸发污染物排放限值》；

GB 11340—2005《装用点燃式发动机重型汽车曲轴箱污染物排放限值》；

GB/T 17993—2005《汽车综合性能检测站能力的通用要求》；

GB 3799.1—2005《商用汽车发动机大修竣工出厂技术条件》第1部分：汽油发动机；

GB/T 3799.2—2005《商用汽车发动机大修竣工出厂技术条件》第2部分：柴油发动机；

GB/T 3798.1—2005《汽车大修竣工出厂技术条件》第1部分：载客汽车；

GB/T 3798.2—2005《汽车大修竣工出厂技术条件》第2部分：载货汽车。

（2）制造厂推荐标准。制造厂推荐标准指由汽车制造厂通过技术文件对汽车某些参数所规定的标准，一般主要涉及汽车的结构参数，如气门间隙、分电器触点间隙、车轮定位角、点火提前角等。汽车结构参数一般在设计阶段确定，并在样车或样机的台架或运行试验中修订，与汽车的使用可靠性、寿命和经济性有关。

（3）企业标准。企业标准指汽车运输企业根据不同使用条件对汽车使用情况所制定的标准。这类标准一般与汽车使用经济性和可靠性密切相关，其特点是因使用条件不同而不同。例如，在市区与公路、平原与山区不同道路条件下汽车使用油耗相差很大，不能采用统一的油耗标准；汽车在矿区使用较在公路上使用，润滑油污染速度要快得多，应采用不同的润滑油换油周期。

2. 汽车年检及审验标准

（1）汽车安全检测标准。汽车安全检测站受公安机关车辆管理部门的委托，对全社会民用车辆进行安全性检测时，所依据的标准是 GB 7258—2004《机动车运行安全技术条件》，以检查机动车辆的整车及各总成、系统的技术状况是否满足有关运行安全的技术要求。

在汽车安全检测的外检过程中，应通过目视检查和实际操作确定车辆整车及各系统是否满足 GB 7258—2004《机动车运行安全技术条件》所规定的基本要求。

（2）汽车综合性能检测标准。经认定的汽车综合性能检测站，在根据交通运输管理部门建立的运输业车辆检测制度，对运输车辆进行定期或不定期检测以及进行车辆技术等级评定时，所依据的主要技术标准有：GB 7258—2004《机动车运行安全技术条件》；GB 18565—2001《营运车辆综合性能要求和检验方法》；JT/T 198—2004《营运车辆技术等级划分和评定要求》。

（3）汽车维修检测标准。根据汽车维修检测的目的，汽车维修检测依据的技术标准如下。

汽车二级维护检测标准：汽车二级维护检测所依据的主要技术标准是 GB/T 18344—2001《汽车维护、检测、诊断技术规范》和汽车制造厂关于汽车使用性能及结构参数的推荐标准。

GB/T 18344—2001《汽车维护、检测、诊断技术规范》关于汽车维护作业所规定的主

要内容有:
① 汽车维护分级和周期;
② 日常维护内容和要求;
③ 一级维护作业内容和要求;
④ 二级维护基本作业项目;
⑤ 二级维护检验项目和附加作业项目的确定;
⑥ 二级维护竣工要求。

依据 GB/T 18344—2001《汽车维护、检测、诊断技术规范》,可进行二级维护前检测,并据此确定二级维护的附加作业项目,同时对汽车二级维护的质量进行监控。汽车二级维护作业的工艺过程如图 8-17 所示;以东风 EQ1090 型货车、解放 CA1091 型货车和桑塔纳 GLi 型轿车为例,列出汽车二级维护的竣工检测项目和技术要求,具体见表 8-1 和表 8-2。

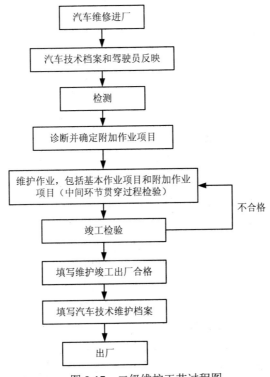

图 8-17 二级维护工艺过程图

表 8-1 二级维护竣工要求

序号	检测部位	检测项目	技术要求	备注
1	整车	① 清洁	汽车外部、各总成外部、三滤应清洁	检视
		② 面漆	车身面漆、腻子无脱落现象,补漆颜色应与原色基本一致	检视
		③ 对称	车体应周正、左右对称	汽车平置检查

（续）

序号	检测部位	检测项目	技术要求	备注
		④ 紧固	各总成外部螺栓、螺母按规定力矩扭紧，锁销齐全有效	检查
		⑤ 润滑	发动机、变速器、转向器、减速器润滑符合规定，各通气孔畅通。各部润滑点润滑脂加注符合要求。润滑脂嘴齐全有效，安装位置正确	检视
		⑥ 密封及电器	全车无油、水、气泄漏，密封良好，电气装置工作可靠，绝缘良好	检视
		⑦ 前照灯、仪表、刮水器、后视镜等装置	稳固、齐全有效符合有关规定	检视
2	发动机	① 发动机工作状况	发动机能正常启动，低、中、高速运转均匀及稳定、水温正常，加速性能良好，无断裂、回火、放炮等现象，发动机运转稳定后应无异响	路试
		② 发动机功率	无负荷功率不小于额定值的80%	检测
		③ 发动机装置	齐全有效	检视
3	离合器	① 踏板自由行程	符合原厂规定	检测
		② 离合情况	接合平稳，分离彻底，无打滑、抖动及异响	路试
4	转向系	① 转向盘最大转动量	符合规定	
		② 横直拉杆装置	球头销不松旷，各部螺栓螺母紧固，锁止可靠	检查
		③ 转向机构	操作轻便、转动灵活，无摆振、跑偏等现象。车轮转到极限位置时，不得与其他部件有碰擦现象	检测
		④ 前束及最大转向角	符合规定	检测
		⑤ 侧滑	符合 GB 7258—2004 中的有关规定	检测
5	传动系	变速器、传动轴、主减速器	变速器操纵灵活、不跳挡、不乱挡。变速器传动轴、主减速器各部位无异响，传动轴装配正确	路试
6	行驶系	① 轮胎	轮胎磨损应在规定范围内、同轴轮胎应为相同的规格和花纹，转向轮不得使用翻新轮胎，轮胎气压符合规定，后轮辋孔与制动鼓观察孔对齐	检查

(续)

序号	检测部位	检测项目	技术要求	备注
		② 钢板弹簧	钢板弹簧无断裂、位移、缺片、U形螺栓紧固，前后钢板支架无裂纹及变形	检查
		③ 减振器	稳固有效	路试
		④ 车架	车架无变形、纵横梁无裂纹，铆钉无松动，拖车钩、备胎架齐全，无裂损变形，连接牢固	检查
		⑤ 前后轴	无变形及裂纹	检查
7	制动系	① 制动性能	应符合 GB 7258—2004 中的有关规定	路试与检测
		② 制动踏板自由行程	10mm～15mm	检测
		③ 驻车制动性能	应符合 GB 7258—2004 中的有关规定	路试与检测
		④ 滑行性能	符合规定	路试与检测
8	车身、车厢	① 车身	驾驶室装置紧固，门铰链灵活无松旷，限动装置齐全有效，驾驶室门关闭牢靠，无松动，风窗玻璃完好，窗框严密；门把、门锁、玻璃升降器齐全有效。发动机罩锁扣有效，暖风装置工作正常	检视
		② 车厢	车厢不歪斜，整体不变形，底板无破洞翘曲，边板、后门平整无严重变形，铰链完好，关闭严密，前后锁扣作用可靠	检视
9	其他	① 尾气排放测量	符合有关标准的规定	检测
		② 车外噪声级测量	符合有关标准的规定	检测

表 8-2 桑塔纳 GLi 轿车二级维护竣工检验标准

序号	检测部位	检测项目	技术要求	备注
1	整车	① 清洁	汽车外部、各总成外部、三滤应清洁	检视
		② 面漆	车身面漆无脱落，颜色应基本一致	检视
		③ 紧固	各总成外部螺栓、螺母按规定力矩扭紧，锁销齐全有效	检视
		④ 润滑	各总成润滑符合规定	检视
		⑤ 密封及电路	全车无油、水、气泄漏，密封良好，电气装置工作可靠，绝缘良好	检视
		⑥ 灯光	齐全有效，符合规定	检视
2	发动机	① 工作状况	能正常启动，低、中、高速运转均匀及稳定，加速性能优良，无异响	检视
		② 装备	齐全有效	检视

(续)

序号	检测部位	检测项目	技术要求	备注
3	离合器	① 踏板自由行程	符合原厂规定	检视与路试
		② 离合情况	接合平稳，分离彻底，无打滑、抖动及异响	路试
4	转向系	① 转向盘最大转动量	符合规定	检视与路试
		② 横直拉杆装置	球头销不松旷，各部螺栓螺母紧固可靠	检视
		③ 转向机构	操作轻便、转动灵活，无摆振跑偏	路试
		④ 前束和侧滑	符合规定	检测
5	传动系	变速器和传动轴	变速器操纵灵活、不跳挡、不乱挡，传动轴装配正确，各部件无异响	路试
6	行驶系	① 轮胎	磨损在规定范围内，气压符合规定	检查
		② 弹簧和减振器	无裂纹和变形，稳固有效	检视
		③ 悬架	无变形和裂纹，附件齐全，连接牢固	检视
7	制动系	① 制动性能	符合规定	路试
		② 踏板自由行程	符合规定	路试
		③ 驻车制动	符合规定	路试
8	车身	车身	整体无变形，关闭严密，各部件完好	检视
9	排放	尾气排放测量	符合有关规定	检测

（五）汽车侧滑性能的检测

汽车如果没有正确的前轮定位，转向车轮在向前滚动时将会产生横向滑移现象，即车轮侧滑。

侧滑量是指汽车直线行驶位移量为 1km 时，转向轮的横向位移量。侧滑量的单位是 m/km。汽车侧滑试验台是用以检测汽车前轮侧滑量的一种专门设备。

1. 滑板式侧滑试验台的结构

汽车侧滑检验设备按其测量参数可以分为两类：一类是测量车轮侧滑量的滑板式侧滑试验台；另一类是测量车轮侧向力的滚筒式侧滑试验台，它们都属于动态侧滑试验台。根据现实使用状况，以下重点讲解检测站中常用的双板联动式侧滑试验台。

如图 8-18 所示，双板联动侧滑试验台主要由机械和电气两部分组成。机械部分主要由两块滑动板、联动机构、回零机构、滚轮及导向机构、限位装置及锁零机构组成。电气部分包括位移传感器和电气仪表。

1) 机械部分

左右两块滑动板分别支撑在各自的四个滚轮上，每块滑动板与其连接的导向轴承在轨道内滚动，保证了滑动板只能沿左右方向滑动而限制了其纵向的运动。两块滑动板通过中间的联动机构连接起来，从而保证了两块滑动板同时向内或同时向外运动。相应的位移量通过位移传感器转变成电信号送入仪表。回零机构保证汽车前轮通过后滑动板能够自动回零。限位装置是限制滑动板过分移动而超过传感器的允许范围，起保护传感器的作用。锁零机构能在设备空闲或设备运行时保护传感器。润滑机构能够保证滑动板轻便自如地移动。

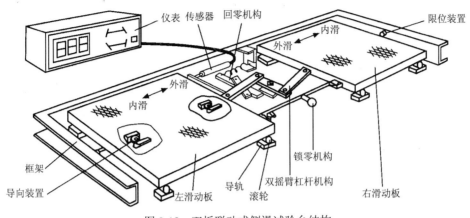

图 8-18 双板联动式侧滑试验台结构

2）电气部分

电气部分按传感器的种类不同而有所区别。目前常用的位移传感器有电位计式和差动变压器式两种。早期的侧滑台也有用自整角电机的，现已很少用。

电位计式测量装置：其原理非常简单，将一个可调电阻安装在侧滑检验台底座上，其活动触点通过传动机构与滑动板相连，电位计两端输入一个固定电压（如5V），中间触点随着滑动板的内外移动也发生变化，输出电压也随之在 0～5V 之间变化，把 2.5V 左右的位置作为侧滑台的零点，如果滑动板向外移动，输出电压大于 2.5V，达到外侧极限位置输出电压为 5V。滑动板向内移动，输出电压小于 2.5V，达到内侧极限输出电压为 0V。这样仪表就可以通过 A/D 转换将侧滑传感器电压转换成数字量，并送入单片机处理，得出侧滑量的大小。

差动变压器式测量装置：原理与电位计式类似，只是电位计式输出一个正电压信号，而差动变压器式输出的是正负两种信号。把电压为 0V 时的位置作为零点。滑动板向外移动输出一个大于 0V 的正电压，向内移动输出一个小于 0V 的负电压。同样，仪表就可以通过 A/D 转换将侧滑传感器电压转换成数字量，并送入单片机处理，得出侧滑量的大小。

指示仪表可分为数字式和指针式两种，目前检测站普遍使用的是数字式仪表，数字式仪表多为智能仪表，实际就是一个单片机系统。当侧滑量超过规定值时，数字式仪表即用蜂鸣器或用信号灯或声、光信号同时发出报警，以引起检测人员的注意。

2. 侧滑试验台的使用方法

侧滑试验台的型号、结构形式、允许轴重不同，其使用方法也有所区别。在使用前一定要认真阅读使用说明书，以掌握正确的使用方法。侧滑试验台的一般使用方法如下：

1）检测前的准备

（1）在不通电的情况下，检查仪表指针是否在零位上；接通电源，晃动滑动板，待滑动板停止后，查看指针是否仍在零位或数据显示仪表上的侧滑量数值是否为零。如发现失准,对于指针式仪表,可以用零点调整电位计或游丝零点调整钮将仪表校零。对于数字式仪表可按下校准键,调节调零电阻,使侧滑量显示值为零,或按复位键清零。

(2) 检查侧滑试验台及周围场地有无机油、石子、泥污等杂物,并清除干净。

(3) 检查各种导线有无因损伤而造成接触不良的部位,必要时应进行修理或更换。

(4) 检查报警装置在规定值时能否发出报警信号,并视需要进行调整或修理。

(5) 待检测车轮胎气压应符合规定。

(6) 检查并清除轮胎上的油污、水渍和嵌入的石子、杂物。

(7) 轮胎花纹深度必须符合 GB 7258—2004《机动车运行安全技术条件》的规定。

2) 检测步骤(如前文所述)

3) 检测时的注意事项

(1) 不允许超过规定吨位的汽车驶入侧滑台,以防压坏或损伤易损机件。

(2) 不允许汽车在侧滑台上转向或制动,否则会影响检验台测量精度和使用寿命。

(3) 前轮驱动的汽车在测试时,不应该突然加油、收油或踏离合器,这样会改变前轮受力状态和定位角,造成测量误差。

3. 检测标准及检测结果分析

1) 检测标准

国家标准 GB 7258—2004《机动车运行安全技术条件》和 GB 18565—2001《营运车辆综合性能要求和检验方法》,对汽车有关转向轮定位参数的检测作如下规定:机动车转向轮的横向侧滑量,用侧滑仪检测时,其值不得超过 5m/km。

2) 检测结果分析

汽车的前束和转向轮外倾角对侧滑量影响较大,因此侧滑量的调整主要是通过前束和外倾角的调整来实现。若转向轮向外侧滑,且侧滑量超标,则表明转向轮前束过大,或负外倾角过大,须调整,一般尽量先调整前束,若无法达到侧滑量调整的要求,或前束调整量太大,可判断是由于负外倾角的影响,须进一步用车轮定位仪检测,找出原因并排除。

若转向轮向内侧滑,且侧滑量超标,则表明转向轮负前束或外倾角过大,也须调整。

(六) 汽车制动性能的检测

根据国家标准 GB 7258—2004《机动车运行安全技术条件》的规定,机动车可以用制动距离、制动减速度和制动力检测制动性能。制动性能检测分台试法和路试法两种。道路试验主要通过检测制动距离、平均减速度等参数来检测汽车行车制动和应急制动性能;用坡道试验检测汽车驻车制动性能。

1. 路试检测汽车制动性能的道路条件和检测标准

1) 路试检测条件

行车制动性能和应急制动性能检测应在平坦(纵向坡度不应超过 1%)、硬实、清洁、干燥且轮胎与地面间的附着系数不小于 0.7 的水泥或沥青路面上进行。驻车制动试验若在坡道上进行,要求坡度为 20%,轮胎与路面间的附着系数不小于 0.7。

2) 行车制动性能检测标准

(1) 用制动距离检测行车制动性能。车辆在规定的初速度下的制动距离和制动稳定性应符合表 8-3 的要求，对空载检测制动距离有质疑时，可用表中满载检测的制动性能要求进行检测。

表 8-3 制动距离和制动稳定性要求

车辆类型	制动初速度/（km/h）	满载检测的制动距离/m	空载检测的制动距离/m	制动稳定性要求车辆任何部位不得超出的试车道路宽度/m
座位数≤9 的载客汽车	50	≤20	≤19	2.5
总质量≤4.5t 的汽车	50	≤22	≤21	2.5
其他汽车、列车	30	≤10	≤9	3.0

对 3.5t <总质量≤4.5t 的汽车，试车道路宽度为 3m。

（2）用平均减速度检测行车制动性能。汽车列车在规定的初速度下急踩制动时充分发出的平均减速度和制动稳定性应符合表 8-4 的要求。对空载检测制动性能有质疑时，可用表中满载检测的制动性能要求进行检测。

表 8-4 制动减速度和制动稳定性要求

车辆类型	制动初速度/（km/h）	满载检验充分发出的平均减速度/（m/s^2）	空载检验充分发出的平均减速度/（m/s^2）	制动稳定性要求车辆任何部位不得超出的试车道路宽度/m
座位数≤9 的载客汽车	50	≥5.9	≥6.2	2.5
总质量≤4.5t 的汽车	50	≥5.4	≥5.8	2.5
其他汽车、列车	30	≥5.0	≥5.4	3.0

（3）用制动协调时间检测行车制动性能。制动协调时间是指在急踩制动时，从踏板开始动作至车辆减速度达到表 8-4 规定的车辆充分发出的平均减速的 75%时所需的时间。单车制动协调时间≤0.6s，列车制动协调时间≤0.8s。

（4）制动性能检测时制动踏板力或制动气压要求。满载检测时，气压制动系气压表的指示气压应小于或等于额定工作气压；液压制动系，座位数小于或等于九座的载客汽车，踏板力应小于或等于 500N，其他车辆小于或等于 700N。

空载检测时，气压制动系气压表的指示气压应小于或等于 600kPa；液压制动系，座位数小于或等于九座的载客汽车，踏板力应小于或等于 400N，其他车辆应小于或等于 450N。

踏板压力计是作业测量制动时制动踏板力的装置，除常见的有线式以外，还有红外线式和无线式等。

3）应急制动性能检测标准

应急制动必须在行车制动系统有一处管路失效的情况下，在规定的距离内将车停止。

应急制动性能检测要求汽车在空载和满载状态下，按规定的初速度测量从应急制动操纵始点至车辆停止时的制动距离（或平均减速度）应符合表 8-5 的要求。

表 8-5 应急制动性能要求

车辆类型	制动初速度/(km/h)	制动距离/m	充分发出的平均减速度/（m/s²）	允许操纵力不大于/N	
				手操纵	脚操纵
乘用车	50	≤38.0	≥2.9	400	500
客车	30	≤18.0	≥2.5	600	700
其他汽车（三轮车除外）	30	≤20.0	≥2.2	600	700

4）驻车制动性能检测标准

在空载状态下，驻车制动装置应能保证车辆在坡度为 20%（总质量为整备质量的 1.2 倍以下的车辆为 15%）、轮胎与路面间的附着系数≥0.7 的坡道上正反两个方向保持固定不动的时间应≥5min。

对总质量大于 3.5t 且小于或等于 4.5t 的汽车，试车道路宽度为 3m。

2. 路试检测制动性能的仪器

检测不同的参数需要使用不同的仪器，根据路试检测制动性能有关参数，主要使用第五轮仪、非接触式速度仪和制动减速度仪。

3. 路试检测制动性能的过程

1）行车制动性能的检验

（1）使用便携式制动性能检测仪（图 8-19）进行测试，其检测过程如图 8-20 所示。

图 8-19 便携式制动性能检测仪

(a) 将制动触点开关安装在制动踏板上并与主机连接

(b) 装上加速度传感器并与主机连接

(c) 设置好车牌号码等参数

(d) 开始制动性能的测试

(e) 车辆驶入按标准规定设置的试车跑道上并按试验流程进行测试

(f) 打印出检测结果

图 8-20 使用便携式制动性能检测仪检测行车制动性能

（2）使用非接触式速度仪进行性能测试，其检测过程如图 8-21 所示。

（a）在车上安装非接触式速度仪的传感器并与主机连接　　（b）在车上安装好非接触式速度仪的传感器并与主机连接　　（c）在车上安装好非接触式速度仪传感器并调整到规定高度

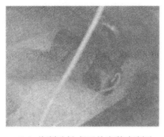

（d）在车上安装好车速显示器　　（e）将制动触点开关安装在制动踏板上并与主机连接　　（f）车辆驶入规定的试道上按试验流程进行测试

图 8-21　使用非接触式速度仪检测行车制动性能

2）驻车制动性能的检验

驻车制动性能检测过程如图 8-22 所示。

（a）驻车制动性能检验的坡道（坡度为 20%、附着系数≥0.7）　　（b）下坡方向上保持固定不动时间应≥5min　　（c）上坡方向上保持固定不动时间应≥5min

图 8-22　驻车制动性能的检验

4. 台试检测制动性能

台架试验检测制动性能一般是通过制动试验台检测制动力来评价汽车行车制动性能和驻车制动性能。目前常用的制动试验台有两种，即滚筒式制动检测台（图 8-23）和平板式制动检测台（图 8-24）。

台式制动性能检测标准 GB 7258—2004《机动车运行安全技术条件》在检验制动性能参数标准中有以下规定。

1）行车制动性能检测

（1）制动力要求。汽车、汽车列车在制动试验台上测出的制动力应符合表 8-6 的要求，对空载检测制动力有质疑时，可用表中规定的满载检验制动力要求进行检测。

图 8-23 滚筒式制动检测台

图 8-24 平板式制动检测台

表 8-6 台试检测制动力要求　　　　　　　　　　　　　单位：%

机动车类型	制动力总和与整车重量的百分比		轴制动力与轴荷[①]的百分比	
	空载	满载	前轴	后轴
乘用车、总质量不大于3500kg的货车	≥60	≥50	≥60[②]	≥20[②]
其他汽车、汽车列车	≥60	≥50	≥60[②]	—

注：① 用平板制动检验台检验乘用车时应按动态轴荷计算；
　　② 空载和满载状态下测试均应满足此要求。

（2）制动力平衡要求（两轮、边三轮摩托车和轻便摩托车除外）。在制动力增长全过程中同时测得的左、右轮制动力差的最大值，与全过程中测得的该轴左、右轮最大制动力中大者之比，对前轴不应大于20%，对后轴（及其他轴）在轴制动力不小于该轴轴荷的60%时，不应大于24%；当后轴（及其他轴）制动力小于该轴轴荷的60%时，在制动力增长全过程中同时测得的左、右轮制动力差的最大值不应大于该轴轴荷的8%。

（3）汽车的制动协调时间要求。汽车的制动协调时间：对液压制动的汽车不应大于0.35s，对气压制动的汽车不应大于0.60s；汽车列车和铰接客车、铰接式无轨电车的制动协调时间不应大于0.80s。

（4）汽车车轮阻滞力要求。进行制动力检验时各车轮的阻滞力均不应大于车轮所在轴轴荷的5%。

2）驻车制动的制动力要求

采用台试检测驻车制动的制动力时，车辆空载，乘坐一名驾驶员，使用驻车制动装置，驻车制动力的总和应不小于该车在测试状态下整车质量的20%；对总质量为整备质量1.2倍以下的车辆，此值为15%。

5. 用滚筒式制动试验台检测制动性能

试验台主要由制动力承受装置、驱动装置、制动力检测装置和制动力指示装置组成。

制动力的诊断参数标准是以轴制动力占轴荷的百分比为依据的，因此必须在测得轴荷及轴制动力后才能评价轴制动性能，所以，测力式滚筒制动试验台需要配备轴重计或轮重仪，有些制动试验台本身带有内置式轴重测量装置。另外，有些试验台在两滚筒之间装有直径较小的第三滚筒，其上带有转速传感器，其作用是一旦检测时车轮制动抱死，其上的转速传感器送出的电信号可使滚筒立即停转，防止轮胎剥伤。

检测前准备与检测步骤如前文所述。

6. 用平板式制动试验台检测制动性能

1）结构特点

平板式制动试验台如图8-24所示，它利用汽车低速驶上平板后突然制动时的惯性力作用来检测制动性能，属于一种动态惯性式制动试验台。除了能检测制动性能外，还可以测试轮重、前轮侧滑和汽车的悬架性能。此试验台主要由几块测试平板、传感器和数据采集系统等组成。一般由四块制动、悬架、轴重测试用平板及一块侧滑板组成。数据采集系统由力传感器、放大器和多通道数据采集板组成。

该试验台结构简单、运动件少、用电量少、日常维护工作量小，提高了工作可靠性。测试过程与实际路试条件较接近，能反映车辆的实际制动性能，即能反映制动时轴荷转移带来的影响，以及汽车其他系统（如悬架结构、刚度等）对汽车制动性能的影响。该试验台不需要模拟汽车转动惯量，较容易将制动试验台与轮重仪、侧滑仪组合在一起，使车辆测试方便且效率高。但这种试验台存在测试操作难度较大、对不同轴距车辆适应性差、占地面积大、需要助跑车道等缺点。

2）工作原理

现代汽车在设计上为满足汽车行驶时的制动要求，提高制动稳定性，减少制动时后轴车轮侧滑和汽车甩尾，前轴制动力一般占50%～70%，后轴制动力设计相对较少。除此以外还充分利用汽车制动时惯性力导致车辆重心前移轴荷发生变化的特点，使前轴制动力可达到静态轴重的140%，上述制动特性只有在道路试验时才能体现，在滚筒反力式检验台上，由于受设备结构和检验方法的限制，前轴最大制动力无法测量。

平板式制动检验台是一种低速动态检测车辆制动性能的设备。检测时只依靠轴荷与减速度即可求出制动力。从理论上讲制动力与检测时的车速无关，与刹车后的减速度相关。

检验时汽车以5km/h～10km/h速度驶上平板，置变速器于空挡并紧急制动。汽车在惯性作用下，通过车轮在平板上产生与制动力大小相等方向相反的作用力，使平板沿纵向位移，经传感器测出各车轮的制动力、动态轮重并由数据采集系统处理计算出轮重、制动力及悬架性能的各参数值，并显示检测结果。测试原理如图8-25所示，在车辆挂空挡驶上台面时，台面水平方向的测力传感器测量出车轴空挡滑行阻力，称重传感器同步测量出车轴的载荷，即可计算出车辆空挡滑行阻力与荷重的百分比。车辆驶上台板后实施制动，此时前轴因为轴荷前移而制动力与轴荷均迅速增加，同时后轴轴荷减少，制动增长相对前轴较小；前轴轴荷达到最大后，前轴向上反弹，轴荷减小，后轴轴荷增加；经几个周期后前、后轴轴荷处于稳定。

3）检测前的准备

同滚筒式制动试验台。

4）检测步骤

检测汽车制动性能时，检测台应处于开机工作状态，被检汽车以5km/h～10km/h的速度驶上测试平板，引车员根据显示器上提示的住处及时迅速地踩下装有踏板压力计的制动踏板，使车辆在测试平板上制动直至停车。与此同时，数据采集系统通过各传感器采集制动过程中的全部数据,并经计算机分析处理,在显示器上以数字、图形、曲线形式显示检测结果,最后可用打印机将检测结果打印出来。

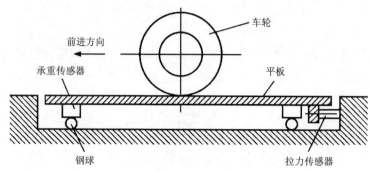

图 8-25 平板式制动试验台原理图

(七)汽车车速表的检测

汽车行驶速度对交通安全有很大影响,尤其在限速路段,驾驶员必须按照车速表的指示值,准确地控制车速,为此,要求车速表本身一定要准确可靠。为确保车速表的指示精度,必须适时对车速表进行检测、校正。

1. 车速表误差的测量原理

车速表误差的测量需要采用滚筒式车速表试验台(以下简称为车速表试验台),是以车速表试验台的滚筒作为连续移动的路面,把被测车轮置于滚筒上使其旋转,来模拟汽车在路试中的行驶状态。测量时,将被测车轮驱动滚筒旋转或由滚筒驱动车轮旋转,滚筒端部装有速度传感器即测速发电机,测速发电机的转速随滚筒转速的增高而增加,而滚筒的转速与车速成正比,因此测速发电机发出与车速成正比的电压信号。

滚筒的线速度、圆周长与转速之间的关系,可用下式表达:

$$V = nL \times 60 \times 10^{-6}$$

式中 V——滚筒的线速度(km/h);

L——滚筒的圆周长(mm);

n——滚筒的转速(r/min)。

由于车轮的线速度与滚筒的线速度相等,因此上述的计算值等于汽车的实际车速值,其值由于车速表试验台上的速度指示仪表显示,也称为试验台指示值。

车轮带动滚筒或滚筒带动车轮转动的同时,汽车驾驶室内的车速表也在显示车速值,其值称为车速表指示值。将车速表指示值与试验台指示值相比较,即可得出车速表的指示误差。可表示如下:

$$车速表指示误差 = \frac{车速表指示值 - 实际车速值}{实际车速值} \times 100\%$$

2. 车速表试验台的结构及工作原理

车速表试验台有三种类型:① 无驱动装置的标准型,它依靠被测车轮带动滚筒旋转;② 有驱动装置的驱动型,由电动机驱动滚筒旋转;③ 把车速表试验台与制动试验台或底盘测功试验台组合在一起的综合型。

1）标准型车速表试验台

标准型车速表试验台由速度测量装置、速度指示装置和速度报警装置等组成，如图8-26所示。

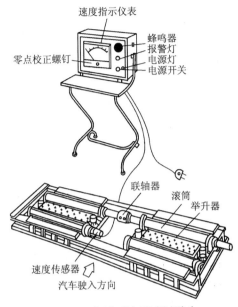

图8-26 标准型车速表试验台

2）驱动型车速表试验台

汽车车速表的转速信号多数取自变速器或分动器的输出端，但对于后置发动机的汽车，则会因车速表软轴过长出现传动精度和寿命方面的问题，因此转速信号取自前轮。驱动型车速表试验台就是为适应后置发动机汽车的试验而制造的，其结构如图8-27所示。

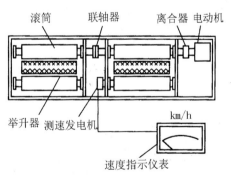

图8-27 驱动型车速表试验台

这种试验台在滚筒的一端装有电动机，由它来驱动滚筒旋转。此外，这种试验台在滚筒与电动机之间装有离合器，当离合器分离时，又可作为标准型试验台使用。

3. 车速表检测过程

如前文所述。

4. 车速表诊断参数标准及结果分析

1）车速表检测标准

国家强制性标准 GB 7258—2004《机动车运行安全技术条件》规定，车速表允许误差范围为−5%～20%，即：当车速表试验台速度指示值为 40km/h 时，车速表的指示值应为 40km/h～48km/h；当车速表指示值为 40km/h 时，车速表试验台的速度指示值应为 32.8km/h～40km/h。超出上述范围车速表的指示为不合格。

2）检测结果分析

车速表经检测出现误差，主要是由于长期使用过程中车速表本身出现了故障、损坏和轮胎磨损。为消除车速表机件磨损和轮胎磨损形成的指示误差，应借助于车速表试验台适时地对车速表进行检验。

（八）汽车前照灯的检测

汽车前照灯检测是汽车安全性能检测的重要项目。前照灯诊断的主要参数是**发光强度**和**光束照射位置**。当发光强度不足或光束照射位置偏斜时，会造成夜间行车驾驶员视线不清，或使迎面来车的驾驶员眩目，将极大地影响行车安全。所以，应定期对前照灯的发光强度和光束照射位置进行检测、校正。前照灯的技术状况，可用前照灯校正仪检测。

1. 前照灯检测的要求

1）前照灯光束照射位置的检验标准

根据 GB 7258—2004《机动车运行安全技术条件》的规定，汽车前照灯的检验指标为光束照射位置的偏移值和发光强度（cd）。前照灯光束照射位置应符合以下要求：

（1）机动车（运输用拖拉机除外）在检验前照灯的近光光束照射位置时，前照灯在距离屏幕 10m 处，光束明暗截止线转角或中点的高度应为 $0.6H$～$0.8H$（H 为前照灯基准中心高度），其水平方向位置向左向右偏移均不得超过 100mm。

（2）四灯制前照灯其远光单光束灯的调整，在屏幕上光束中心离地高度为 $0.85H$～$0.90H$，水平位置：左灯向左偏移不得大于 100mm，向右偏移不得大于 170 mm；右灯向左或向右偏移均不得大于 170mm。

（3）机动车装用远光和近光双光束灯时以调整近光光束为主。对于只能调整远光单光束的灯，调整远光单光束。

2）前照灯发光强度的检验标准

GB 7258—2004《机动车运行安全技术条件》规定，机动车每只前照灯的远光光束发光强度应达到表 8-7 的要求。测试时，其电源系统应处于充电状态。

表 8-7 前照灯远光光束发光强度要求　　　　　　　　　　单位：cd

检查项目车辆类型	新注册车		在用车	
	两灯制	四灯制[①]	两灯制	四灯制[①]
汽车、无轨电车	15000	12000	12000	10000
四轮农用运输车	10000	8000	8000	6000
注：① 采用四灯制的机动车其中两只对称的灯达到两灯制的要求时视为合格。				

2. 前照灯校正仪的类型

按照前照灯校正仪的结构特征与测量方法不同，常用汽车前照灯校正仪可分为投影式和自动追踪光轴式两种类型。

不同类型的前照灯校正仪均由接受前照灯光束的受光器、使受光器与汽车前照灯对正的照准装置、前照灯发光强度指示装置、光轴偏斜方向和偏斜量指示装置及支柱、底板、导轨、汽车摆正找准装置等组成。

1）投影式前照灯检测仪

投影式前照灯检测仪是通过把前照灯光束的影像映射到投影屏上来检测发光强度和光轴偏斜量的。检测时，测试距离一般为3m，其结构如图8-28所示。

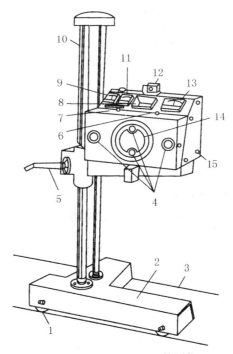

图8-28 投影式前照灯检测仪

1—车轮；2—底座；3—导轨；4—光电池；5—上下移动手柄；6—上下光轴刻度盘；7—左右光轴刻度盘；8—投影屏；9—左右偏斜指示计；10—支柱；11—上下偏斜指示计；12—汽车摆正找准器；13—光度计；14—聚光透镜；15—受光器。

投影式前照灯检测仪使用光轴刻度盘检测法。要求转动光轴刻度盘，使投影屏上的坐标原点与前照灯影像中心重合，读取此时光轴刻度盘上的指示值即为光轴偏斜量，再根据光度计上的指示值读取发光强度值。

2）自动追踪光轴式前照灯检测仪

自动追踪光轴式前照灯检测仪采用受光器自动追踪光轴的方法检测前照灯发光强度和光轴偏斜量。一般检测距离为3m，其结构如图8-29所示。

3. 前照灯发光强度和光轴偏斜量的检测方法

如前文所述。

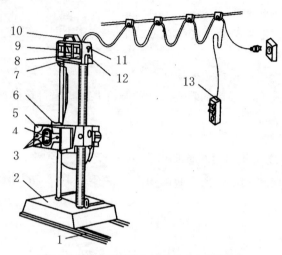

图 8-29 自动追踪光轴式前照灯检测仪

1—导轨；2—控制箱；3—光电池；4—聚光透镜；5—受光器；6—车辆摆正找准器；7—上下偏斜指示器计；8—光度计；9—左右偏斜指示计；10—显示器；11—电源开关；12—熔断丝；13—控制盒。

4．检测结果分析

前照灯检测不合格有两种情况，一是前照灯发光强度偏低，二是前照灯照射位置偏斜。

1) 左、右前照灯发光强度均偏低

（1）检查前照灯反光镜的光泽是否明亮，如果昏暗或镀层剥落或发黑应予更换。

（2）检查灯泡是否老化，质量是否符合要求，如果老化或质量不符合要求，光度偏低者应更换。

（3）检查蓄电池端电压是否偏低，如果端电压偏低，应先充足电再检测。仅靠蓄电池供电，前照灯发光强度一般很难达到标准的规定，检测时发电机应供电。

2) 左、右前照灯发光强度不一致

检查发光强度偏低的前照灯的反射镜光泽是否灰暗，灯泡是否老化，质量是否符合要求，一般多为搭铁线路接触不良。

3) 前照灯光束照射位置偏斜

前照灯安装位置不当或因强烈振动而错位致使光束照射位置偏斜，应予以调整。前照灯光束照射位置偏斜的调整可在前照灯检测仪上进行。

根据检测标准，在检测调整光束照射位置时，对远、近双光束灯以检测调整近光光束为主。如果制造质量合格的灯泡，近光调整合格后，远光光束一般也能合格；若近光光束调整合格后，经复核远光光束照射方向不合格，则应更换灯泡。

（九）汽车尾气排放的检测

随着汽车工业的发展和汽车保有量急剧增加，汽车排放的污染物是一致公认的城市大气主要污染公害之一，已成为严重的社会问题。因此，检测并控制汽车排气污染物的浓度，已成为汽车检测中重要的检测项目。

1. 汽车排气污染物的主要成分

汽车排气的污染物,主要是一氧化碳(CO)、碳氢化合物(HC)、氮氧化合物(NO_x)、硫化物(主要是SO_2)、碳烟及其他一些有害物质。

在相同工况下,汽油机排放的CO、HC和NO_x排放量比柴油机大,因此,目前的排放法规对汽油机主要限制CO、HC和NO_x的排放量。柴油机对大气的污染较汽油机轻得多,主要是产生碳烟污染,因此,排放法规主要限制柴油机排气的烟度。

2. 汽车排放标准

国家标准GB 18285—2005《点燃式发动机汽车排气污染物排放限值及测量方法(双怠速法及简易工况法)》和GB 3847—2005《车用压燃式发动机和压燃式发动机汽车排气烟度排放限值及测量方法》规定了在用汽油汽车和柴油汽车的排放污染物限值和测量所应满足的要求。

1) 点燃式发动机汽车排气污染物限值

装用点燃式发动机的在用汽车,排气污染物排放限值见表8-8。

表8-8 在用汽车排气污染物排放限值(体积百分数)

车辆类型	怠速		高怠速	
	CO/%	HC[①]($\times 10^{-6}$)	CO/%	HC[①]($\times 10^{-6}$)
1995年7月1日前生产的轻型汽车	4.5	1200	3.0	900
1995年7月1日起生产的轻型汽车	4.5	900	3.0	900
2000年7月1日起生产的第一类轻型汽车	0.8	150	0.3	100
2001年10月1日起生产的第二类轻型汽车	1.0	200	0.6	150
1995年7月1日前生产的重型汽车	5.0	2000	3.5	1200
1995年7月1日起生产的重型汽车	4.5	1200	3.0	900
2004年9月1日起生产的重型汽车	1.5	250	0.7	200

注:① 表示HC容积浓度值按正已烷当量。

2) 压燃式发动机汽车排气烟度限值

(1)GB 3847—2005《车用压燃式发动机和压燃式发动机汽车排气烟度排放限值及测量方法》实施后经形式核准批准生产的在用汽车,应按自由加速—不透光烟度法的要求进行试验,所测得的排气光吸收系数应不大于车型核准批准时的自由加速排气烟度排放限值,再加0.5m^{-1}。

(2)2001年10月1日至2005年6月30日生产的汽车,应按自由加速—不透光烟度法的要求进行试验,所测得的排气光吸收系数应不大于以下数值。

① 自然吸气式:2.5m^{-1}。
② 涡轮增压式:3.0m^{-1}。

(3)1995年7月1日至2001年9月30日期间生产的在用汽车,应按自由加速试验—滤纸烟度法的要求进行试验,所测得的烟度值应不大于4.5R_b;1995年6月30日以前生产的在用汽车,烟度值则应不大于5.0R_b。

3）汽车排气污染物检测工况

（1）双怠速工况。装用汽油发动机的汽车应在双怠速工况下检测所排出废气中的 HC 和 CO 浓度。

双怠速工况是怠速工况和高怠速工况的合称。怠速工况指离合器接合、变速器挂空挡、加速踏板处于松开位置时的发动机运转工况；而高怠速工况指在怠速工况条件下，通过加大节气门开度使发动机转速升至 50%额定转速时的发动机运转工况。双怠速工况排气污染物检测指在怠速和高怠速两个工况下对汽车的排气污染物所进行的检测试验。

（2）自由加速工况。装用柴油发动机的汽车应在自由加速工况下检测所排出废气中的烟度或不透光度。

自由加速工况指在发动机怠速下，迅速但不猛烈地踏下加速踏板，使喷油泵供给最大油量。在发动机达到调速器允许的最大转速前，保持此位置。一旦达到最大转速，立即松开加速踏板，使发动机恢复至怠速。应于 20s 内完成循环组成所规定的循环。其整个测试程序如下：

① 吹除积存物：按自由加速工况进行 3 次，以清除排气系统中的积存物。
② 测量取样：将抽气泵开关置于加速踏板上，按自由加速工况及规定的循环测量 4 次，取后 3 次读数的算术平均值为所测烟度值。

3. 汽车排放污染物检测设备

对于在用汽油车双怠速工况下的 CO 和 HC 的检测，应采用不分光红外线吸收型（NDIR）检测仪；而对于在用柴油车自由加速工况下的烟度检测，则应视不同情况采用滤纸烟度法或不透光烟度法检测。

1）不分光红外线气体分析仪

不分光红外线气体分析仪，是一种能从汽车排气管中采集气样，并对其中所含 CO 和 HC 的浓度进行连续测量的仪器。图 8-30 是分析仪外形图。它由废气取样装置、气体分析装置、浓度指示装置和校准装置组成。

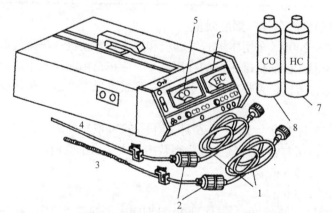

图 8-30　不分光红外线气体分析仪

1—导管；2—滤清器；3—低含量取样探头；4—高含量取样探头；5—CO 指示仪表；6—HC 指示仪表；7—标准 HC 气样瓶；8—标准 CO 气样瓶。

浓度指示装置见图 8-31。从废气分析装置送来的电信号，在 CO 指示仪表上 CO 的浓度以体积百分数（%）表示；在 HC 指示仪表上 HC 浓度以正己烷当量体积的百万分数（×10^{-6}）表示。

2）滤纸烟度法

我国对于 2001 年 9 月 30 日以前生产的在用柴油车规定使用滤纸式烟度计测量自由加速时的烟度。滤纸式烟度计具有结构简单、调整方便、使用可靠，测量精度较高等优点。它曾广泛用于各国柴油机的烟度检测。目前，我国许多检测站仍在使用滤纸式烟度计测量烟度。

图 8-31 不分光红外线气体分析仪面板图

（1）基本检测原理。用滤纸式烟度计测试自由加速工况下柴油机烟度时，需从排气管抽取规定容积的废气，并使之通过规定面积的标准洁白滤纸，其滤纸被染黑的程度称为烟度。烟度用符号 S_F 表示，烟度单位是量纲为 1 的量，用符号 FSN 表示。滤纸染黑的程度不同，则对照射到滤纸表面光线的反射能力不同。据此，烟度 S_F 可表示为

$$S_F = 10(1 - R_b/R_o)$$

式中：R_b、R_o 分别为污染滤纸和洁白滤纸的反射系数，R_b/R_o 的值为 0%～100%，分别对应于全黑滤纸的反射和洁白标准滤纸的反射。

当污染滤纸为全黑时，烟度值为 10；滤纸无污染时，烟度值为 0。

（2）滤纸式烟度计的结构与工作原理。滤纸式烟度计有手动、半自动和全自动三种类型。其结构都由取样装置、烟度检测装置和控制装置组成，如图 8-32 所示。

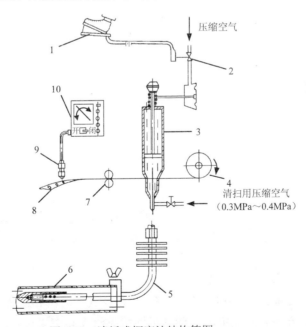

图 8-32 滤纸式烟度计结构简图

1—脚踏开关；2—电磁阀；3—抽气泵；4—滤纸卷；5—取样探头；6—排气管；
7—滤纸进给机构；8—染黑的滤纸；9—光敏传感器；10—指示仪表。

① 取样装置。该装置的作用是将柴油机排放的炭烟取出并吸附于滤纸上，然后送至烟度检测装置。取样装置由取样探头、活塞式抽气泵和取样软管等组成。取样软管把取样探头与活塞式抽气泵连接在一起，取样探头的结构形状应能保证在取样时不受排气动压的影响。取样时，滤纸在泵筒内，取样探头在活塞式抽气泵的作用下抽取废气，抽气时炭烟留在滤纸上并将其染黑，夹持机构保证滤纸的有效工作面直径为32mm。取样完成后，滤纸夹持机构松开，染黑的滤纸由进给机构送至烟度检测装置。

② 烟度检测装置。该装置如图 8-33 所示，由环形硒光电池、光源和指示仪表构成。检测时，光源的光线通过有中心孔的环形光电池照射到滤纸上，一部分光线被滤纸上的炭烟所吸收，另一部分光线被反射到环形光电池上，使光电池产生光电流。光电流的大小反映了滤纸反射率的大小，而滤纸反射率则取决于滤纸的染黑程度。滤纸染黑程度越高，则滤纸反射率越低，光电流就越小；滤纸染黑程度越小，则滤纸反射率越高，光电流就越大。

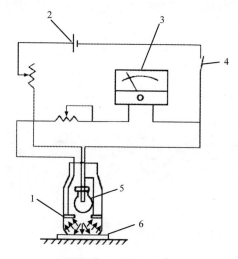

图 8-33　烟度检测装置

1—环形硒光电池；2—电源；3—指示仪表；4—电源开关；5—灯泡；6—滤纸。

指示仪表实际上是一块微安表，当由硒光电池输送来的电流强度不同时，指示仪表指针的位置也不同。仪表表盘以 0～10 均匀刻度，测量全白滤纸时指针位置为 0，测量全黑滤纸时指针位置为 10。

③ 控制机构。控制机构包括用脚操纵的抽气泵电磁开关、滤纸进给机构和压缩空气清洗机构等。压缩空气清洗机构可在废气取样前，用压缩空气清除探头内和取样管内积存的炭粒。

3）不透光烟度法

按照国家排放标准 GB 3847—2005《车用压燃式发动机和压燃式发动机汽车排气烟度排放限值及测量方法》的规定，对柴油车的可见污染物应采用不透光度计进行测量。在此标准中，引入了与烟度概念不同的不透光度的概念，考虑了柴油机排气中黑烟、蓝烟、白烟等可见污染物对环境的综合污染，强调了排放对人的视觉感知的影响，用光吸收系数来度量可见污染物的多少,此排放标准规定使用不透光度计测量自由加速时的光吸收系数。

不透光度计可分为全流式和分流式两类。全流式不透光度计测量全部排气的透光衰减率,分流式不透光度计是将排气中一部分废气引入取样管,然后送入不透光度计进行连续分析。我国排放标准中规定应使用分流式不透光度计。

不透光度计是一种利用透光衰减率来测定排气中可见污染物的仪器。图8-34为不透光度计的结构简图。测定前,用鼓风机向空气校正管吹入干净空气,旋转转换手柄,使光源和光电池分别置于校正管两侧,作零点校正。然后,再旋转转换手柄,将光源和光电池移至测试管两侧,并把需要测定的一部分汽车排气连续不断地导入测量管,光源发出的光部分地被排气中的可见污染物所吸收,光电检测单元则可连续测出光源发射光透过排放气体的透光强度,并通过光电转换显示测量结果。

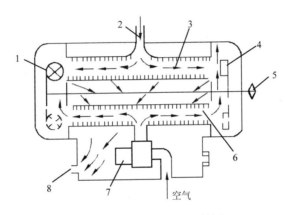

图 8-34 不透光度计结构简图

1—光源;2—排气入口;3—排气测试管;4—光电池;5—转换手柄;6—空气校正管;
7—鼓风机;8—排气出口。

不透光度是指光源的光线被排气中可见污染物吸收而不能到达光电检测单元的百分率,用 $N\%$ 表示。不透光度计可根据 N 从 $0\%\sim100\%$ 的变化进行线性刻度:$N=0\%$,表示被测废气不吸光;$N=100\%$,表示光线完全被废气吸收。我国新的排放标准中用光吸收系数 K 作为柴油机排放可见污染物的评价指标,因此不透光度计必须用光吸收系数 K 进行刻度,其单位为 m^{-1}。光吸收系数 K 是指光束被可见污染物衰减的系数,它是排气中单位容积微粒数、微粒在光束方向的法向投影面积和微粒消光率的函数。光吸收系数与不透光度之间有下列关系:

$$K=-(1/L)\ln(1-N)$$

式中 L——光通道的有效长度(m)。

从上式可知:当 $N=0\%$ 时,$K=0$;$N=100\%$ 时,$K=\infty$。因此,用 K 刻度时,应从 $0\sim\infty(m^{-1})$,但由于 K 为 ∞ 不可能,通常采用 $N=99.9\%$ 所对应的 K 值进行满量程刻度,如取光通道有效长度为 0.4m,则 K 的刻度范围为 $0\sim17.3m^{-1}$。两种刻度的范围均以光全通过时为零，全吸收时为满刻度。

不透光度计可以对柴油车排气可见污染物进行连续测量，可以按排放法规的要求进行稳态和非稳态工况下的烟度测量，在低烟度时有较高的分辨率，可以用来研究柴油机的瞬态炭烟排放特性。不透光度计目前在世界各国得到了广泛的应用。

（十）汽车噪声的检测

汽车噪声源于发动机、传动系统、轮胎传递动力和运动所发出的工作声响以及车身干扰空气发出的各种声响。噪声的强弱不但与汽车和发动机的类型及技术状况好坏密切相关，还与使用过程中的车速、发动机转速、载荷以及道路状况有关。

1. 噪声的声压和声压级

噪声是一种声波，具有一切声波运动的特点和性质。声音的强弱取决于声压，而声压是指声波作用于大气使大气压强发生变动的变动量，单位为 Pa。由于正常人耳能听到的最弱声音的声压和能使人耳感到疼痛的声压大小之间相差一百多万倍，表达和应用极不方便；同时人耳对声音大小的感觉，并不与声压的大小成正比，而是同它的对数近似成正比，因此人们引入了一个用来表示声音强弱的物理量——声压级。声压级定义为

$$L_p = 20 \lg \frac{p}{p_o}$$

式中　　L_p——声压级（dB）；

　　　　p——实际声压（Pa）；

　　　　p_o——基准声压，即听阈声压，$p_o = 2 \times 10^{-5}$ Pa。

当引入声压级这一概念后，就把可闻声声压百万倍的变化范围变成从 0～120dB，这样就显著减少了数量级。在噪声测量中，通常是测定其声压级。

2. 噪声级

为了模拟人耳在不同频率有不同的灵敏性，在声级计内设有一种能够模拟人耳的听觉特性，把电信号修正为与听觉近似值的网络，这种网络称为计权网络。通过计权网络测得的声压级，已不再是客观物理量的声压级，而是经过听感修正的声压级，称作计权声级或噪声级。

国际电工委员会（IEC）对声学仪器规定了 A、B、C 等几种国际标准频率计权网络，它们是参考国际标准等响曲线而设计的。由于 A 计权网络的特性曲线接近人耳的听感特性，故目前普遍采用 A 计权网络对噪声进行测量和评价，记作 dB（A）。

3. 噪声的检测标准

1）车外噪声标准

根据 GB 1495—2002《汽车加速行驶车外噪声限值及测量方法》的规定，汽车加速行驶时，车外最大允许噪声级应符合表 8-9 的要求。

表 8-9 汽车加速行驶车外噪声限值

汽车种类	噪声限值/dB（A）	
	2002年10月1日～2004年12月30日期间生产的汽车	2005年1月1日以后生产的汽车
M_1	77	74
M_2（G≤3.5t）或 N_1（G≤3.5t）		
G≤2t	78	76
G≤3.5t	79	77
M_2（3.5t<G≤5t）或 M_3（G≥5t）		
P<150kW	82	80
P≥150kW	85	83
N_2（3.5t<G≤12t）或 N_3（G≥12t）		
P<75kW	83	81
75kW≤P<150kW	86	83
P≥150kW	88	84

注：① M 类机动车辆指至少有 4 个车轮并且用于载客的机动车辆；

M_1 类：包括驾驶员在内，座位数不超过九座的载客车辆；

M_2 类：包括驾驶员在内座位数超过九座，且最大设计总质量不超过 5t 载客车辆；

M_3 类：包括驾驶员在内座位数超过九座，且最大设计总质量超过 5t 载客车辆。

② N 类机动车辆指至少有 4 个车轮并且用于载货的机动车辆。

N_1 类：最大设计总质量不超过 3.5t 的载货汽车；

N_2 类：最大设计总质量超过 3.5t，但不超过 12t 的载货汽车；

N_3 类：最大设计总质量超过 12t 的载货汽车

2）车内噪声标准

根据 GB 7258—2004《机动车运行安全技术条件》要求，其标准如下：

（1）客车以 50km/h 的速度匀速行驶时，车内噪声级应不大于 79dB（A）。

（2）汽车（三轮汽车和低速货车除外）驾驶员耳旁噪声级应不大于 90dB（A）。

3）汽车喇叭检测标准

从防止噪声对环境污染的观点出发，汽车喇叭噪声越低越好。然而从保证行车安全的角度出发，汽车的喇叭必须有一定的响度。为此 GB 7258—2004《机动车运行安全技术条件》对汽车喇叭作出如下要求：

（1）具有连续发声功能，其工作应可靠。

（2）在距车前 2m，离地高 1.2m 处测量时，喇叭声级的值应为 90dB（A）～115dB（A）。

4. 噪声的检测仪器

声级计是最基本的噪声测量仪器，它可以按人耳相近的听觉特性检测汽车噪声。声级计主要由传声器、放大器、衰减器、计权网络、检波电路及指示表头等组成。其工作原理是：检测时，被检测的噪声信号通过传声器被转换成电压信号，根据信号大小选择衰减器或放大,放大后的信号,送入计权网络处理,最后经过检波并在以 dB 标度的表头上指示出噪声数值。

国家标准规定汽车噪声使用的测量仪器有精密声级计或普通声级计和发动机转速表,声级计误差不超过±2dB,并要求在测量前后,按规定进行校准。

5. 噪声的测量方法

车外噪声和车内噪声的测量方法如前文所述。

(十一) 汽车动力性的检测

汽车动力性检测项目主要有:汽车加速性能检测、汽车最高车速检测、汽车滑行性能检测、发动机输出功率检测、汽车底盘输出功率检测。

汽车动力性检测方法可以分为台架检测与路试检测两种。

1. 汽车动力性台架检测

汽车动力性台架试验的方式,主要是用无负荷测功仪检测发动机功率,底盘测功机检测汽车的最大输出功率、最高车速和加速能力。室内台架试验不受气候、驾驶技术等客观条件的影响,只受测试仪本身测试精度的影响,测试条件易于控制,所以汽车检测站广泛采用汽车动力性室内台架试验方式。

为了取得精确的测量结果,底盘测功机的生产厂家,应在说明书中给出该型号底盘测功机在测试过程中本身随转速变化机械摩擦所消耗的功率,对风冷式测功机还需给出冷却风扇随转速变化所消耗的功率。另外,由于底盘测功机的结构不同,对应汽车在滚筒上模拟道路行驶时的滚动阻力也不同,在说明书中还应给出不同尺寸的车轮在不同转速下的滚动阻力系数值。

1) 汽车底盘输出功率的检测方法

通过底盘测功检测车辆的最大底盘驱动功率,用以评定车辆的技术状况等级。

(1) 在动力性检测之前,必须按汽车底盘测功机说明书的规定进行试验前的准备。台架举升器应处于升起状态,无举升器者滚筒必须锁定;车轮轮胎表面不得夹有小石子或坚硬之物。

(2) 汽车底盘测功机控制系统、道路模拟系统、引导系统、安全保障系统等必须工作正常。

(3) 在动力性检测过程中,控制方式处于恒速控制,当车速达到设定车速(误差应在±0.5km/h)并稳定 30s 后(时间过短,检测结果重复性较差),计算机方可读取车速与驱动力数值,并计算汽车底盘输出功率。

(4) 输出检测结果。

2) 发动机功率的检测方法

用发动机无负荷测功仪检测发动机功率,使用方便,检测快捷,在规范操作的前提下,可对发动机动力性检测与管理提供有效依据。还可以用于同一发动机调试前后、维修前后的功率对比,因此也得到广泛使用。

(1) 启动发动机并预热至正常状态,与此同时接通无负荷测功仪电源,连接传感器。

(2) 按仪器使用说明书进行操作。

(3) 从测功仪上读取（或计算出）发动机的功率值。

3）数据处理

（1）目前底盘测功机显示的数值，有的是功率吸收装置的吸收功率的数值，有的则是驱动轮输出的最大底盘输出功率 P_{Dmax} 的数值。对于显示功率吸收装置所吸收功率 P_g 数值的，在处理检测结果时，必须增加汽车在滚筒上滚动时滚动阻力所消耗的功率 P_f、台架机械阻力消耗的功率 P_t 及风冷式功率吸收装置的风扇所消耗的功率 P_s，其计算式应为

$$P_{\text{Dmax}} = P_g + P_f + P_t + P_s$$

（2）检测发动机最大输出功率 P_{Dmax} 的数据处理。根据 JT/T 198—2004《营运车辆技术等级划分和评定要求》的规定，所测发动机最大输出功率应与发动机的额定功率相比较。为此，发动机最大输出功率为

$$P_{\max} = P_1 + P_2 + P_{\text{Dmax}}$$

所以，在测得底盘最大输出功率之后，应增加传动系消耗功率 P_2 及附件消耗功率 P_1 才可确定发动机最大输出功率 $P_{\max}$。若该发动机额定功率为净功率，不包含发动机附件消耗功率 P_1，则处理后发动机最大输出功率 $P_{\max} = P_2 + P_{\text{Dmax}}$。

用发动机无负荷测功仪测得的发动机功率 P 为净功率，若该汽车发动机的额定功率为总功率，而不是净功率，则所测得的功率 P 应加发动机附件消耗功率 P_1 后才可与额定功率相比较。

2. 汽车动力性道路检测

通过道路试验分析汽车动力性能，其结果接近于实际情况，汽车动力性道路试验的检测项目一般有高挡加速时间、起步加速时间、最高车速、陡坡爬坡车速、长坡爬坡车速，有时为了评价汽车的拖挂能力，进行汽车牵引力检测。另外，有时为了分析汽车动力的平衡问题，采用高速滑行试验测定滚动阻力系数 f 及空气阻力系数 C_D，但由于道路试验受到道路条件、风向、风速、驾驶技术等因素的影响，而且这些因素可控性差，同时还需要按规定条件选用或建造专门的道路等，因此，汽车维修、检测部门一般不采用道路试验进行动力性检测。

（十二）汽车燃料经济性的检测

汽车的燃料经济性常用一定运行工况下汽车行驶百千米的燃料消耗量或一定燃料量能供汽车行驶的里程数来衡量。在我国及欧洲，燃料经济性指标的单位为百千米燃料消耗量（$L/100km$）。为便于比较不同载重量汽车的燃料经济性，也可用每吨总重量行驶 $100km$ 所消耗的燃料升数来评价，即吨百千米燃料消耗量（$L/100km \cdot t$）。美国采用 MPG 或 $mile/Usgal$，指的是每加仑燃料能行驶的英里数。这个数值愈大，汽车燃料经济性愈好。

以下介绍乘用车（M_1 类车辆和最大总质量小于 2t N_1 类车辆）和商用车（M_2、M_3 类车辆和最大总质量大于或等于 2t 的 N 类车辆）的等速行驶燃料消耗量试验、商用车的多工况燃料消耗量试验的基本试验条件和试验方法（参照 GB/T 12545.1—2001《乘用车燃料消耗量试验方法》和 GB/T 12545.2—2001《商用车燃料消耗量试验方法》）。

1. 基本试验条件

试验前，应对试验的车辆进行磨合，乘用车至少应行驶 3000km；试验时，试验车辆必须进行预热行驶，使发动机、传动系及其他部分预热到规定的温度状态。轮胎充气压力应符合该车技术条件的规定。装载质量除有特殊规定外，乘用车试验质量为装备质量加上 180kg，当车辆的 50%载质量大于 180kg 时，则车辆的试验质量为装备质量加上 50%的载质量；商用车试验质量为 M_2、M_3 类城市客车为装载质量的 65%，其他车辆为满载，装载物应均匀分布且固定牢靠，试验过程中不得晃动和颠离；不应因潮湿、散失等条件变化而改变其质量，以保证装载质量的大小、分布不变。

试验道路应为清洁、干燥、平坦的，用沥青或混凝土铺成的直线道路，道路长 2km～3km，而宽不小于 8m，纵向坡度在 0.1%以内。

试验应在无雨无雾，相对湿度小于 95%，气温 0℃～40℃，风速不大于 3m/s 的天气条件下进行。

2. 试验项目及规程

1）乘用车 90km/h 和 120km/h 等速行驶燃料消耗量试验

如果车辆在最高挡（n）时的最大速度超过 130km/h，则只能使用该挡位进行燃料消耗量的测定；如果在（$n-1$）挡的最大速度超过 130km/h，而 n 挡的最大速度仅为 120km/h，则 120km/h 的试验应在（$n-1$）挡进行，但制造厂可要求 120km/h 的燃料消耗量在（$n-1$）挡和 n 挡同时测定。

为了确定在规定速度时的燃料消耗量，应至少在低于或等于规定速度时进行两次试验，并在至少等于或高于规定速度时进行另两次试验，但应满足下面规定的误差。

在每次试验行驶期间，速度误差为±2km/h。每次试验的平均速度与试验规定速度之差不得超过 2km/h。

2）商用车等速燃料消耗量试验

试验测试路段长度为 500m，汽车用常用挡位，等速行驶，通过 500m 的测试路段，测量通过该路段的时间及燃料消耗量。

试验车速从 20km/h 开始（最小稳定车速高于 20km/h 时，从 30km/h 开始），以每隔 10km/h 均匀选取车速，直至最高车速的 90%，至少测定 5 个试验车速，同一车速往返各进行两次。

以试验车速为横坐标，燃料消耗量为纵坐标，绘制等速燃料消耗量散点图，根据散点图绘制等速燃料消耗量的特性曲线。

3）商用车多工况燃料消耗量试验

（1）试验方法。

汽车运行工况可分为匀速、加速、减速和怠速等几种，实际运行时，往往是上述几种工况的组合，并以此决定了汽车的油耗。

多工况燃料消耗量试验的方法就是将不同车型的车辆严格依据各自的试验循环进行燃料消耗量测定。

汽车尽量用高挡进行试验，当高挡位达不到工况要求，超出规定偏差时，应降低一挡进行，当车辆进入可使用高挡行驶的等速行驶段和减速行驶段时，再换入高挡进行试验。换挡应迅速、平稳。

减速行驶中，应完全放松加速踏板，离合器仍结合。当试验车速降至 10km/h 时，分离离合器，必要时，减速工况允许使用车辆的制动器。

每次循环试验后，应记录通过循环试验的燃料消耗量和通过的时间。当按各试验循环完成一次试验后，车辆应迅速调头，重复试验，试验往返各进行两次，取四次试验结果的算术平均值为多工况燃料消耗量试验的测定值。

（2）工况循环。

城市客车及双层客车（包括城市铰接式客车）四工况试验循环如图 8-35 所示。

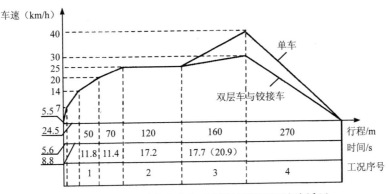

图 8-35 城市客车和双层客车四工况试验循环

载货汽车六工况试验循环如图 8-36 所示。

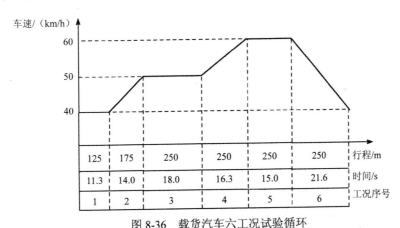

图 8-36 载货汽车六工况试验循环

3. 道路试验的仪器设备

在燃料消耗量测定的试验中主要测量车速、距离、时间和燃料消耗量等参数。车速、距离和时间的测量仍然用五轮仪或非接触式车速仪。燃料消耗量的检测仪器为油耗仪，它可测量某一段时间间隔或某一里程内，流体通过管道的总体积或总重。为提高测量精度，在流量仪表前应有足够的直管段长度或加装流量整流器，以使仪表前的流速分布保持稳定。最后用综合测试仪处理出试验结果。

电控燃油喷射汽油机应把车用油耗仪串接在燃油滤清器与燃油分配管之间，从燃油压力调节器经回油管流回油箱的燃油应改接在油耗仪传感器与燃油分配管之间，避免重复计量。

柴油机应把车用油耗仪串接在柴油滤清器与喷油泵之间,从高压回油管和低压回油管流回的燃油应接在油耗仪传感器与喷油泵之间,避免重复计量。

4. 燃料消耗量台架试验

在汽车底盘测功机上进行循环试验(测定油耗)是近年来新发展的试验方法,已日益受到广泛重视。所用底盘测功机能反映汽车行驶阻力与加速时的惯性阻力以模拟道路上的行驶工况。具体方法如前文所述。

四、自我测试题

(一)判断题

1. 汽车安全检测站受公安机关车辆管理部门的委托,对全社会民用车辆进行安全性检测时,所依据的标准是 GB 7258—2004《机动车运行安全技术条件》。(   )
2. 汽车如果没有正确的前轮定位,转向车轮在向前滚动时将会产生横向滑移现象。(   )
3. 滚筒式制动试验台测试过程与实际路试条件较接近,能反映车辆的实际制动性能。(   )
4. 车速表经检测出现误差,主要是由于长期使用过程中车速表本身出现了故障、损坏和轮胎无关。(   )
5. 自诊断法是指利用汽车电控单元的自诊断功能进行故障诊断的一种方法。(   )
6. 不透光度计只能检测稳态工况下的烟度,不能检测非稳态工况下的烟度。(   )
7. 应急制动必须在行车制动系统有一处管路失效的情况下,在规定的距离内将车停止。(   )
8. 高怠速工况比怠速工况更加污染。(   )
9. 如果制造质量合格的灯泡,近光调整合格后,远光光束一般也能合格。(   )
10. 声级计是最基本的噪声测量仪器。(   )

(二)单项选择题

1. 关于侧滑性能检测,下列说法错误的是(   )
   A. 侧滑试验台的型号、结构形式、允许轴重不同,其使用方法也有所区别。
   B. 汽车以 3 km/h~5 km/h 的低速垂直侧滑板驶向侧滑试验台,使前轮平稳通过滑动板。
   C. 当汽车通过侧滑试验台时严禁转动转向盘或制动。
   D. 侧滑量不能超过 10 m/km。
2. 关于制动性能检测,下列说法错误的是(   )
   A. 可用滚筒式制动试验台或平板式制动试验台检测。
   B. 测力式滚筒制动试验台需要配备轴重计或轮重仪。

C. 滚筒式制动试验台上的第三滚筒其实是起到举升器的作用。

D. 滚筒式制动试验台制动力的诊断标准是以轴制动力占轴荷的百分比为依据的。

3. 关于车速表检测说法错误的是（　　）

　　A. 车速表试验台速度指示值为 40km/h 时，车速表的指示值应为 40km/h～48km/h。

　　B. 车速表指示值为 40km/h 时，车速表试验台的速度指示值应为 35km/h～40km/h。

　　C. 检测前要检查汽车的轴荷，以保证待检汽车轴荷在试验台允许范围内。

　　D. 对电机驱动型车速表试验台，在不用驱动装置进行测试时，务必分离离合器，使滚筒与电动机脱开。

4. 关于双怠速法尾气检测说法错误的是（　　）

　　A. 由怠速工况加速到 0.8 倍的额定转速，维持 60s 后降至高怠速（即 0.5 倍的额定转速）。

　　B. 发动机降至高怠速后，将取样管插入排气管中，深度等于 400mm，并固定于排气管上。

　　C. 发动机在高怠速状态维持 15s 后开始读数，读取 30s 内的最低值及最高值。

　　D. 发动机从高怠速降至怠速状态，在怠速状态维持 15s 后开始读数，读取 30s 内的最低值及最高值，其平均值即为怠速排放测量结果。

5. 关于汽车噪声说法错误的是（　　）

　　A. 汽车噪声源于发动机、传动系统、轮胎传递动力和运动所发出的工作声响以及车身干扰空气发出的各种声响。

　　B. 噪声还与使用过程中的车速、发动机转速、载荷以及道路状况有关。

　　C. 声压级定义为 $L_p = 20\lg\dfrac{p}{p_0}$。

　　D. 当引入声压级概念后，就把可闻声声压十万倍的变化范围变成从 0～120dB 的变化范围。

（三）简答题

1. 车辆年检的含义和目的是什么？
2. 汽车安全性能检测有哪些内容？
3. 台架试验检测制动性能与道路试验检测制动性能有何区别？
4. 前照灯检测内容是什么？如果检测不合格，原因可能有哪些？
5. 尾气排放检测有哪些类型？尾气分析仪的工作原理是什么？
6. 汽车动力性检测项目有哪些？

附录一

丰田卡罗拉轿车四万公里保养双人作业流程

当今中国社会汽车的保有量越来越大，车主将车开到 4S 店或汽车维修企业进行保养，所需要等待的时间越来越长，车主的满意度随之下降。为了提升车主的满意度，减少车辆保养所需要的时间，很多品牌的汽车 4S 店推出了双人快速保养服务，**即通过两名熟练技师的协作，把车辆的保养时间大大缩短至 1 小时以内**，让广大车主充分感受到"立等可取"的便利。目前，已推行双人快保服务的汽车 4S 店有奥迪、丰田、本田、东风日产、一汽大众等品牌。

笔者以多年的教学经验和数次执裁江苏省中职院校汽车二级维护比赛的经验编排出一套丰田卡罗拉轿车四万公里保养的双人作业流程以飨读者，在此要说明一点：双人保养作业流程是没有标准答案的，提倡个性化作业，但流程要合理再合理，优化再优化，精益求精。希望广大读者也可以从中得到启发，自主地设计出双人保养作业流程。

丰田卡罗拉轿车四万公里保养双人作业流程	
A 技师	B 技师
准备：接受任务，与 B 技师交换信息 **技师位置**：工位内 **操作步骤**： ● 接受服务顾问指派 ● 与 B 技师做工作前的沟通 **标准工时(分钟)**：1	**准备**：接受任务，与 A 技师交换信息 **技师位置**：工位内 **操作步骤**： ● 接受服务顾问指派 ● 与 A 技师做工作前的沟通 **标准工时(分钟)**：1
顶起位置一　　　　　　　　　　1 **技师位置**：车内 **操作步骤**： ● 拉动发动机盖释放柄 ● 安装车内四件套 ● 检查制动踏板响应灵敏性、松动、有无异常噪音 用直尺测量制动踏板高度、自由行程（注意自由行程在不着车且解除真空后检查）	**顶起位置一**　　　　　　　　　　1 **技师位置**：车外 **操作步骤**： ● 安装翼子板布、前格栅布 ● 放置车轮挡块 ● 接上尾气排放管 ● 检查机油液位、冷却液液位 ● 制动液液位、喷洗液液位 取下翼子板布、前格栅布，并关闭发动机舱盖

（续）

丰田卡罗拉轿车四万公里保养双人作业流程	
A 技师	B 技师
● 如果是手动档车还要检查离合器踏板响应灵敏性、松动、有无异常噪音；用直尺测量离合器踏板高度、自由行程（MT） ● **检查小灯、大灯（远光、近光）、远近光交替、雾灯（前、后）、转向灯及开关回位、危险警告灯、刹车灯、倒车灯、尾灯、牌照灯、仪表板灯、组合仪表警告灯（配合）** ● 检查相应仪表灯的亮起 ● 检查点火开关在 ACC 位置无锁死，方向盘无松弛 ● 脚踩住制动踏板，启动发动机，踏板有无下沉现象 ● **检查转向盘自由行程（配合）** ● **检测制动踏板的行程余量（配合）** ● 打开发动机舱盖、燃油箱盖、行李箱盖 ● 检查喇叭、雨刮和喷水器功能 ● 检查驻车制动器 ● 踩住制动踏板，关闭发动机，检查真空助力器的工作状况 ● 检查顶灯并将顶灯旋至"door"位置；换挡杆置于空挡、释放驻车制动器	● 与 A 技师配合检查车辆前、后部灯光（配合） ● **检查转向盘自由行程（配合）** ● **检测制动踏板的行程余量（配合）** ● 检查备胎 检查轮胎有无异常磨损或损坏 检查是否嵌入金属颗粒或其它异物 测量胎面沟槽深度(测量规) 检查轮胎气压 检查是否漏气 检查钢圈是否损坏或腐蚀 ● 放回备胎后，检查行李箱门安装情况 ● 检查行李箱灯工作情况 ● 确认发动机关闭后摘掉尾气管 ● 检查燃油箱盖
顶起位置一 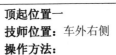 技师位置：车外左侧 操作步骤： ● 检查左后减振器和车辆有无倾斜 ● **检查左后部车灯安装情况、是否损坏及有污物** ● 检查左后车门车身螺母、螺栓连接情况 ● 检查左后门门控灯 ● 检查左侧安全带伸缩、收紧和锁止情况 ● 检查左后车门儿童锁 ● 检查左前车门车身螺母、螺栓连接情况 ● 检查左前门门控灯 ● 检查左前座椅安全带伸缩、收紧和锁止情况，座椅滑动情况 ● 打开发动机舱盖并安装翼子板布、前格栅布 ● 检查左前大灯安装、损坏和有无污物 ● 检查左前减振器、车辆倾斜 ● 检查发动机罩螺栓连接情况 ● 收起左侧车轮挡块 ● 整理工具 ● 填写工单	顶起位置一 技师位置：车外右侧 操作方法： ● 检查右后减振器和车辆有无倾斜 ● 检查右后部车灯安装情况、是否损坏及有污物 ● 检查右后车门车身螺母、螺栓连接情况 ● 检查右后门门控灯 ● 检查右侧安全带伸缩、收紧和锁止情况 ● 检查右后车门儿童锁 ● 检查右前车门车身螺母、螺栓连接情况 ● 检查右前门门控灯 ● 检查右前座椅安全带伸缩、收紧和锁止情况，座椅滑动情况 ● 检查空调滤芯 ● 检查右前大灯安装、损坏和有无污物 ● 检查右前减振器、车辆倾斜 ● 拆卸机油加注口盖并用布盖住加油口 ● 收起右侧车轮挡块 ● 清洁地面 ● 填写工单
位置一标准工时(分钟)：15	位置一标准工时(分钟)：15

(续)

丰田卡罗拉轿车四万公里保养双人作业流程	
A 技师	B 技师
顶起位置二 技师位置：车底 操作步骤： ● 检查球节垂直游隙（口述检查方法即可）	**顶起位置二** 技师位置：车底 操作步骤： ● 检查球节防尘罩是否损坏（口述检查方法即可）
顶起位置三 技师位置：底盘前部 操作步骤： ● 将车辆举升至高位（**配合**） ● 检查机滤配合表面、曲轴前后油封处有无漏油 ● 检查机油放油塞处有无漏油 ● 检查自动传动桥/手动传动桥有无漏油（拉锁位置） ● 检查机油冷却器软管是否损坏 ● 移动接油器，排放发动机机油 ● 手动变速器液位检查 ● 检查驱动轴安装、损伤情况(左右) ● 检查驱动轴护套是否有裂纹渗漏及卡箍安装状况（左右） ● 检查转向连接机构是否松旷(左右) ● 检查动力转向机构是否渗漏、防尘套是否损坏 ● 检查制动管路软管是否有扭曲、裂纹、突起和干涉 ● 检查前桥减震器、弹簧(左右) ● 清洁地面 ● 填写工单 标准工时(分钟)：10	**顶起位置三** 技师位置：底盘中后部 操作步骤： ● 将车辆举升至高位（**配合**） ● 准备好扭力扳手和套筒，调节好扭矩紧固底盘螺栓（从后向前） ● 戴上手套，检查排气系统 ● 检查燃油管路、制动管路 ● 检查后桥损坏情况 ● 检查后桥平衡杆安装状况 ● 检查后桥减震器、弹簧(左右) ● 更换垫片、安装机油排放塞 ● 更换机油滤芯（3/4 圈） ● 整理工具 ● 填写工单 标准工时(分钟)：10
顶起位置四 技师位置：左前轮 操作步骤： ● 将车辆举升至中位（**配合**） ● 推拉车轮以便检查是否有松旷（左侧） ● 转动车轮以便检查是否无噪声平稳转动（左侧） ● 左前轮与左后轮轮胎拆卸（**配合**） ● 使用挂钩拆卸制动卡钳 ● 清洁制动盘表面，检查表面有无裂纹、刻痕和损坏 ● 检查制动轮缸活塞有无漏油 ● 导销移动是否正常和防尘套有无损坏 ● 千分尺清洁与校零 ● 检测制动盘的厚度（位置要正确） ● **临时紧固左前轮的两个轮胎螺栓（配合）** ● **安装磁性表座测量制动盘的端面圆跳动（配合）** ● 读数完成后，拆除磁性表座与轮胎螺栓 ● 安装摩擦片和制动卡钳 ● 填写工单、清洁地面 标准工时(分钟)：10	**顶起位置四** 技师位置：右前轮-左前轮-左后轮 操作步骤： ● 将车辆举升至中位（**配合**） ● 推拉车轮以便检查是否有松旷（右侧） ● 转动车轮以便检查是否无噪声平稳转动（右侧） ● 左前轮与左后轮轮胎拆卸（**配合**） ● 检查拆卸的轮胎 ● 检查摩擦片磨损状况 ● 摩擦片清洁 ● 摩擦片厚度测量（位置要正确） ● 将拆散的磁性表座组装好 ● 百分表检查与校零 ● **临时紧固左前轮的两个轮胎螺栓（配合）** ● 在右前轮处转动车轮一周（**配合**） ● 检查左后轮的鼓式制动器 ● 清洁工具和量具，整理归位 ● 填写工单 标准工时(分钟)：10

(续)

丰田卡罗拉轿车四万公里保养双人作业流程	
A 技师	B 技师
顶起位置五 技师位置：车内主驾驶位置 操作步骤： ● 车辆降至低位后坐入主驾驶位置 ● 操作制动踏板和手制动杆数次，检查各车轮的制动拖滞（配合） ● 填写工单 标准工时(分钟)：4	顶起位置五 技师位置：车外 操作步骤： ● 将车辆举升至低位 ● 检查各车轮的制动拖滞（配合） ● 填写工单 标准工时(分钟)：4
顶起位置六 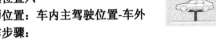 技师位置：车内主驾驶位置-车外 操作步骤： ● 将车辆举升至中位（配合） ● 操作制动踏板进行制动液排气（配合） ● 临时安装车轮（配合） ● 填写工单 标准工时(分钟)：5	顶起位置六 技师位置：车外 操作步骤： ● 将车辆举升至中位（配合） ● 进行制动液排气（配合） ● 临时安装车轮（配合） ● 填写工单 标准工时(分钟)：5
顶起位置七  技师位置：发动机舱左侧 操作步骤（发动机起动前）： ● 将车辆举降至低位（配合） ● 拉上驻车制动器 ● 加注机油，检查机油液位 ● 拆卸火花塞，检查火花塞外观情况 ● 检查火花塞间隙 ● 先用手预紧，再用标准力矩拧紧火花塞（18N 威驰、25N 花冠） ● 检查传动皮带的损坏、变形、安装情况 ● 测量皮带张紧度 ● 检查空气滤清器芯的破损情况，安装空滤 ● 检查喷洗液液位	顶起位置七 技师位置：发动机舱右侧 操作步骤（发动机起动前）： ● 将车辆降至低位（配合） ● 放置车轮挡块，接上尾气排放管 ● 检查散热器盖的损坏情况 ● 测量冷却液冰点值 ● 检查蓄电池外部损坏和导线松动情况 ● 检查蓄电池电解液液位，蓄电池端子、排气塞情况 ● 测量电解液比重 ● 检查制动总泵液位、制动管路有无泄漏 ● 检查制动器金属管、软管安装及损坏情况 ● 检查活性碳罐的管路安装是否正常 ● 检查前减振器的上支承螺栓
顶起位置七 技师位置：车内-车外 操作步骤（发动机暖机和热机阶段）： ● 起动发动机 ● 将自动变速器每个挡位走一遍，再回到 P 档，下车 ● 检查自动传动桥液液位 ● 检查 PCV 阀的工作情况及管路安装 ● 检查散热器及管路的渗漏情况 ● 检查散热器管路、软管、卡箍的安装 ● 观察空调的视液镜检查冷媒状况（配合） ● 检查动力转向液液位及作好液位标记	顶起位置七 技师位置：车外-车内 操作步骤（发动机暖机和热机阶段）： ● 用标准力矩（103Nm）按对角顺序拧紧车轮螺栓 ● 打开所有车门 ● 进入车内打开空调，将发动机转速调至 1500 转/分，空调风冷开到最大，温度调到最低，检查制冷剂（配合） ● 怠速、方向盘左右快速转至极限位置数次

263

（续）

丰田卡罗拉轿车四万公里保养双人作业流程	
A 技师	B 技师
顶起位置七 技师位置：车外 操作步骤（发动机停机后）： ● 检查动力转向液是否起泡或乳化 ● 检查动力转向液液位，比较运行与停机液位差 ● 检查发动机机油液位，检查散热器储液罐液位 ● 检查空调制冷剂的渗漏情况 ● 填写工单 位置七标准工时(分钟)：15	顶起位置七 技师位置：车外 操作步骤（发动机停机后）： ● 关闭发动机 ● 清洁工具，整理工具 ● 收起车轮挡块 ● 清洁地面 ● 填写工单 位置七标准工时(分钟)：15
顶起位置八 技师位置：车底 操作步骤： ● 将车辆升至高位（配合） ● 检查更换零件等安装情况 ● 清洁地面 ● 填写工单 标准工时(分钟)：5	顶起位置八 技师位置：车底 操作步骤： ● 将车辆升至高位（配合） ● 检查机油渗漏情况 ● 检查制动液泄漏情况 ● 填写工单 标准工时(分钟)：5
顶起位置九 技师位置：车外 操作步骤： ● 将车辆降至地面（配合） ● 拆卸翼子板布和前格栅布 ● 清洁地面 ● 填写工单 标准工时(分钟)：5	顶起位置九 技师位置：车内 操作步骤： ● 将车辆降至地面（配合） ● 清洁车身、车身内部、烟灰缸 ● 调整收音机、时钟、座椅位置 ● 填写工单 标准工时(分钟)：5
A 技师完成保养累计时间：70 分钟	B 技师完成保养累计时间：70 分钟

附录二

2016 年江苏省中等职业学校汽车运用与维修比赛定期维护项目作业表（别克威朗）

项目编号	作业类型+作业对象+作业内容	标准
	顶起位置1	
001	作业准备— 安全防护 —施加驻车制动，并将换挡杆置于 P 位置	
002	作业准备— 安全防护 —安装车轮挡块	
003	作业准备— 车身 —在维修工单内记录车辆识别号	正确记录车辆识别号
004	检查作业— 车身 —检查并标记车辆损毁位置及类型	需检查和记录
005	作业准备— 安全防护 —安装座椅套、方向盘套和地板垫	不能少安装一件
006	作业准备— 安全防护 —安装翼子板布和前格栅布	不能少安装一件
007	检查作业— 发动机润滑系统 —检查发动机机油液位	目视检查，冷车不低于下网格线，热车不高于上网格线，必须双面检查油尺
008	检查作业— 制动系统 —检查制动液液位，必要时调整	液位应在 MAX 和 MIN 之间，(以三角尖端为准)；要用手电照明
009	检查作业— 发动机冷却系统 —检查发动机冷却液液位	目视检查
010	检查作业— 发动机冷却系统 —测量并记录发动机冷却液冰点	冰点仪要正确使用；看（乙二醇）Ethyene glycol 刻度数低于零下 18 度

(续)

项目编号	作业类型+作业对象+作业内容	标准
	顶起位置1	
011	检查作业— 发动机冷却系统 —进行水箱盖压力测试	使用专用设备,加压到130kPa,保压10秒钟,检查水箱盖压力正常,无泄漏。 施加压力到140kPa,检查压力阀开启,压力能够释放。
012	检查作业— 发动机冷却系统 —检查冷却水管的安装情况及有无裂纹、凸起、硬化、磨损或其他损坏	目视,拧拉、按压检查、能摸到的采用拧拉、按压方法检查
013	检查作业— 发动机冷却系统检查作业— —进行冷却系统压力测试并检查冷却水管及接口有无泄露	检查冷却系统测漏仪密封良好,使用专用设备,对储液罐加压到100kPA,保压10秒钟,检查冷却压力表指针无变化。加压期间,检查各冷却水管及接口有无泄露。检查各水管,能摸到的采用手摸方法检查,不能摸到的目视检查。
014	检查作业— 挡风玻璃洗涤器 —检查前挡风玻璃洗涤液液位,必要时添加	目视,要用手电照明,如果缺少须及时添加
015	检查作业— 电源系统 —测量并记录电源系统电压(静态)	应该在发动机起动前检测,测量完毕后要将正极螺栓罩扣好
016	检查作业— 转向系统 —检查转向柱的伸缩和倾斜调整及锁止情况	解锁倾斜后锁止,再解锁回位并锁止。锁止后必须前后晃动检查
017	检查作业— 制动系统 —检查制动踏板踩下时的行程和感觉	KOEO,踏动踏板几次消除真空后,踩踏板应无绵软、行程过大、坚实后又轻微下降、缓慢回弹现象 KOEO:点火开关打开,发动机停止
018	检查作业— 喇叭 —检查喇叭按钮及喇叭的工作情况	转动方向盘角度要不少于360度,再按响两次喇叭
019	检查作业— 组合仪表 —检查MIL、AIRBAG、ABS故障指示灯和充电、机油压力报警灯的工作情况	点火开关打开,检查指示灯是否正常亮起,起动发动机,检查指示灯是否正常熄灯。
020	检查作业— 组合仪表 —检查并判断轮胎气压显示数值是否正常	目视检查组合仪表上的轮胎气压显示数值是否正常,并加以记录
022	检查作业— 自动变速器 —检查换挡杆及档位指示灯的工作情况,检查完毕后将换挡杆置于N位置	拉到L档(手动模式)时,须从L1变到L5
023	检查作业— 组合仪表 —在维修工单内标记燃油量	在定期维护记录单中的燃油量记录部分画出油量
024	检查作业— 发动机控制 —检查并记录发动机系统故障码	必须关闭点火开关连接检测仪,故障码要正确读取并及时记录
025	检查作业— 车外灯 —检查前部示宽灯的工作情况	车外人指挥,车内人操作。灯开关在一档,各自报自己的动作和结果

(续)

项目编号	作业类型+作业对象+作业内容	标准
	顶起位置1	
026	检查作业— 车外灯/组合仪表 —检查前部转向灯及其指示灯的工作情况	车外人指挥,车内人操作。灯开关在一档,各自报自己的动作和结果
027	检查作业— 转向灯开关 —检查转向信号/多功能开关的自动返回功能	车内人报出
028	检查作业— 车外灯/组合仪表 —检查前部危险警告灯及其指示灯工作情况	车外人指挥,车内人操作。灯开关在一档,各自报自己的动作和结果
029	检查作业— 车外灯 —检查前照灯近光的工作情况	KOER,车外人指挥,车内人操作。灯开关在一档,各自报自己的动作和结果。 KOEO:点火开关打开,发动机运行
030	检查作业— 车外灯/组合仪表 —检查前照灯远光及其指示灯的工作情况	KOER,车外人指挥,车内人操作。灯开关在一档,各自报自己的动作和结果。
031	检查作业— 车外灯/组合仪表 —检查前照灯闪光及远光指示灯的工作情况	KOER,车外人指挥,车内人操作。灯开关在二档,各自报自己的动作和结果。
032	检查作业— 车外灯 —检查后部示宽灯的工作情况	不可少查
033	检查作业— 车外灯 —检查后部转向灯的工作情况	不可少查
034	检查作业— 车外灯/组合仪表 —检查后部危险警告灯及其指示灯的工作情况	不可少查
035	检查作业— 车外灯 —检查牌照灯的工作情况	不可少查
036	检查作业— 车外灯 —检查制动灯(含高位)的工作情况	不可少查
037	检查作业— 车外灯 —检查倒车灯的工作情况	不要起动发动机检查
038	检查作业— 前挡风玻璃洗涤器 —检查前挡风玻璃洗涤器的喷射力和喷射位置	目测,每个喷嘴各3个孔,应喷在刮片范围内
039	检查作业— 前挡风玻璃刮水器 —检查前挡风玻璃洗涤器喷射时刮水器的联动情况	目测
040	检查作业— 前挡风玻璃刮水器 —检查前挡风玻璃刮水器的低速工作情况及有无异响	目测
041	检查作业— 前挡风玻璃刮水器 —检查前挡风玻璃刮水器的高速工作情况及有无异响	目测
042	检查作业— 前挡风玻璃刮水器 —检查前挡风玻璃刮水器的自动回位功能	目测

(续)

项目编号	作业类型+作业对象+作业内容	标准
	顶起位置1	
043	检查作业— 前挡风玻璃刮水器 —检查前挡风玻璃刮水器的单次工作情况	目测
044	检查作业— 前挡风玻璃刮水器 —检查前挡风玻璃刮水器的刮拭情况	目测
045	检查作业— 发动机 —拆下机油加注口盖	
046	检查作业— 发动机舱盖 —检查发动机舱盖锁和微开开关的工作情况	要检查一级锁止,要检查仪表指示灯
047	检查作业— 车内灯 —检查行李箱照明灯是否点亮	
048	检查作业— 行李箱盖 —检查行李箱盖锁和微开开关的工作情况	盖好后向上拉动检查
049	检查作业— 轮胎 —检查备用轮胎气压计轮胎是否漏气,必要时调整气压	轮胎气压420KPa。气压不标准要加以调整,要用肥皂水检查气门芯和气门嘴周围,补气后也要检漏
050	检查作业— 电子驻车制动控制 —用解码器驱动后制动钳活塞伸出	**踩刹车,释放电子驻车制动器**,使用解码器,选择电子制动防抱死系统,进入主动测试功能,选择电子驻车制动器,选择左后制动器活塞伸出功能,使活塞回位。目视检查活塞皮碗缩回
	顶起位置2	
051	检查作业—发动机 —检查发动机各部有无漏油现象	要使用手电筒照明
052	拆装作业—发动机润滑系统 —排放发动机机油	注意油不要撒漏到地面上,取下放油塞,油不要流到手上 注:不要套手套
053	拆装作业—发动机润滑系统 —更换新的机油滤油器	换下的机油滤清器,机油滤清器密封圈,放在接油盘内,连同接油盘一起放在零件车的规定位置
054	检查作业—发动机冷却系统 —检查散热器有无泄露、脏污、变形或损坏	要使用手电筒照明,要检查散热器排放塞
055	检查作业—传动系统 —检查左驱动轴护套有无泄漏、裂纹或损坏(外侧)	转动并按压检查,要在护套张开的状态下检查
056	检查作业—传动系统 —检查右驱动轴护套有无泄漏、裂纹或损坏(外侧)	转动并按压检查,要在护套张开的状态下检查
057	检查作业—转向系统 —检查左转向横拉杆防尘罩有无漏油、裂纹或损坏	按压检查,要在护套张开的状态下检查

附录二　2016年江苏省中等职业学校汽车运用与维修比赛定期维护项目作业表（别克威朗）

（续）

项目编号	作业类型+作业对象+作业内容	标准
	顶起位置 2	
058	检查作业—转向系统 —检查右转向横拉杆防尘罩有无漏油、裂纹或损坏	按压检查，要在护套张开的状态下检查
059	检查作业—燃油供给系统 —检查燃油管及接头有无泄露	晃动支架、拉拔油管接头检查
060	检查作业—燃油供给系统 —检查燃油管的安装情况及有无扭结、磨损、腐蚀或其他损坏	目测
061	检查作业—制动系统 —检查制动管及接头有无泄漏	目测
062	检查作业—制动系统 —检查制动管的安装情况及有无扭结、磨损、腐蚀或其他损坏	目测
063	检查作业—排气系统 —检查三元催化器、排气管、消声器有无凹陷、刮伤、腐蚀或其他损坏	目测，有缺陷要记录
064	检查作业—排气系统 —检查排气系统各密封垫片有无泄露	目测
065	检查作业—排气系统 —检查排气管、消声器的吊挂有无裂纹、损坏、脱落或缺失	晃动检查
066	紧固作业—前副车架 —紧固前悬架与车身连接螺栓（后部内侧2个螺栓）	100 N·m，看预置值
067	紧固作业—前桥托架 —紧固前悬架加长件与车身连接螺栓（后部2个螺栓）	58 N·m，看预置值
068	紧固作业—后悬架 —紧固后悬架锁闩连杆螺栓（外侧2个螺栓）	100 N·m，看预置值
	顶起位置 3	
069	检查作业—前悬架 —检查左前减振器有无漏油、变形或其他损坏	要拉起防尘套检查，要用手电检查
070	检查作业—轮胎 —检查并记录左后轮胎胎面沟槽深度	使用轮胎花纹深度计测量轮胎花纹深度。**轮胎最外和最内侧沟槽的8个位置，分90度进行。**
071	拆装作业—车轮 —拆下左后车轮总成	若用气动扳手，注意旋向、套筒连接、螺栓拆装顺序（星形）。拆下最后一个螺栓时，另一人应扶住车轮。

（续）

项目编号	作业类型+作业对象+作业内容	标准
	顶起位置3	
072	拆装作业—制动系统 —拆下左后轮制动钳	松开并取下左后制动钳的2个固定螺栓，使用挂钩将左后制动钳固定到弹簧上。
073	拆装作业—制动系统 —拆下左后轮制动片	用手取下左后轮制动片
074	拆装作业—制动系统 —拆下左后轮制动片固定弹簧	目测
075	检查作业—制动系统 —拆下左后轮制动盘有无裂纹、沟槽或损坏	目测
076	拆装作业—制动系统 —拆下左后轮制动片固定弹簧	高温硅润滑脂润滑弹簧片导向槽背面或托架槽内；制动钳导销螺栓：28 N·m。要注意涂抹位置不要错误。
077	拆装作业—制动系统 更换新的左后轮制动片	安装新的制动片，确保制动钳活塞槽纵向对齐，内制动片凸头与活塞槽配合
078	拆装作业—制动系统 —安装左后轮制动钳	要使用预置扭矩扳手紧固
079	调整作业—电子驻车制动控制 —用解码器驱动后制动钳活塞缩回	使用解码器，选择电子制动防抱死系统，进入主动测试功能，选择电子驻车制动器，选择左后制动器活塞缩回功能，使活塞回位。目视检查活塞皮碗伸出回位。
080	检查作业—制动系统 —检查左后制动盘转动是否灵活	用手转动制动盘，检查转动灵活，无卡滞。
081	检查作业—车轮 —检查左前车轮轴承有无松旷和异响	上下、左右晃动车轮，检查车轮轴承是否松旷；转动车轮检查是否存在异响。
082	拆装作业—车轮 —拆卸左前车轮	若用气动扳手，注意旋向、套筒连接、螺栓拆装顺序（星形）。拆下最后一个螺栓时，另一人应扶住车轮。
083	拆装作业—制动系统 —拆卸左前车轮制动钳下部固定螺栓	拧紧力矩36 N·m
084	检查作业—制动系统 —拆卸左前车轮制动钳导销是否松旷、导销套有无裂纹或损坏	部分拉出导销后按压其护套检查
085	检查作业—制动系统 —拆卸左前车轮制动钳活塞有无泄露、护套有无裂纹和损坏	目测
086	拆装作业—制动系统 —用专业工具压回左前轮制动钳活塞	使用专用工具压回左前轮制动钳活塞，同时观察制动液位置。

(续)

项目编号	作业类型+作业对象+作业内容	标准
	顶起位置3	
087	拆装作业—制动系统 —拆下并检查左前轮制动片固定弹簧有无变形、裂纹或损坏	目测
088	检查作业—制动系统 —检查左前轮制动盘有无裂纹、沟槽或损坏	目测
089	检测作业—制动系统 —检查并记录左前轮制动盘横向跳动量	清洁布清洁,安装5个锥形垫片,安装5个轮胎螺母,使用19mm套筒紧固至20 N·m;距制动盘外边沿13mm处测量,跳动量小于0.1mm。要做13mm标记,百分表要在最低(或最高)处调零。
090	拆装作业—制动系统 —安装左前轮制动片固定弹簧	高温硅润滑脂润滑弹簧片导向槽背面或托架槽内;制动钳导销螺栓:28 N·m。
091	拆装作业—制动系统 —更换新的左前轮制动片	安装新的制动片
092	拆装作业—制动系统 —安装左前轮制动钳	10mm套筒+18mm开口扳手,拧紧力矩36 N·m
093	拆装作业—制动系统 —进行左前轮制动钳活塞复位	关闭发动机,逐渐踩下制动踏板至其行程约2/3处。缓慢释放制动踏板。等待15秒钟,然后再次逐渐踩下制动踏板至其行程约2/3处直到制动踏板坚实。这将使制动钳活塞和制动片正确就位。
094	检查作业—制动系统 —检查左前轮制动盘转动是否灵活	用手转动左前轮制动盘,检查无卡滞,转动灵活。
096	拆装作业—制动系统 —安装并预紧固左前车轮	用手旋入螺母,用摇把、棘轮板手或指针式扳手加套筒按星形顺序初步拧紧。若用气动扳手,注意旋向、套筒连接、螺栓拧紧顺序和有无气动扳手冲击的哒哒声。
097	拆装作业—制动系统 —安装并预紧固左后车轮	用手旋入螺母,用摇把、棘轮板手或指针式扳手加套筒按星形顺序初步拧紧。若用气动扳手,注意旋向、套筒连接、螺栓拧紧顺序和有无气动扳手冲击的哒哒声。
098	检查作业—制动系统 —检查并记录制动踏板的自由行程	KOEO,踏动踏板几次消除真空后,用1000mm钢直尺测量2次,标准1～8mm。
099	检查作业—制动系统 —检查并记录制动踏板的行程	KOEO,松开驻车制动,445N踏板力踏下制动踏板(以紧急制动方式,脚离开地板与踏板有一定距离后快速踩下),用1000mm钢直尺测量2次,标准40～55mm

（续）

项目编号	作业类型+作业对象+作业内容	标准
	顶起位置 3	
100	作业准备—工量具和设备 —启动尾气分析仪	先开尾气分析仪电源开关，再启动计算机检测程序（进入检测数据界面）。
	顶起位置 4	
101	作业准备—安全防护 —施加驻车制动，并将换挡杆置于 P 位置	
102	作业准备—安全防护 —安装车轮挡块	
103	紧固作业—车轮 —紧固左前车轮螺	19mm 套筒，80 N·m，看预置值
104	紧固作业—车轮 —紧固左后车轮螺母	19mm 套筒，80 N·m，看预置值
105	拆装作业—发动机润滑系统 —加注新的发动机机油并填写发动机机油更换记录表	机油黏度等级 5W—30，4.5L，实际加注 4.0~4.2L，可以使用漏斗。
106	拆装作业—进气系统 —更换新的空气滤清器芯	十字螺丝刀，5N/M；用布清洁；旧空滤放入"其他垃圾箱"
107	作业准备—发动机 —起动发动机并暖机（及时观察发动机机油有无泄露）	要及时观察发动机机油是否泄露
108	检查作业—安全带 —检查驾驶员座椅安全带的拉伸和卷收情况及安全带有无撕裂或磨损	检查安全带撕裂或磨损时要完全拉出，缩回时要进行阻止实验
109	检查作业—安全带 —检查驾驶员座椅安全带惯性开关和安全带扣锁止开关的工作情况	要检查锁扣锁止是否可靠扣，要检查安全带指示灯。
110	检查作业—车门 —检查左后车门门锁（含儿童锁）和微开关的工作情况	KOEO，打开车灯顶灯亮，车门指示灯亮，微关车门，车门指示灯亮，再次打开车门，关闭车门顶灯灭，车门指示灯灭。
111	检查作业—制动系统 —检查制动助力器的助力能力	关闭点火开关，连续踩几次制动踏板后并保持。打开点火开关，真空泵工作，踏板稍有下沉；起动发动机后，踏板继续轻微下沉。
112	检查作业—玻璃升降器 检查主控制开关的玻璃升降控制功能	起动发动机检测，可用主开关控制稍开或稍降，或控制全升全降。
113	检查作业—车外后视镜 —检查右后视镜的调整功能	上下或左右，不可少检查一个方向
114	检查作业—空调 —检查风速调节和风向切换功能以及制冷系统能否工作	起动发动机，风速由最小调至最大，感觉 6 级风速每级都有变化。保持风速最大，在与送风模式相对应的出风口处感觉模式转换是否正常，同时感觉是否制冷。

附录二 2016年江苏省中等职业学校汽车运用与维修比赛定期维护项目作业表（别克威朗）

（续）

项目编号	作业类型+作业对象+作业内容	标准
	顶起位置4	
115	检查作业—电源系统 —进行充电系统测试，并记录蓄电池充电电压	将发动机转速增至2500r/min，确认蓄电池电压在12.6～15V之间；打开所有车辆用电设备，确认蓄电池电压在12.6～15V之间。要进行无负荷或有负荷充电电压检查并加以记录。
116	检测作业—发动机排气系统 —检测并记录发动机怠速时的尾气排放值	怠速，关闭所有用电设备，插入取样管待CO_2大于6%后读取并记录30S内的各参数的最高值与最低值，然后计算平均值。取样管插入深度要有400mm；测量前要关闭用电设备；取样时间不可少于15S；测量完毕后电脑要退回桌面。
	顶起位置5	
117	检查作业—发动机 检查发动机机油有无泄露	要用手电筒照明检查
118	检查作业—发动机 —检查冷却液有无泄露	要用手电筒照明检查
119	检查作业—制动系统 —检查左前和左后部有无制动液泄露	目测
	顶起位置6	
120	整理作业—工量具和设备 —关闭尾气分析仪并清洁归位	要及时关闭尾气分析仪电源开关
121	检查作业—发动机润滑系统 —检查发动机机油液位，必要时调整	液位应在上网格线内，不足要添加，但不要加多，要双面检查油尺
122	整理作业—工量具和设备 —清洁工量具和设备并归位	旧手套，抹布放入"其他垃圾箱"
123	整理作业—安全防护 —拆卸翼子板布和前格栅布	
124	整理作业—安全防护 —拆卸座椅套、地板垫、方向盘套	地板垫放入"其他垃圾箱"，座套、转向盘套放入"塑料垃圾箱"内
125	清洁作业—车身 —清洁车辆内部、烟灰缸等	要清洁烟灰缸
126	清洁作业—车身 —清洁车辆外表	

参考文献

[1] 丰田汽车公司. 汽车维护操作[M]. 北京：高等教育出版社，2006.
[2] 黄俊平. 汽车性能与使用[M]. 北京：机械工业出版社，2005.
[3] 戴良鸿. 汽车使用与日常养护[M]. 上海：复旦大学出版社，2007.
[4] 陈纪民. 汽车使用性能与检测[M]. 北京：中国人民大学出版社，2009.
[5] 陈焕江. 汽车运用基础[M]. 北京：机械工业出版社，2008.
[6] 杨柳青. 汽车检测与诊断技术[M]. 上海：同济大学出版社，2009.
[7] 郭彬. 发动机原理与汽车理论[M]. 北京：北京大学出版社，2009.
[8] 周燕，罗小青. 汽车材料[M]. 北京：人民交通出版社，2014.

目 录

学习工作单 1 ··· 1

学习工作单 2 ··· 2

学习工作单 3 ··· 8

学习工作单 4 ··· 9

学习工作单 5 ·· 11

学习工作单 6 ·· 14

学习工作单 7 ·· 17

学习工作单 8 ·· 19

学习工作单 9 ·· 22

学习工作单 10 ··· 24

学习工作单 11 ··· 25

学习工作单 12 ··· 27

学习工作单 13 ··· 28

学习工作单 14 ··· 29

学习工作单 15 ··· 30

学习工作单 16 ··· 31

学习工作单 17 ··· 32

学习工作单 1

课程：<u>汽车使用与维护</u>　　姓名：_____　　班级：_____　　日期：_____

	项目一：<u>汽车主要技术数据和图标识别</u> 任务一：<u>车辆常用尺寸和 VIN 码识别</u>	车　　型：_____ 整车型号：_____

一、解释图 1-1 中车辆常用尺寸含义

1. _____； 2. _____； 3. _____；
4. _____； 5. _____； 6. _____；
7. _____； 8. _____； 9. _____；
10. _____； 11. _____； 12. _____；
13. _____。

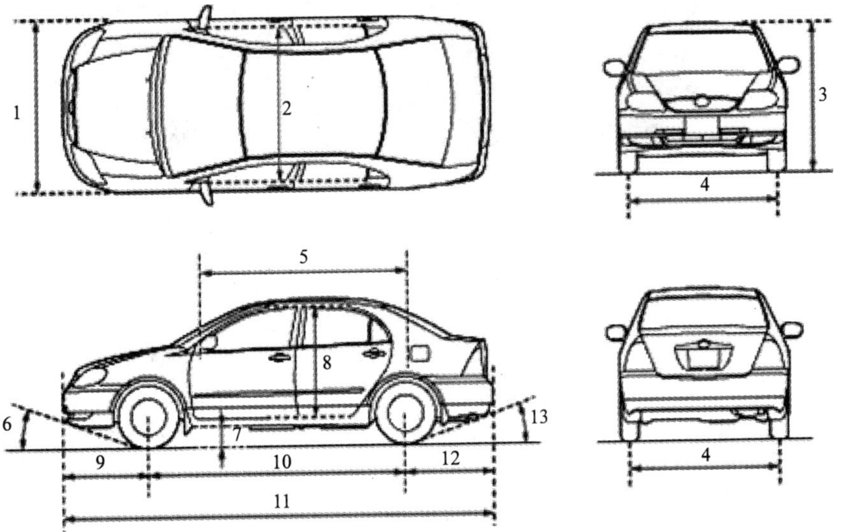

图 1-1　车辆常用尺寸

二、VIN 码识别

VIN 码在车上的位置是_____；

VIN 码是_____；

VIN 码含义是_____
_____。

学习工作单 2

课程：<u>汽车使用与维护</u>　　姓名：_____　　班级：_____　　日期：_____

 项目一：<u>汽车主要技术数据和图标识别</u> 任务二：<u>仪表盘图标识别</u>	车　　型：_____ 整车型号：_____

一、仪表识别

写出图 2-1 中各仪表的含义：

1. _____；2. _____；3. _____；
4. _____；5. _____；6. _____。

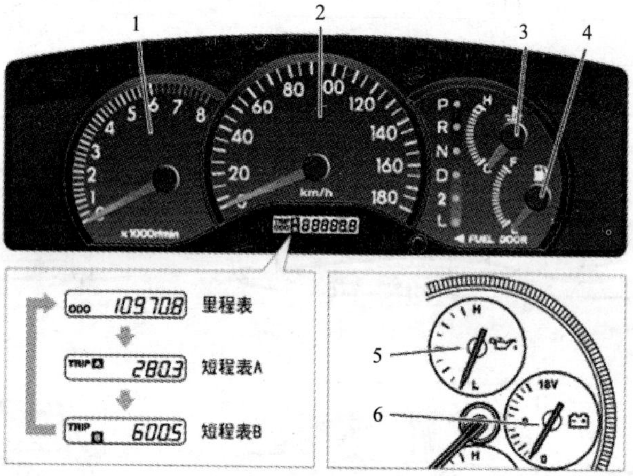

图 2-1　仪表板图形标识

二、警告灯识别

写出图 2-2 中各警告灯的含义：

1. _____；2. _____；3. _____；
4. _____；5. _____；6. _____；
7. _____；8. _____；9. _____；
10. _____；11. _____。

当点火开关打到 ON 时，点亮的警告灯有_____；其中_____
和_____警告灯点亮数秒后熄灭。

发动机启动后点亮的警告灯有_____。

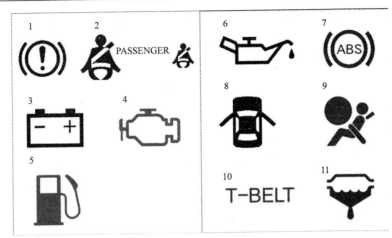

图 2-2　警告灯图形标识

三、写出下表中各英文缩略语的含义

部　位	特征代号	含　义	特征代号	含　义
车型	SEDAN·SALOON		RWD	
	COUPE		2WD	
	PICKUP		FWD	
	DOUBLECAB		2WS	
	VAN		4WS	
	RALLY		STD	
	SPORT		DELUXE	
	STATIONWAGON		LIMOUSIHE	
	FF		ROYAL	
	FR		SUPER	
发动机	ENGINE		DIESEL	
	TURBO		TSCC	
	L-4		ISC	
	V6		ACIS	
	OHC		MPI	
	OHV		EFI	
	DOHC		FSI	
底盘	ABS		SRS	
	TCS		RP	
	EBD		RB	
	ESP		HICAS	

(续)

部 位	特征代号	含 义	特征代号	含 义
自动变速器	AT		N	
	CVT		D	
	P		L	
	R		HEAT	
仪表板	GAUGE		RECIRC	
	TURN		HCRM	
	HEAD（LH）		CIGAR	
	HEAD（RH）		DISCHARGE	
	BEAM		CHG	
	STOP		BRAK	
	HALARD		PARK	
	SPARE		VACUUM	
	GLOWPCUG		CHOKE	
	BRAKE		SUNROOF	
	DORL AMP（DL）		WIPER	
	AIR COND（AIC）		ROOF	
	HEATER		POWER	
	DEF		START	
	VENT		FSC	
时钟	DATE		M	
	H		RESET	
	ADJUST			
收音机	TUNE		BASS	
	TONE		LOUD	
	LO·DX		DOLBYNR	
	POWER		SIEEO	
	VOL		MONO	
	FM		AOS	
	AM		M	
	BAC		PRO	

四、解释下列车标的含义

ISUZU

 Jeep

GMG

1. 解释全球"六大三小"汽车制造商的含义。

2. 根据下图说出德国大众集团旗下的车型品牌。

3. 列举出丰田公司、本田公司、日产公司、通用公司、福特公司、奔驰公司的高端车型。

学习工作单 3

课程：<u>汽车使用与维护</u>　姓名：_____　班级：_____　日期：_____

 项目二：<u>汽车运行材料合理使用</u> 任务一：<u>发动机舱油液检查</u>	车　　型：_____ 整车型号：_____

一、解释图 3-1 中各油液的含义

1. _____； 2. _____； 3. _____；
4. _____； 5. _____。

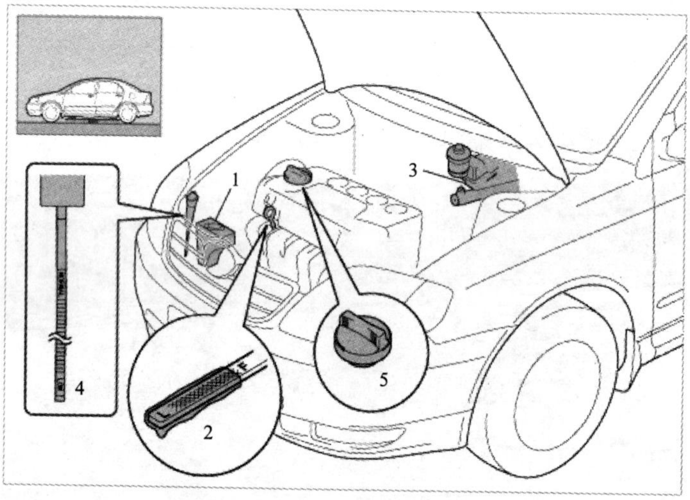

图 3-1　检查机油等油液液位

二、检测发动机舱各油液含量

1. 车轮挡块的安装要求是_____；
2. 翼子板布和前格栅布安装要求是_____；
3. 发动机润滑油的标尺读数_____；
4. 冷却液容量读数_____；
5. 制动液容量读数_____；
6. 风窗清洗液容量读数_____。

三、简述机油液位检测的方法

学习工作单 4

课程：<u>汽车使用与维护</u>　　姓名：_____　　班级：_____　　日期：_____

项目二：<u>汽车运行材料合理使用</u>　　车　　型：_____
任务二：<u>轮胎认识与检查</u>　　　　　整车型号：_____

一、解释图 4-1 中轮胎各部分的含义

1. _____ ；2. _____ ；3. _____ ；
4. _____ ；5. _____ 。

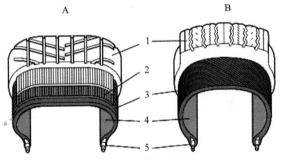

图 4-1　轮胎的结构

二、解释图 4-2 中轮胎符号的含义

195/60 R15 88H 的含义是_____
_____。

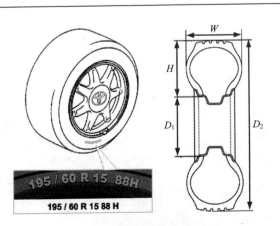

图 4-2　轮胎符号

三、解释图 4-3 与图 4-4 中各部分的含义

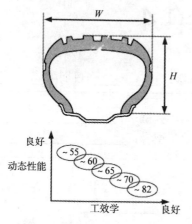

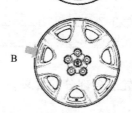

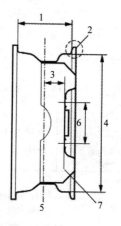

图 4-3　高宽比的含义　　　　　　图 4-4　轮辋的规格编码

图 4-3 中：W 含义是_____；H 含义是_____。
高宽比的含义是_____。
　　　　高宽比大_____性能好；高宽比小_____性能好。

图 4-4 中：

1. _____；2. _____；3. _____；
4. _____；5. _____；6. _____；
7. _____；A. _____；B. _____。

四、备胎检查

备胎检查记录表

工作记录（正常打√，如有异常打×，并在备注中注明原因）	工作任务	标　　准	备注（测量数据也记录于此栏）
	是否有裂纹和损坏	外观检查胎面胎壁有无裂纹、割伤或其他损坏	
	是否嵌入金属颗粒或其他异物	外观检查是否有异物	
	测量胎面沟槽深度	用深度规测胎面沟槽深度，大于 1.6mm	
	检查是否有异常磨损	整个轮胎外围的磨损情况	
	检查气压	用气压表测量，备胎压力应大于 220kPa	
	检查是否漏气	用肥皂水检查气门嘴和周围	
	检查钢圈是否损坏或腐蚀	外观检查	

学习工作单 5

课程：<u>汽车使用与维护</u>　　姓名：_____　　班级：_____　　日期：_____

项目三：<u>汽车保养作业中基本功能检查</u> 任务一：<u>车内部检查</u>	车　　型：_____ 整车型号：_____

顶起位置—车辆内部检查工作记录表

工作记录（正常打√，如有异常打×，并在备注中注明原因）	工作任务	标　准	备注
位置1	**驾驶员座椅**		
	安装座椅套	盖满座位，不得撕裂座椅套	
	安装地板垫	放正位置	
	安装方向盘套	不得撕裂方向盘套	
	拉起发动机盖释放杆		
位置1	**车辆前部**		
	打开发动机盖	必须牢固支撑	
	安装翼子板布	位置正确，安放可靠，不影响作业	
	安装前格栅布	位置正确，安放可靠，不影响作业	
	安装车轮挡块	前轮前和后，要求必须和车轮外缘平齐，不允许超过车轮	
	安装尾气排放管	注意不要擦伤车身	
位置1	**发动机舱**		
	检查发动机冷却液液位	目测储液罐标线，不允许用手摇晃	
	检查发动机机油油位	油尺标线，注意油尺不上扬	
	检查制动液液位	目测储液罐标线	
	检查喷洗液液位	液位尺标线，要求标尺拉出到能看见标记状态	
位置1	**车灯**	灯光检查时不启动发动机，点火开关置ON位	
	检查示宽灯点亮	灯开关在一挡，两侧	
	检查牌照灯点亮	灯开关在一挡，两个	
	检查尾灯点亮	灯开关在一挡，两侧	

(续)

工作记录（正常打√，如有异常打×，并在备注中注明原因）	工作任务	标　准	备注
	检查大灯（近光）点亮	灯开关在二挡，两侧和仪表照明	
	检查大灯（远光）和指示灯点亮	灯开关在二挡，两侧和仪表指示、照明	
	检查大灯闪光开关和指示灯点亮	操作组合开关，近远光切换，仪表指示	
	检查转向信号灯和指示灯点亮	两侧和仪表指示	
	检查危险警告灯和指示灯点亮	两侧和仪表指示	
	检查制动灯点亮（尾灯点亮时）	两侧和高位	
	检查倒车灯点亮	一个，在右后边	
	检查转向开关自动返回功能	方向盘放正，扳动组合开关至某一侧，转动方向盘能自动复位，操作完后应将方向盘放正	
	检查仪表板照明灯点亮	包括所有仪表指示灯	
	检查顶灯点亮	在车内用顶灯开关控制顶灯	
	检查雾灯点亮	前后雾灯共4个	
	检查组合仪表警告灯（点亮和熄灭）	启动发动机前后的仪表指示灯的点亮和熄灭	
位置1	**挡风玻璃喷洗器**	启动发动机检查	
	检查喷射力、喷射位置	目测，观察压力是否够	
	检查喷射时刮水器联动	目测，平稳、无异响，风挡上应先喷水	
	检查工作情况（低速）	确认两雨刮低速动作速度正常，动作平稳	
	检查工作情况（高速）	确认两雨刮高速动作速度正常，动作平稳	
	检查自动回位位置	确认动作，在任意位置停止，应自动复位	
	检查刮拭状况	刮水效果，无水痕，范围位置	
位置1	**喇叭**		
	检查工作情况	拉长音，音量音调稳定，无单音	
位置1	**驻车制动器**		
	检查驻车制动杆行程	拉动6牙~9牙，注意过程和数牙	

（续）

工作记录（正常打√，如有异常打×，并在备注中注明原因）	工作任务	标　准	备注
	检查驻车制动器指示灯点亮	拉动第一个牙仪表指示灯应亮，放下应灭	
位置1	**制动器**		
	检查制动器踏板应用状况（响应性）	反应灵敏	
	检查制动器踏板应用状况（完全踩下）	踏板不应完全到底	
	检查制动器踏板应用状况（异常噪声）	应无异常噪声	
	检查制动器踏板应用状况（过度松动）	踏动过程无松旷	
	测量制动踏板高度	静态高度 145.8mm~155.8mm	
	测量制动器踏板自由行程	在熄火状态下踏几次制动踏板后，用手压动测量自由行程应在 1mm~6mm	
	测量制动踏板行程余量	发动机怠速时，用294N的力踏下制动踏板，踏板距底板距离不小于85（实际不小于60）mm	
	检查制动助力器工作情况（下沉）	踩住制动踏板后启动发动机，踏板应连续下沉	
	检查制动助力器真空功能	熄火后踏动踏板几次后，逐次高度增加，最后高度无变化，无下沉	
位置1	**方向盘**		
	测量自由行程	钢板尺测量，启动发动机。注：装有电控助力系统的车型不用启动发动机	
	检查松弛和摆动	手握方向盘垂直、轴向或向两侧晃动	
	检查点火开关ACC位置时，方向盘可否自由移动	在ACC位置应无锁止，方向盘可自由移动	
位置1	**离合器**		
	测量离合器踏板高度	用直尺测量	
	测量离合器自由行程	发动机熄火时，用手压动测量	

学习工作单 6

课程：<u>汽车使用与维护</u>　　姓名：_____　　班级：_____　　日期：_____

项目三：	汽车保养作业中基本功能检查	车　　型： _____
任务二：	车外部检查	整车型号： _____

顶起位置 1 车辆外部检查工作记录表

工作记录（正常打√，如有异常打×，并在备注中注明原因）	工作任务	标　　准	备注
位置 1	**外部检查准备**		
	打开行李箱门和发动机舱盖		
	打开燃油盖		
	将顶灯开关旋至"DOOR"		
	将换挡杆置于空挡		
	释放驻车制动杆		
位置 1	**门控灯开关**		
	检查工作情况（顶灯和指示器灯工作情况）	打开车门，顶灯亮，关闭车门，顶灯灭	
位置 1	**车身螺栓和螺母**		
	检查座椅安全带的螺栓和螺母是否松动		
	检查座椅的螺栓和螺母是否松动		
	检查车门的螺栓和螺母是否松动		
	检查安全带的锁止功能	快拉锁止	
	检查安全带的锁扣功能	安全带插入锁扣，应能锁住	
	检查安全带的肩部调节功能	安全带上部支点可上下移动	
位置 1	**左后车门**		
	门控灯开关检查同上		
	车身螺栓和螺母检查同上		
	检查儿童锁功能	检查完毕，需复位	
	检查安全带的锁止功能	快拉锁止	
	检查安全带的锁扣功能	安全带插入锁扣，应能锁住	

(续)

工作记录(正常打√,如有异常打×,并在备注中注明原因)	工作任务	标　准	备注
位置1	**油箱盖**		
	检查是否变形和损坏	油箱盖和密封垫片	
	检查连接状况	盖应能上紧,有扭矩限制到位声	
	检查是否损坏和有污垢	灯罩和反光板无褪色、损坏、无污物和水	
位置1	**车后部车灯**		
	检查安装状况	用手摸检查是否松动	
	检查是否损坏和有污垢	灯罩和反光板无褪色、损坏、无污物和水	
位置1	**备用轮胎**		
	是否有裂纹和损坏	外观检查胎面胎壁有无裂纹、割伤或其他损坏	
	是否嵌入金属颗粒或其他异物	外观检查是否有异物	
	测量胎面沟槽深度	用深度规测纹深,大于 1.6mm	
	检查是否有异常磨损	整个轮胎外围的磨损情况	
	检查气压	用气压表测量,备胎压力应大于 220kPa	
	检查是否漏气	用肥皂水检查气门嘴和周围	
	检查钢圈是否损坏或腐蚀	外观检查	
位置1	**螺栓和螺母**		
	检查行李箱门的螺栓和螺母是否松动	双手扳动检查	
位置1	**后悬架**		
	检查减振器的阻尼状态	快速压下后松开,应反弹1次~2次	
	检查车辆倾斜度	目测	
位置1	**后尾灯**		
	检查安装状况	用手摸检查是否松动	
	检查是否损坏和有污垢	灯罩和反光板无褪色、损坏、无污物和水	
位置1	**右后车门**		
	门控灯开关检查同上		
	车身螺栓和螺母检查同上		
	儿童锁检查同上		
	安全带检查同左后门		

(续)

工作记录(正常打√,如有异常打×,并在备注中注明原因)	工作任务	标　　准	备注
位置1	**右前车门**		
	门控灯开关检查同上		
	座椅螺栓和螺母检查同上		
	车门螺栓和螺母检查同上		
	安全带检查同左前门		
	车身螺栓和螺母检查同上		
	空调滤芯检查	目测	
位置1	**前悬架**		
	检查减振器的阻尼状态	快速压下后松开,应反弹1次~2次	
	检查车辆倾斜度	目测	
位置1	**前大灯**		
	检查安装状况	用手摸检查是否松动	
	检查是否损坏和有污垢	灯罩和反光板无褪色、损坏、无污物和水	
位置1	**发动机舱**		
	检查发动机舱盖的螺栓和螺母是否松动	手扳动观察	
	拆卸机油加注口盖	将机油加注口盖拧松,放置上面	

学习工作单 7

课程：<u>汽车使用与维护</u>　姓名：_____　班级：_____　日期：_____

 项目四：<u>底盘维护</u>　　　　车　　型：_____
　　　　任务一：<u>工具的选择与使用</u>　整车型号：_____

一、解释下列工具的含义

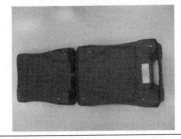

二、阐述举升器的使用方法

三、阐述套筒扳手、梅花板手、开口扳手与扭力扳手的使用方法

四、阐述游标卡尺、千分尺与百分表的使用方法

学习工作单 8

课程：汽车使用与维护　　　姓名：_____　　班级：_____　　日期：_____

项目四：底盘维护　　　　　　　　任务二：底盘检查	车　　型：_____　　整车型号：_____

<table>
<tr><td colspan="4" align="center">顶起位置 3 车辆底盘检查工作记录表</td></tr>
<tr><td>工作记录（正常打√，如有异常打×，在备注中注明）</td><td>工作任务</td><td>标　　准</td><td>备注</td></tr>
<tr><td>位置 3</td><td>**发动机机油（排放）**</td><td></td><td></td></tr>
<tr><td></td><td>检查是否漏油（发动机各部位的配合表面）</td><td>目测，用手电或工作灯，发动机各部位的配合表面</td><td></td></tr>
<tr><td></td><td>检查是否漏油（油封）</td><td>目测，用手电或工作灯，前后油封，半轴油封</td><td></td></tr>
<tr><td></td><td>检查是否漏油（排放塞）</td><td>目测</td><td></td></tr>
<tr><td></td><td>排放发动机机油</td><td>使用正确工具和接油设备</td><td></td></tr>
<tr><td>位置 3</td><td>**传动皮带**</td><td></td><td></td></tr>
<tr><td></td><td>检查是否变形</td><td>目测</td><td></td></tr>
<tr><td></td><td>检查是否损坏（磨损、裂纹、脱层或其他损坏）</td><td>目测</td><td></td></tr>
<tr><td></td><td>检查安装状况（传动带张力检查）</td><td>用手压测量偏移 8mm~10mm</td><td></td></tr>
<tr><td>位置 3</td><td>**驱动轴护套**</td><td></td><td></td></tr>
<tr><td></td><td>检查是否有裂纹、损坏（外侧）</td><td>转动并目测</td><td></td></tr>
<tr><td></td><td>检查是否有裂纹、损坏（内侧）</td><td>转动并目测</td><td></td></tr>
<tr><td></td><td>检查是否有泄漏（外侧）</td><td>转动并目测</td><td></td></tr>
<tr><td></td><td>检查是否有泄漏（内侧）</td><td>转动并目测</td><td></td></tr>
<tr><td>位置 3</td><td>**转向节球头销护套**</td><td></td><td></td></tr>
<tr><td></td><td>检查是否有裂纹、损坏</td><td>目测和手摸</td><td></td></tr>
<tr><td>位置 3</td><td>**转向连接机构**</td><td></td><td></td></tr>
<tr><td></td><td>检查是否松动和摇摆</td><td>用手晃动转向连接机构检查</td><td></td></tr>
<tr><td></td><td>检查是否弯曲和损坏</td><td>目测和手摸</td><td></td></tr>
<tr><td></td><td>检查防尘套是否有裂纹和损坏</td><td>目测和手摸</td><td></td></tr>
</table>

工作记录(正常打√,如有异常打×,在备注中注明)	工作任务	标　准	备注
位置3	**制动管路**		
	检查是否泄漏	目测	
	检查制动管路上有无压痕或其他损坏	目测	
	检查制动管路软管是否扭曲、裂纹和凸起	目测	
	检查制动管道和软管的安装状况（松旷）	前轮胎要转到最外侧检查是否干涉	
位置3	**燃油管路**		
	检查燃油是否泄漏	目测	
	检查燃油管路是否损坏	目测	
位置3	**排气管和安装件**		
	检查排气管是否损坏	目测	
	检查消声器是否损坏	目测	
	检查排气管吊挂是否损坏或脱落	目测4个吊挂	
	检查密封垫片是否损坏	目测三个垫是否有碳黑痕迹	
	检查排气管是否泄漏	目测有无水痕和碳痕	
位置3	**悬架**		
	检查是否损坏（转向节）	晃动和目测	
	检查是否损坏（前减振器）	晃动和目测	
	检查是否损坏（后减振器）	晃动和目测	
	检查是否泄漏（前减振器）	晃动和目测	
	检查是否泄漏（后减振器）	晃动和目测	
	检查是否损坏（前减振器螺旋弹簧）	晃动和目测	
	检查是否损坏（后减振器螺旋弹簧）	晃动和目测	
	检查是否损坏（下臂）	晃动和目测，损坏或拖痕	
	检查是否损坏（稳定杆）	晃动和目测	
	检查是否损坏（拖臂和后桥）	晃动和目测，损坏或拖痕	
位置3	**发动机机油滤清器及排放塞**		
	更换机油滤清器及排放塞衬垫	18 N·m（或按手册，接触后再转3/4圈）	
	安装紧固排放塞	用扭力扳手按照37 N·m紧固	
位置3	**螺栓和螺母（车辆底部）**		
	前悬架		

（续）

工作记录（正常打√,如有异常打×,在备注中注明）	工作任务	标　准	备注
	中间梁※车身（前）	39 N·m，2个–14	
	中间梁※前横梁	52 N·m，3个–14	
	中间梁※发动机防震垫	52 N·m，2个–14	
	前悬架下臂※前悬架横梁	137 N·m，2侧×2–19	
	前下球节※前悬架下臂	142 N·m，2侧×3–17	
	前悬架横梁※车身（上）	113 N·m，2侧×1–19	
	前悬架横梁※车身（下）	157 N·m，2侧×1–19	
	前制动卡钳※转向节	107 N·m，2侧×2–17	
	前减振器※转向节	153 N·m，2侧×2–19	
	稳定杆连杆※前减振器	74 N·m，2侧×1–17	
	减振器上支承※车身	39 N·m，2侧×3–14	
	稳定杆※稳定杆连杆	74 N·m，2侧×1–17	
	稳定杆支架※前横梁	37 N·m，2侧×2–12	
	横拉杆端头※转向节	49 N·m，2侧×1–17	
	转向机壳※前横梁	58 N·m，2侧×1–17	
位置3	**后悬架**		
	后桥横梁总成※车身	85 N·m，2侧×1–17	
	制动分泵※背板	47 N·m，2侧×2–14	
	后减振器※后横梁总成	80 N·m，2侧×1–19	
	拖臂后桥※控制杆	149 N·m，2侧×1–19	
	拖臂后桥※背板	56 N·m，2侧×4–12	
	其他		
	排气管	43 N·m，6–14	
	燃油箱	39 N·m，4–14	

注：※表示连接

学习工作单 9

课程：<u>汽车使用与维护</u>　　姓名：_____　　班级：_____　　日期：_____

项目五：<u>轮胎、制动器的检查与制动液的更换和排气</u>
任务一：<u>轮胎、制动器检查</u>

车　　型：_____
整车型号：_____

顶起位置4的工作内容

轮胎、制动器检查工作记录表

工作记录（正常打√，如有异常打×，并在备注中注明）	工作任务	标　准	备注
位置4	**车轮轴承**		
	检查有无摆动	一手在上，一手在下晃动车轮检查是否摆动	
	检查转动状况和噪声	用手转动车轮，平稳无噪声	
	拆卸左前轮	用风动扳手，注意旋向和拆卸顺序，注意最后一个螺栓	
位置4	**轮胎**		
	检查是否有裂纹和损坏	外观检查胎面胎壁有无裂纹、割伤或其他损坏	
	检查是否嵌入金属颗粒或其他异物	外观检查是否有异物	
	测量胎面沟槽深度	用深度规测纹深，大于1.6mm	
	检查是否有异常磨损	整个轮胎外围的磨损情况	
	检查气压	用轮胎气压表测量	
	检查是否漏气	用肥皂水检查气门嘴和周围	
	检查钢圈是否损坏或腐蚀	外观检查	
位置4	**盘式制动器**		
	目视检查制动器摩擦片厚度（内侧）	10mm~12mm	
	测量制动器摩擦片厚度（外侧）	游标卡尺测量，内外共六点	
	检查制动器摩擦片有无不均匀磨损	目测和六点测量	
	检查制动盘是否磨损和损坏	目测外观并用百分表测量端面圆跳动（<0.05mm）	

(续)

工作记录（正常打√，如有异常打×，并在备注中注明）	工作任务	标　准	备注
	制动盘厚度检查	千分尺测量（卡罗拉标准厚度22mm，磨损极限19mm）	
	检查制动卡钳处有无制动液泄漏	目测	
位置4	**盘鼓式制动器**		
	目视检查制动器摩擦片厚度（内侧）	10mm~12mm	
	测量制动器摩擦片厚度（外侧）	直尺测量，内外共六点	
	检查制动器摩擦片的不均匀磨损	目测和六点测量	
	检查制动盘磨损和损坏	目测外观并用百分表测量端面圆跳动（＜0.05mm）	
	制动盘厚度检查	千分尺测量	
	检查制动卡钳处有无制动液泄漏	目测	
	制动鼓内径测量	用游标卡尺	
	制动蹄片前后移动情况检查	用手晃动蹄片	
	制动蹄片上的摩擦衬片的厚度	直尺测量	

一、阐述风炮的使用方法

二、比较盘式制动器与鼓式制动器的优缺点

三、阐述制动盘端面圆跳动的检测方法

学习工作单 10

课程：<u>汽车使用与维护</u>　　姓名：_____　　班级：_____　　日期：_____

项目五：<u>轮胎、制动器的检查与制动液的更换和排气</u>

任务二：<u>制动液的更换和排气</u>

车　　型：_____
整车型号：_____

顶起位置 5 和 6 的工作内容

轮胎、制动器检查工作记录表

工作记录（正常打√，如有异常打×，并在备注中注明）	工作任务	标　准	备注
位置 5	**制动液排放**		
	从总泵排放制动液	用专用工具抽吸	
	安装制动液更换工具	安装专用工具	
	检查前轮制动拖滞	双人配合，只检查行车制动	
	检查后轮制动拖滞	双人配合，行车制动与驻车制动分别检查	
位置 6	**制动液排气**		
	按顺序进行车轮制动液排气	按右后、左后、右前、左前顺序进行排气	
	车轮临时安装	注意使用风动扳手时不准带手套	

一、叙述制动液排气的具体方法

二、阐述制动系统比例阀的作用

学习工作单 11

课程：<u>汽车使用与维护</u>　　姓名：_____　　班级：_____　　日期：_____

项目六：<u>发动机维护</u> 任务一：<u>发动机启动前的检查</u>	车　　型：_____ 整车型号：_____

顶起位置 7 的工作内容

发动机启动前的检查记录

工作记录（正常打√，如有异常打×，并在备注中注明）	工作任务	标　　准	备　注
位置 7	**驻车制动器和车轮挡块**		
	使用驻车制动器并放置车轮挡块	拉 6 牙~9 牙并踏制动踏板几次消除制动间隙，挡块位置	
位置 7	**发动机机油**		
	加注发动机机油	油尺检查液面，不得洒漏，完后擦拭	
位置 7	**传动皮带**		
	检查传动皮带张紧度	用皮带张力计检查	
	检查传动皮带的整个外围是否有磨损、裂纹、层离或者其他损坏	目测	
位置 7	**火花塞**		
	更换火花塞	用专用工具（25N·m 的标准力矩紧固）	
	检查火花塞绝缘部分和螺纹有无损坏	目测	
	检查电极间隙	用火花塞间隙规检查，标准（1mm~1.1mm）	
位置 7	**蓄电池**		
	检查电解液液位	体外目测	
	检查蓄电池壳体是否损坏	目测	
	检查蓄电池端子导线是否腐蚀	目测	
	检查蓄电池端子导线是否松动	扳手检测或晃动	

(续)

工作记录（正常打√，如有异常打×，并在备注中注明）	工作任务	标　　准	备注
	检查通风孔塞是否损坏、孔是否堵塞	目测	
	测量电解液密度（单格）	比重计测量（1.25g/cm^3）~1.29g/cm^3）	
位置 7	**散热器盖**		
	检查散热器盖阀门的开启压力	散热器盖测试仪（74kPa~103kPa）	
	检查散热器盖的真空阀工作是否正常	手动检查	
	检查橡胶密封件是否有裂纹或破损	目测	
	检查冷却液冰点	比重计	
位置 7	**制动液**		
	检查总泵内液面（贮液罐）	目测标线	
	检查总泵是否泄漏	目测	
位置 7	**制动管路**		
	检查液体是否泄漏	目测	
	检查制动器管和软管是否有裂纹和损坏	目测	
	检查制动器管和软管的安装状况	目测（发动机舱内）	
位置 7	**空气滤清器芯**		
	检查并更换	取出、检查、清洁或更换、安装到位、清洁空滤壳内部	
位置 7	**活性碳罐**		
	检查活性碳罐有无损坏	目测	
位置 7	**前减振器的上支承**		
	检查前减振器上支承是否松动	用梅花扳手检查	
位置 7	**喷洗液**		
	检查液位	标尺检查	

一、叙述火花塞的拆卸与安装方法

二、叙述比重计的使用方法

学习工作单 12

课程：汽车使用与维护　　姓名：_____　　班级：_____　　日期：_____

	项目六：发动机维护	车　　型：_____
	任务二：发动机暖机期间的检查	整车型号：_____

顶起位置 7 的工作内容

发动机暖机期间的检查记录

工作记录（正常打√，如有异常打×，并在备注中注明）	工作任务	标　　准	备注
位置 7	**轮毂螺母的再紧固**		
	旋紧车轮	按 103N·m 的标准力矩紧固 4 个车轮的轮毂螺母，按对角线顺序紧固	
位置 7	**PCV 阀检查**		
	噪声检查	手指夹紧 PCV 阀软管检查工作噪声	
	PCV 软管是否有裂纹或者损坏	目测	
位置 7	**发动机冷却液**		
	检查是否从散热器泄漏	目测	
	检查橡胶软管是否泄漏	目测	
	检查软管夹周围是否泄漏	目测	
	检查橡胶软管是否有裂纹、隆起或者硬化	目测并手摸感觉	
	检查橡胶软管连接是否松动	目测	
	检查夹箍安装是否松动	手摸或工具检查	

一、阐述 PCV 系统的工作原理

二、阐述发动机冷却液的更换方法

学习工作单 13

课程：<u>汽车使用与维护</u>　　姓名：_____　　班级：_____　　日期：_____

项目六：<u>发动机维护</u>
任务三：<u>发动机暖机后和运行期间的检查</u>

车　　型：_____
整车型号：_____

顶起位置 7 的工作内容

发动机暖机后和运行期间的检查记录

工作记录（正常打√，如有异常打×，并在备注中注明）	工作任务	标　准	备注
位置 7	**自动变速器液**		
	自动变速器液液位检查	怠速各挡走 1 遍，每挡停 1s，然后油尺检查液位是否在热态时的高位	
位置 7	**空调检查**		
	检查制冷剂量	打开所有车门，发动机转速控制在 1500r/min，同时空调的风量调至最大，温度设定至最低，内循环，通过观察窗和车内出风口判断	
位置 7	**转向助力液**		
	检查转向助力液液面	怠速时观察助力液液面，上车连续左右转动方向盘（打死方向）各 3 次，然后将方向盘回位，下车再次检查助力液液位，应稍有升高	

一、叙述自动变速器液的检查方法

二、叙述空调制冷剂检查方法

三、叙述转向助力液检查方法

学习工作单 14

课程：<u>汽车使用与维护</u>　　姓名：_____　　班级：_____　　日期：_____

项目六：<u>发动机维护</u>	车　型：_____
任务四：<u>发动机停机后的检查</u>	整车型号：_____

顶起位置 7 的工作内容

发动机停机后的检查记录

工作记录（正常打√，如有异常打×，并在备注中注明）	工作任务	标　准	备注
位置 7	**发动机机油**		
	检查发动机油位	熄火后再等待 5min 检查	
位置 7	**发动机冷却液**		
	检查冷却液液位	散热器冷却后目测贮液罐	
位置 7	**气门间隙**		
	检查气门间隙	厚度规检查和调整气门间隙。如果发动机平稳转动没有异常噪声，该检查可以省略	

一、叙述发动机燃油系统的清洁方法

二、叙述发动机润滑系统的清洁方法

学习工作单 15

课程：<u>汽车使用与维护</u>　　姓名：<u>　　　　</u>　　班级：<u>　　　　</u>　　日期：<u>　　　　</u>

项目七：<u>汽车复位、清洁与合理使用</u> 任务一：<u>底盘复查</u>	车　　型：<u>　　　　　　</u> 整车型号：<u>　　　　　　</u>

顶起位置 8 的工作内容

底盘复查的检查记录

工作记录（正常打√，如有异常打×，并在备注中注明）	工作任务	标　　准	备注
位置 8	**最终检查**		
	检查发动机机油是否泄漏	目测	
	检查制动液是否泄漏	目测	
	检查更换零件等的安装状况	目测和手摸	

一、叙述底盘复查的具体方法

二、叙述车辆道路测试的内容

学习工作单 16

课程：<u>汽车使用与维护</u>　　姓名：_____　　班级：_____　　日期：_____

	项目七：<u>汽车复位、清洁与合理使用</u> 任务二：<u>车辆复位与清洁</u>	车　　型：_____ 整车型号：_____

顶起位置 9 的工作内容

车辆复位与清洁的检查记录

工作记录（正常打√，如有异常打×，并在备注中注明）	工作任务	标　　准	备注
位置 9	**恢复与清洁**		
	检查轮胎螺栓力矩	扭力扳手	
	拆卸翼子板布和前格栅布	叠齐摆好	
	调时钟至标准时间，将座椅位置复原	手动调整	
	消除制动间隙	连续踩制动 3 次	
	清洁车身、车内部和烟灰缸等		

一、叙述车辆复位的含义

二、叙述传统洗车的具体方法。现在有哪些新型洗车方式？

三、汽车在走合期内应如何使用？

学习工作单 17

课程：<u>汽车使用与维护</u>　　姓名：_____　　班级：_____　　日期：_____

项目八：<u>汽车年度检测与审验</u>　　车　　型：_____
任务 1~8：_____　　　　　　　整车型号：_____

性能检测结果

表 17-1　侧滑量检测结果

测试内容	侧滑量/（m/km）
测试结果	

表 17-2　台式检验制动性能参数的检测结果

测试内容	制动力总和与整车重力的百分比/%	轴制动力与轴荷的百分比/%		轴左、右轮制动力差与轴左、右轮中制动力大者之比/%		驻车制动力与整车重力的百分比/%	制动协调时间/s
测试结果		前轴	后轴	前轴	后轴		

表 17-3　车速表的测试结果

测试内容	车速表指示车速 V_1/（km/h）	试验台指示车速 V_2/（km/h）
测试结果		

表 17-4　前照灯的检测结果

测试结果	左大灯		右大灯	
	远光	近光	远光	近光
光轴偏斜量				
发光强度/cd				

表 17-5　尾气检测结果

测试结果	怠速工况法	双怠速试验法	加速模拟工况（ASM）试验法	
			ASM5025	ASM2540
CO/%				
HC/10^{-6}				
NO$_x$/10^{-6}				

表 17-6　喇叭声级的检测结果

测试内容	喇叭声级/dB(A)
测试结果	

图书在版编目（CIP）数据

汽车使用与维护/ 蒋浩丰主编. —2 版. —北京：国防工业出版社，2016.4 重印
"十二五"职业教育国家规划教材
ISBN 978-7-118-09996-6

Ⅰ.①汽… Ⅱ.①蒋… Ⅲ.①汽车－使用方法－高等职业教育－教材 ②汽车－车辆修理－高等职业教育－教材 Ⅳ.①U472

中国版本图书馆 CIP 数据核字(2015)第 019535 号

※

国防工业出版社 出版发行
（北京市海淀区紫竹院南路23号　邮政编码100048）
三河市众誉天成印务有限公司印刷
新华书店经售

*

开本 787×1092　1/16　印张 2¼　字数 47 千字
2016年4月第2版第2次印刷　印数 3001—7000 册　总定价34.50元　主教材29.50元
　　　　　　　　　　　　　　　　　　　　　　　　　　　　　　　工作单 5.00元

（本书如有印装错误，我社负责调换）

国防书店：(010)88540777　　　　发行邮购：(010)88540776
发行传真：(010)88540755　　　　发行业务：(010)88540717